水资源利用及管理

王非　崔红波　贾茂平　著

中国纺织出版社

图书在版编目（CIP）数据

水资源利用及管理 / 王非，崔红波，贾茂平著. --
北京 ：中国纺织出版社，2018.11

ISBN 978-7-5180-5810-5

Ⅰ. ①水… Ⅱ. ①王… ②崔… ③贾… Ⅲ. ①水资源
利用②水资源管理 Ⅳ. ① TV213

中国版本图书馆 CIP 数据核字（2018）第 279350 号

责任编辑：赵晓红　　　　　　　责任校对：王惠莹　　　　　　　责任印制：储志伟

中国纺织出版社出版发行
地址：北京市朝阳区百子湾东里 A407 号楼　　邮政编码：100124
销售电话：010-67004422　　传真：010-87155801
http：//www.c-textilep.com
中国纺织出版社天猫旗舰店
官方微博 http://weibo.com/2119887771
北京虎彩文化传播有限公司印刷　　　各地新华书店经销
2018 年 11 月第 1 版第 1 次印刷
开本：710×1000　　1/16　　印张：15.75
字数：228 千字　　定价：48.00 元

前　言

　　水资源可持续利用是保证人类社会、经济和生存环境可持续发展对水资源实行永续利用的原则。可持续发展的观点是 20 世纪 80 年代在寻求解决环境与发展矛盾的出路中提出的，并在可再生的自然资源领域相应提出可持续利用问题。其基本思路是在自然资源的开发中，注意因开发所致的不利于环境的副作用和预期取得的社会效益相平衡。在水资源的开发与利用中，为保持这种平衡就应遵守对供饮用的水源和土地生产力进行保护的原则，保护生物多样性不受干扰或生态系统平衡发展的原则，对可更新的淡水资源不可过量开发使用和污染的原则。因此，在水资源的开发利用活动中，绝对不能损害地球上的生命支持系统和生态系统，必须保证为社会和经济可持续发展合理供应所需的水资源，满足各行各业的用水要求并持续供水。此外，水在自然界循环过程中会受到干扰，应加强研究对策，使这种干扰不致影响水资源可持续利用。

　　为适应水资源可持续利用的原则，在进行水资源规划和水工程设计时应使建立的工程系统体现如下特点：天然水源不因其被开发利用而造成水源逐渐衰竭；水工程系统能较持久地保持其设计功能，因自然老化导致的功能减退能有后续的补救措施；对某范围内水供需问题能随工程供水能力的增加及合理用水、需水管理、节水措施的配合，使其能较长期保持相互协调的状态；因供水及相应水量的增加而致废污水排放量增加而需相应增加处理废污水能力的工程措施，以维持水源的可持续利用效能。

　　本书针对生活用水、工业用水及水生态环境要求，较为全面地介绍了在水的社会循环过程中，水资源开发利用与保护的工程技术原理与方法，主要内容包括区域水资源估算与评价、水环境质量标准体系、水环境质量模型、地表水取水工程、地下水取水工程、城市节水工程等。

为此，应当注意采取的措施是：①制定流域水资源综合利用规划，作为开发利用水资源与防治水害活动的基本依据。综合规划应充分反映流域内水资源和其他自然资源，如土地、森林、矿产、野生动物等资源的开发与保护间的关系。②节水或更有效地利用现有水源，通过综合科学技术、经济政策、行政立法、组织管理等措施予以实现。③建设一个稳定、可靠的城乡供水系统，扩大可靠水源，除筑坝蓄水、跨流域引水或开采地下水外，考虑其他非常规扩大水源措施，如直接利用海水或海水淡化利用，污水处理再生利用，人工降雨等。④控制污染、加强防治，努力保护和提高水环境质量。⑤采取工程措施和非工程措施，运用社会、经济、技术和行政手段，加强调度、保障防洪安全。⑥提高水资源管理水平，加强法制建设，从法律上保证水资源的合理开发和综合利用。

著者

2018 年 10 月

目　录

第一章 水资源利用区域差异分析及综合管理模型

第一节 国内外水资源研究现状

国内外大量专家学者在水资源短缺危机的大背景下，越来越关注水资源的合理使用和有效管理。

一、国外水资源研究现状

随着人口数量的增加和生活水平的提高，人类对水的需求量越来越多。国外专家学者运用各种方法从不同的角度分析水资源的使用量以及水资源管理。随着全球气候的变暖和人类活动的增加，可用的水资源量正在急剧减少，水资源的不均匀分布也正在变得越来越严重。Stefanovic（斯特凡诺维奇）等认为所有人而不仅仅是水资源管理者都应该合理有效利用水资源。P′erez-Blanco（雷伊斯－布兰科）和 G′omez（戈麦斯）提出了一个干旱管理计划（Drought management plans），运用随机的方法估计在农业中的预期用水量。近些年，人们已经越来越重视环境、技术、经济、制度和文化特点对水资源管理的影响。Spiller（施皮勒）等研究了一个完整的概念框架，并将它应用到一类与水设施和城市水管理相关的环境革新中。Watts（瓦茨）等认为供水系统不只包括自然环境和物理供水基础设施，而且包括用水户、水管理机构和组织。基于结构分解分析，Cazarro（卡扎罗）等发现西班牙用水需求的增长将意味着水资源消耗增多。Luyanga 等使用指标数分析（Index number analysis）研究纳米比亚 1993—2001 年总用水强度的变化。他们发现大幅度增加水价，并不能改善部门用水效率。也有一些研究人员从水足迹的角度研究了水资源利用的影响因素。

二、国内水资源研究综述

国内很多专家学者研究水资源利用效率，提出不同的水资源管理模型。水资源管理是国际社会的关键问题之一，有效的水资源管理是任何一个国家和地区可持续发展的必要条件之一。学者们研究了中国或者其部分地区的用水效率问题，主要方法是数据包络分析（Data Envelopment Analysis，简称 DEA）。钱文婧和贺灿飞以水资源、劳动力和资本为投入，以国内生产总值为产出，借助我国 1998—2008 年的省级数据计算水资源利用效率。张丽婷运用 DEA 规模报酬可变模型从工业角度来探讨我国东中西三大区域之间的工业水资源利用效率的差异。廖虎昌和董毅明分析和评价 2007—2008 年西部 12 省的水资源利用效率，并采用 Malmquist 指数方法分析 1999—2008 年间西部 12 省的序列数据。董战峰等以农业用水、工业用水、生活用水、生态用水、就业人数、固定资产投资和 GDP 为指标建立水资源效率 DEA 模型，分析 2010 年我国 31 个省、市、自治区的水资源利用效率。赵晨等基于水足迹理论对江苏省 2000—2010 年水资源的实际利用状况进行详细分析，并从投入产出角度出发，以农业用水、工业用水、生活用水、COD 排放总量、固定资产投资总额、GDP 和粮食产量为指标，评价江苏省的水资源利用效率。一些学者从管理的角度研究我国水资源在时间和空间上分配不均的问题。

第二节　相关理论和方法简介

本节主要介绍在论文研究中所用到的 IPAT 模型、主成分分析、聚类分析以及非线性动力学和混沌理论。

一、IPAT 模型

IPAT 模型最初由 Ehrlich（埃尔利希）提出的 $I=P \times F$ 公式延伸而来，式中 I、P 和 F 分别为环境压力、人口数量、人均环境压力，表明人均影响对区域环境的压力作用。随后，Commoner 根据生物学家、生态学家等试图用数学模型阐释人口、财富与环境压力之间关系的想法，提出了经典的 IPAT 模型，IPAT 模型主要研究人类活动对环境的影响，IPAT 模型表示环境影响的因素 I 与人口数量 P、富裕程度 A 和科学技术 T 之间的关系，即 $I=P \times A \times T$，此恒等式可用于分析各个因素对环境造成的影响。

二、主成分分析

科学研究对象，常常是涉及多个因子的复杂系统，太多的影响因子无疑会增加分析问题的复杂性和难度。为了使问题简单化且全面系统地分析问题，利用原来因子间的相关关系，把多因子转化为几个综合因子，而使这些少数因子尽可能多地保存原来较多的因子所能反映的信息，这样一种统计分析方法就叫作主成分分析法。主成分分析法可以通过数据的协方差（或相关系数矩阵）矩阵的特征值分解来完成。当从其最具信息性的角度观看时，主成分分析法可以向使用者提供物体较低维的图片、投影或"阴影"。可以通过前几个主成分来完成目标以至于减少转换后数据的维数。从数学角度看，核心思想就是降维。

三、聚类分析

俗话说："物以类聚，人以群分。"在社会科学和自然科学中，存在着很多的分类问题。所谓类，通俗地讲，就是指相似元素的集合。聚类分析源于分类学，随着科学技术的逐渐发展，人们对分类的要求也明显提高，慢慢地把数学工具引入到了分类学之中，形成了数值分类学，再之后又把多元分析技术引入到数值分类学中，形成了聚类分析。聚类分析以相似性为基础，在同一聚类中的成员之间比不在同一聚类中的成员之间具有更多的相似性。

四、非线性动力学和混沌理论

快速发展的科学技术使得传统的线性方法不能完全解决出现在许多学科中的非线性问题，因此，非线性动力学的产生是发展的必然。非线性动力学与力学、数学、化学和物理学等许多科学有联系，其中非线性动力学的三个主要方面分别为混沌、分岔和孤立子，这三个方面不是独立的分支，而是相互联系的。混沌其实是一种分岔的过程。

混沌理论，指的是系统从有序状态骤然转变成无序状态的一种演化理论，是针对已经确定的系统中出现的内在"随机过程"形成的途径、机制的研究和讨论。在 1975 年，华人科学家李天岩和美国的 James A. Yorke（詹姆士·约克）首次提出"混沌"一词。混沌理论作为一种科学理论，主要有三个特征：初值敏感性（也称蝴蝶效应）、分形和奇异吸引子。混沌是非线性科学的一个核心内容，它是一个非常有趣的非线性现象，与相对论和量子力学共同被认为是 20 世纪三大革命。混沌控制广泛应用于很多科学与工程领域。到目前为止，已经提出了很多有代表性的控制方法和技巧，如反馈控制法和微分几何法等。Ott 等首次提出混沌控制方法，其中反馈控制方法可以分成两大类：线性反馈控制和非线性反馈控制。

依据 Logistic 方程和已推导出的 Twort 的经验公式，赵鹏等提出了针对城市生活用水量的自组织非线性动力学模型，并验证了这个城市生活用水量的非线性动力学方程比传统的多元统计回归方法具有更高的精度。Sun 和 Tian 分析了带有参数扰动的能源资源系统的动态行为。通过给这个三维的能源资源系统增加一个小的正弦扰动，这个自治系统变成一个拥有更加丰富动态行为的非自治系统。通过使用 Lyapunov 指数谱和分岔图可以看到周期、混沌和超混沌行为。Di 等建立了一个新的四维水资源系统，并证明了这个系统是混沌的。通过运用 Lyapunov 指数和分岔图完成了这个系统的动力学分析，并运用非线性反馈控制技术来稳定和控制这个新系统，使这个系统稳定到一个平衡点或极限环。Liu 等建立了一个三维自治系统，研究了这个系统的一些基本的动力学性质，像 Lyapunov 指数、Poincar´e 映射、分形维数、连续光谱和新的横向蝴蝶吸引子的混沌行为。柳景青在传统 wolf 最大 Lyapunov 指数算法的基础上，提出新旧向量转变考虑长度及角度权重搜索的改进 wolf 计算方法。利用提出的改进算法对杭州市时用水量观测序列的混沌特性及其最大可预测时间尺度问题进行了探讨。以上提到的研究水资源的专家学者主要是从量的方面着手，也有一些研究者通过使用动力学方法来研究水资源消耗。在非线性动力学中定量刻画复杂动力学性态的常用量有 Lyapunov 指数、分岔图和 Poincar´e 映射，下面逐一介绍这三个常用量。

（一）Lyapunov 指数

Lyapunov 指数可以描述混沌系统的初值敏感性，是一个衡量非线性动力学特征重要的定量指标。Lyapunov 指数也可以表征系统内部相邻点之间辐散的平均速率，正的 Lyapunov 指数值衡量系统相空间中两个相邻轨道的平均指数分离程度，而负的 Lyapunov 指数则衡量相空间中两个相邻轨道的平均指数靠拢程度。

判断一个非线性系统是否存在混沌运动时，需要检查它的最大 Lyapunov 指数是否为正值。当其为正数时表示沿该方向扩展，为负数时表示沿该方向收缩。如果系统存在正的 Lyapunov 指数，那么在相空间中两条轨线的初始距离经过 n 次的迭代之后，就会呈指数率的速度变大，以至于相距无穷远，系统就会产生混沌现象。

（二）分岔图

对于某些完全确定的非线性系统，当系统的某一参数连续变化到某个临界值时，系统的拓扑性质会发生突然变化，这个临界值称为参数的分岔值。这种现象称为分岔现象，是一种有重要意义的非线性现象。分岔图刻画了当非自治系统或者自治系统（非线性系统）中的某个参变量发生变化时，一般说来状态随之发生一系列突变的过程，如通向混沌的倍周期分岔道路。如果将系统发生倍周期分岔的参数作为横坐标，任取系统的一个状态量作为纵坐标，将对应某一参量采集到的状态离散点绘制在平面上，就可以观察到以 2^k (k=0，1，2，…，n) 为周期系统随着参量变化而出现的系列分岔，对于给定的非线性系统，其分岔图大多在计算机上通过数值计算的方法得到。对于系统单参数的分岔图有两种计算方法，第一种是最大值法，即对系统微分方程（组）进行求解，对求解的结果用 getmax 函数进行取点，并绘图。第二种是 Poincar′e 截面法，对系统参数的每一次取值，绘制其 Poincar′e 截面，进而得到其分岔图。需要注意的是，自治系统的 Poincar′e 截面是选取一超平面，平面上点的分布即构成 Poincar′e 截面，非自治系统的 Poincar′e 截面则是根据系统运动轨迹跳动的频率进行取点并绘图。

（三）Poincar′e 映射

为了进一步了解系统的运动状态，Poincar′e 对连续运动的轨迹用一个截面（称为 Poincar′e 截面）将其横截，根据轨迹在截面上穿过的情况，可以简单地判断运动的形态，由此所得图像叫 Poincar′e 映像。在所截的截面图上，轨迹下一次穿过截面的点 $Xn+1$ 可以看成是前一次穿过的点 Xn 的一种映射，即 $Xn+1=f(Xn)$，n=0，1，2，…，n，这个映射就叫作 Poincar′e 映射。在 Poincar′e 映射中的不动点反映了相空间的周期运动，假如轨迹运动是二倍周期的，则 Poincar′e 映射是两个不动点，四倍周期则 Poincar′e 映射是四个不动点等。绘制 Poincar′e 映射是在普通的相平面上进行，它不同于画相轨道那样随时间变化连续地画出相点，而是每隔一个外激励周期（$T=2\pi/\omega$）取一个点。例如取样的时刻可以是 t=0，T，$2T$，…，相应的相点记为 $X_0(x_0, y_0)$，$X_1(x_1, y_1)$，$X_2(x_2, y_2)$，这些离散相点就构成了 Poincar′e 映射。如果只考虑 Poincar′e 映射的稳态图像（不考虑系统初始阶段的暂态过程），当 Poincar′e 映射由一个孤立点或者有限个离散的孤立点构成时，表示系统运动是周期的（孤立点的个数和周期数对应）；当 Poincar′e 映射是由一闭曲线构成时，表示系统运动是拟周期的；

当 Poincar´e 映射是由分形结构的密集点构成时，意味着系统运动是混沌的。

第三节　中国水资源利用强度区域比较分析

本节主要分析中国水资源利用强度的区域差异。首先扩展 IPAT 恒等式，将中国的用水强度分解为七个指标；接着运用主成分分析法综合化简七个指标为包含原有大量信息且互不相关的四个主成分；再次采用 F 统计量确定最优聚类数目，并对 k- 均值聚类、模糊 c- 均值聚类和高斯混合模型三种聚类方法进行比较；最后选用最优聚类确定中国用水强度的模式并简要分析用水强度区域差异的原因。

一、用水强度影响因素的确定

定义用水强度为单位（万元）国内生产总值的用水量（本文研究的水是直接取水量）。I 表示用水强度，$I=\frac{S}{Y}$，这里 S 表示国家或者某个地区的用水量，Y 代表国内生产总值（GDP）。本文对水的损失忽略不计，把水的使用量等同于供水量。影响用水强度的因素很多，为了有效地分析用水强度，我们必须找到用水强度的影响因素。因此，在一些学者专家基于 IPAT 模型做的一系列学术研究的基础上，本书扩展 IPAT 模型来确定用水强度的影响因素，Commoner（康芒纳）等首次把恒等式 $I=PAT$ 应用于数据分析之中。在研究人口、人均财富和环境问题方面可以使用此模型进行量化分析。在能源分解分析与气候变化相关的研究，特别是与能源有关的碳排放研究中，很多学者扩展和完善了 IPAT 方程式。刘广鑫等借助 IPAT 模型研究了影响城市水资源消耗的因素以及城市的国内生产总值与水资源消耗量之间的关系。以 1990—2009 年中国农业水足迹为例，基于扩展的 STIRPAT 模型探究与农产品相关的水足迹变化的影响因素，这些影响因素分别为人口、财富、城市化水平和饮食结构。朱显成和刘则渊在对 IPAT 方程转化的基础上建立了水资源效率模型，分情况探讨了大连地区对水资源的合理用量。大量的水主要用于社会和经济活动以及生态系统中，其中生态用水是指维持生态系统完整性所需要的水资源总量，与人类活动无关。随着生态环境的逐渐恶化，在维持生态系统的多样性及其生态特征方面，人们越来越重视生态用水，因此我们把用水部门分成四个部分：农业、工业、生活以及生态领域，每个用水部门互不影响，本文将总的用水量记为这四部分用水量的总和，即 $S = \sum_{i=1}^{4} S_i$，这里 S_1 和 S_2 分别代表在农业和在工业中的用水量，S_3 和 S_4 分别代表在生活和生态领域的用水量。用水强度也与水资源开发利用率、人均水资源量和人口强度相关。

二、用水强度的主成分分析

本文主要涉及七个用水指标（工业用水、农业用水、生活用水、生态用水、水资源开发利用率、人均水资源和人口强度）。影响用水强度的因素众多，但是并非每个因素的代表性都是显著的，因此，我们利用主成分分析法把多因子转化为几个综合因子。

三、区域差异验证分析

（一）数据

由上述得知影响中国的用水强度的七种主要影响因子：农业用水、工业用水、生活用水、生态用水、水资源开发利用率、人均水资源和人口强度。选择七种影响因子在 2004—2013 年的数据分析中国用水强度的区域差异。数据来源于当年的中国统计年鉴，区域为除香港、澳门和台湾之外的 31 个省、市、自治区。经济价格按当年价格计算，人口规模按常住人口计算。我们搜集大量的信息得到，在过去的 20 里，所有省份的水资源利用效率呈下降趋势。为了降低随时间跨度的增加引起的水资源利用强度的差异性，取该段时间内原始数据的平均值作为研究数据。用 z-score 方法将数据标准化。

（二）主成分分析

运用少数几个新的综合指标对原来的七个指标所包含的信息进行最佳综合与简化，我们借助主成分分析法找出少数的综合指标。

我们从最大的成分载荷中找到了每一个主成分的关键影响因子。成分载荷代表每个主成分的对应系数。成分载荷越大，用水强度影响因子对应的主成分综合性就越强。数据显示，在农业用水部分第一个主成分 t_1 成分载荷最大，表明农业用水部门是第一个主成分的主要度量。第一个主成分所包含的用水强度的信息综合性最强（40.7%）。因此，第一主成分是包含信息量最多的主成分，我们把 t_1 命名为农业用水成分。用类似的方法来确定其他的主成分。我们把 t_2 看作是生态用水成分。对于 X_5^* 的系数的最大值 t_3 反映了水资源的供应能力，我们把 t_3 定义为供水能力成分。X_6^* 的系数 t_4 远大于其他系数，象征大量的人均水资源，所以我们定义 t_4 为水资源承载能力成分。

综合用水强度为负值意味着该省的用水强度低于平均水平，综合用水强度越小，水资源利用效率越好。此外，公式：

$$(I^* = 0.5039X_1^* - 0.4338X_2^* - 0.3829X_3^* - 0.0668X_4^* + 0.2X_5^* + 0.2602X_6^* + 0.139X_7^*)$$

揭示了综合用水强度和它的影响因子之间的关系。在综合用水强度 I^* 的表达式中，X_1^*，X_5^*，X_6^*，X_7^* 的系数是正的，而 X_2^*，X_3^*，X_4^* 的系数是负的，这就意味着农业用水、水资源开发利用率、人均水资源和人口强度增加了用水强度，而工业用水、生活用水和生态领域用水降低了用水强度。由此可知，不同的影响因子对综合用水强度有不同效果的影响。在这些积极因子和消极因子中起主导作用的因子分别为农业用水和工业用水。因此，各省可以通过优化它们的用水结构来降低用水强度，以提高水资源利用率。

（三）用水强度的差异性

由于社会经济历史和自然条件的不同，不同地区的用水强度也有差异。在这部分，我们借助 k- 均值聚类、模糊 c- 均值聚类和高斯混合模型三种聚类方法研究用水强度的区域差异。我们选择确定好的四个主成分 t^1，t^2，t^3，t^4 和综合用水强度 I^* 作为聚类变量。通过使用 MATLAB 2012(a) 在个人电脑上执行聚类过程，取定初始聚类中心。首先 k- 均值聚类、模糊 c- 均值聚类和高斯混合模型三种聚类算法都需要确定 K 个类。在本节中，主要运用显著性检验来评价不同的聚类结果，最终确定最优的类数目。先确定 k- 均值聚类的类数量，然后其他两种聚类取相同的类值。

当聚类数分别为 2, …, 5 时对应的 F-F_a 的值分别为 2.731 9, 10.796 0, 7.899 0, 5.439 4。当类的数目 k_p=3 时, F-F_a 的值最大, 所以取 k_p=3 为所取类数数目的最优值。由此可以得出结论, 中国用水强度的区域可以划分为三类。我们运用 k-均值聚类、模糊 c-均值聚类和高斯混合模型三种聚类算法研究用水强度的区域具体分类。在每个模型中都取相同数量的类, 即取类数最优值 k_p=3。为了提高准确度, 每一种聚类重复 50 次。选择具有最大 F-统计量的一次聚类作为聚类结果, 并采用 F 统计量的平均值作为最终估计。对于整个样本数据集, 由于算法不同, 分类也不同, 所以我们需要选择一个最优的聚类结果。

不同类类数目的 K-均值聚类的 F-统计值

类的数目	F	F_a	F-F_a
2	6.9149	4.183	2.7319
3	14.1364	3.3404	10.796
4	10.8593	2.9604	7.899
5	8.182	2.7426	5.4394

F-统计量的值

方法	F-均值	高斯	模糊 c-均值
平均值	8.6609	4.2398	8.8242
最大值	12.0543	8.3612	10.3283

当置信度为 95% 时, 所有的聚类结果都是显著的。在这三个聚类算法中平均值和 F-统计量的最大值都不同, F-统计量和聚类算法的效果是成正比的。就 F-统计量的平均值来说, k-均值聚类和模糊 c-均值聚类比高斯混合模型聚类效果更好。尽管由平均值来看模糊 c-均值聚类的聚类效果最好, 但是 k-均值聚类中 F-统计量的最大值是三种聚类中最大的。因此, 最终选择 k-均值聚类作为研究用水强度区域具体分类的最佳聚类方法。

在本节中, 我们扩展了 IPAT 模型, 将用水强度分解为七个因子：农业用水、工业用水、生活用水、生态用水、水资源开发利用率、人均水资源和人口强度。

通过运用主成分分析法将七个因子缩减为农业用水成分、生态用水成分、供水能力成分和水资源承载能力成分。运用三种不同的聚类方法分析中国各省份之间用水强度的差异。采用 $F-$ 统计量确定最优聚类数为 3，并选择最优的 $k-$ 均值聚类，最终确定把中国的用水强度分为三种模式，得到每个模式包含的省份，并分析各个模式的用水强度大小。通过运用聚类结果得到的信息可以增强对中国区域用水情况的了解，为更好地使用中国水资源和流域管理提供政策建议。

第四节　综合水资源管理动力系统模型研究

本节在分析地区用水总量、风险因子和管理因子复杂关系的基础上，建立综合水资源管理动力系统模型，研究该模型的复杂动力学行为。

一、系统描述

某些地区面临人口快速增长和未来不确定的气候变化，如干旱、降雨量、荒漠和沙漠现象等。在全球气候出现"厄尔尼诺现象"和"温室效应"导致全球气温不断升高的情况下，某些地区出现了极其严重的干旱少雨现象，进而制约了河流、大江和海洋等的水流来源。水资源系统的承载能力会随着气候的变化发生变化，其中最主要的是可供水量。社会经济活动在未来气候条件的影响下也会影响水资源需求量。在气候变化方面影响水资源的两个主要途径是人为干扰和自然转变。人为干扰过程是面临着人口快速增长，人们对水资源开发利用致使区域水资源中各要素的再分配以及水资源演变规律的变化。自然转变过程则是随着气候的变化，水文循环中的各个要素和区域自然条件也发生转变，影响水质和水资源在时间和空间上的分布特征。投入不够是不利于水资源管理的客观因素。水资源有效管理需要技术研发与先进的科学技术。要大力改善水价机制，降低水的浪费成本，建立一套适应市场经济的运行模式。政府应鼓励水资源发展政策，一些水资源管理工程应体现社会和生态效益，缓解水资源供需矛盾。提高大用水户的积极性，号召人们的节水行为由被动状态逐渐转化到自发行动。考虑到风险因子、管理因子和地区总用水量的作用关系，我们建立了一个综合水资源管理动力学模型，该模型存在周期参数扰动。该模型主要在某个时间段 t 内进行研究，$x(t)$ 代表某个地区的总用水量。$y(t)$ 代表一些无法预测的、突发的灾难给这个地区带来的损害或者可能的损害，在一定程度上这种灾难带来的损害估计量可能是很复杂的，在本节中我们用货币来衡量灾难造成的损害。$z(t)$ 代表由政府控制的劳动和投资。因为地区总用水量、风险因子和管理因子之间有一个复杂的作用关系，所以这三个因子不能独立地分开存在。

二、动力系统演化分析

建立用于加强水资源管理的科学完善的系统，需要政府加强水权、水价、用水定额管理和非常规水资源利用等制度建设。参数 g 和 c 是政府控制对综合水资源管理系统不同方面的影响。因此，我们会先后呈现系统关于参数 g 和 c 的动力学行为。设置三组不同的参数集：

- 集合 A：$a=1$，$b=1$，$c=0.1$，$d=1$，$E=0.07$，$f=0.74$；
- 集合 B：$a=1$，$b=1$，$d=1$，$E=0.07$，$g=0.08$，$f=0.74$；
- 集合 C：$a=1$，$b=1$，$c=0.1$，$d=1$，$E=0.07$，$f=0.74$，$k=0.03$。

按照给定的三组参数集，我们分别研究了系统在相应参数集和参数变化范围内的 Lyapunov 指数谱、分岔图和 Poincar´e 映射。首先研究系统的 Lyapunov 指数。令系统的 Lyapunov 指数为 $\lambda_i (i=1,2,3)$，如果其中两个 Lyapunov 指数小于零，一个恒等于零，那么这个系统有周期轨。如果一个 Lyapunov 指数小于零，一个大于零，且这两个 Lyapunov 指数之和小于零，另外一个 Lyapunov 指数恒等于零，则这个系统有混沌现象。固定系统的其他参数，按照参数集合 A 中的参数设置，令参数 g 在区间 $[0.065, 0.115]$ 变化，我们研究系统的 Lyapunov 指数。我们还能看到当参数 g 在子区间 $[0.068, 0.083]$ 时，所产生的迭代序列越来越复杂，可能会随机地落在区间 $[-1.67, 1.9]$ 内的任一子区间上，并可能重复。

我们能看到 Lyapunov 指数谱和分岔图有着紧密的联系。为了更清楚地了解系统的动力学特征，我们借助 Poincar′e 映射研究系统运动轨迹。Poincar′e 映射是系统运动轨迹穿过横截面的情况。对于混沌系统，其 Poincar′e 截面上的点形成一分形集。

选定参数集合 A 中的参数，且参数 $g=0.08$，Poincar′e 截面上形成一分形集。因此，我们可以确切地说明这个系统是混沌的。综合系统的 Lyapunov 指数谱、分岔图和 Poincar′e 映射的特征，当参数 $g=0.082$ 时，得到系统的一个综合水资源混沌吸引子。接下来我们给出随着参数 c 变化的系统的混沌动力学特征。我们固定参数集 B 中的参数，让参数 c 变化。呈现的是系统关于参数 c 的 Lyapunov 指数，当参数 c 从 0.099 逐渐增加到 0.102 5 时，三个 Lyapunov 指数之和小于零，揭示这个系统出现了混沌。当参数 c 在子区间 $[0.09, 0.099]$ 和 $[0.102 5, 0.12]$ 时，系统有周期轨。当参数 c 在子区间 $[0.09, 0.099]$ 时，系统处于周期状态，特别地，当参数 $c=0.095$ 时得到系统的一个周期轨。当参数 c 在区间 $[0.094, 0.099]$ 时，从分岔图上可以看出系统从一个倍周期状态平缓地演化到一个混沌状态。还可以看出当参数 c 在子区间 $[0.102 5, 0.12]$ 上时，系统仍处于周期状态。可见，系统对于参数 g 和 c 处于某个区间时都呈现出混沌。由于混沌动力学特征是在一个参数范围内研究的，所以系统既可以呈现周期状态，也可以呈现混沌行为。

三、线性反馈控制分析

在实际应用中，有效控制用水量，制定合理的水资源管理系统，以保证可持续地满足社会经济发展和改善环境对水的需求。因此，我们需要对综合水资源管理系统加以控制，以达到水资源的可持续利用。

本节应用混沌动力学原理研究了地区水资源管理。基于风险因子、管理因子和地区总用水量的复杂关系，建立综合水资源管理模型。通过使用 Lyapunov 指数谱、分岔图和 Poincar′e 映射反映综合水资源管理系统的混沌行为的存在性。运用线性反馈技术把这个系统控制到一个极限环状态，由此得出结论：政府控制力度和水资源有效管理成正相关。

本书围绕水资源利用研究了中国用水强度的区域差异及综合水资源管理动力学模型。首先是水资源利用强度区域比较的研究。基于自然原因和社会原因导致的水资源供不应求的情况下，扩展 IPAT 模型将影响中国用水强度的因素分解成七种因子：农业用水、工业用水、生活用水、生态用水、水资源开发利用率、人均水资源和人口强度。通过运用主成分分析法将七个因子缩减为四个主成分，并运用三种不同的聚类方法分析中国用水强度的区域差异。验证农业用水对用水强度的贡献最大，用水强度的大小几乎和各省的社会经济地位成反比，中国发达地区的用水强度最小，十个不发达地区的用水强度最大，其他省份的用水强度处于中等水平，并分析了三种模式用水强度的区域差异原因。用水强度影响因子的分解和区域差异的分析为中国生态文明建设提供了十分重要的参考。由于生态用水在区域差异中扮演第二重要的角色，所以地方政策制定者应根据其自身的生态特征考虑水的生态文明建设。尽管每个省都应该建立最严格的水资源管理系统，但是对于不同类的省份其侧重点却有很大的不同。例如，第一类的省份应该更加强调水生态系统的保护和恢复，第二类的省份应更加重视水土保持建设，而第三类的省份则应重现水利建设。其次，在分析了中国用水强度的区域差异的基础上，运用混沌动力学原理研究了地区综合水资源管理。用劳动和投资将某个地区的水资源管理进行量化，通过风险因子、管理因子和地区总用水量的复杂关系来分析综合水资源管理动力系统。借助 Lyapunov 指数谱、分岔图和 Poincar´e 映射研究这个系统的混沌动力学特征，所有的这些特征都证明了这个系统是一个混沌系统，从而应用线性反馈技术来控制这个系统到一个极限环状态。与时间序列理论只研究水资源消耗不同，地区用水总量在综合水资源管理系统中是控制因素之一。由于风险因子、管理因子和水资源消耗之间有复杂的相互作用关系，而且这些因子是相互耦合的变量，因此，建立的模型更好地体现在真实的水资源管理系统中。在参数的某一个范围内，我们发现了系统的复杂的动力学行为，这就意味着真实世界的水资源管理系统是一个复杂的系统。当涉及水资源管理系统问题时，应该更加引起人们的重视。对于复杂的水资源管理系统，本书提供了新的视觉角度和研究方法，也为实践中水资源的管理提供了理论基础。

最后，本书仍存在一些不足和需要改进的地方。第一，本文根据当前水资源的现状合理选题，具有很好的实践意义。但没有就不同类中影响中国用水强度差异的各种原因进行详细探讨，如一些制度、法律等对用水强度区域差异的影响。

第二，在综合水资源管理模型中，是否还有未知的混沌现象和变量的相互作用仍需进一步研究。第三，风险因子、管理因子和地区总用水量之间的相互作用关系可以采用其他的形式，参数也可选取除了政府控制对自身的影响（g）和政府控制对总用水量的影响强度（c）之外的其他参数，如参数 a 和 b。第四，在中国用水强度的区域差异研究的基础上，对综合水资源管理系统的动态行为作出更深层次的探索，尝试应用到中国的某个具体的地区。

第五节　城市雨水资源化利用

　　水是人类生产和生活中不可缺少的重要资源。21世纪以来，人类社会经济发展的同时，水资源在政治、经济和环境中的影响在不断凸显，世界各国普遍面临缺水现象，水资源短缺问题已经是关系到人类社会可持续发展的重大战略性问题之一。我国水资源总量28 124亿立方米，居世界第四位，但人均只有2 200立方米，是世界平均水平的1/4，且分布不均匀，南多北少，东多西少，春夏多，秋冬少。在全国670多座城市中，有60%的城市缺水，20%的城市严重缺水，这些城市大部分在我国北方及西北半干旱、干旱地区，水资源严重贫乏直接影响着这些地区经济的可持续发展。

　　另外，随着世界城市化的快速发展，中国城市化进程也在不断加快。最新发布的2012年《社会蓝皮书》中指出，2011年中国城镇人口占总人口的比重首次超过50%。说明中国从一个具有几千年农业文明历史的农民大国，进入到以城市社会为主的新成长阶段。这种变化不是一个简单的城镇人口百分比变化，它意味着人们的生产方式、职业结构、消费行为等都将发生深刻的变化。中国城市化正步入快速发展阶段，城市化进程既要与新型工业化道路相同步，又要与资源环境承载能力相适应，所以在城市化进程中不可避免地衍生出一系列亟待解决的资源环境问题与一系列不健康因素。既要保持城市化合理的增长速度与发展质量，又要以我国资源与生态环境保障程度为前提约束条件，中国只能选择符合本国资源与生态环境实际的健康城市化发展道路。本文就是针对城市化进程加快而引发的城市水资源短缺问题展开研究，认为想要解决城市水资源短缺问题而又不影响经济发展速度，城市雨水资源化利用是一个很好的选择，对城市经济和资源可持续发展具有十分重要的现实意义。

水是人类社会不可缺少的战略资源，是城市形成与发展的最基本保证，是影响中国城市化进程的重要因子，城市化发展必须以水资源为依托。城市化水平的提高直接导致城市用水量不断增加，据统计，1949—2005 年的 56 年时间里，我国人口增加了 2.6 倍，GDP 增长了 50 多倍，用水总量增加了 4 倍多。其中，1980 年前，水资源利用以农业用水为主，1980 年后，用水增长以工业和城市生活用水为主，农业用水没有明显增长。而大部分城市工业用水重复利用率较低，介于 30%～50%，而发达国家已经达到 80% 以上，城市万元工业产值取水量约 200 立方米，而发达国家仅为 20～30 立方米，工业主要产品单位取水居高不下，高于发达国家几倍到几十倍，水资源短缺矛盾日趋加剧。还有就是水资源污染情况也比较严重。未来，随着我国工业化和城市化水平的进一步提高，城市用水保障程度将成为一个十分严峻的问题。我国已采取多种措施来缓解水资源短缺问题，但收效甚微。雨水是每个城市都拥有的天然资源，当雨水作为一种满足人们生活和生产以及生态环境需要的物质资料时，就成为雨水资源。雨水资源具有利用简单方便、处理价格低廉等优点，可以缓解城市水资源危机，且合理充分利用雨水资源还可以防止城市内涝，对调节和补充地下水也有帮助，所以城市雨水资源化利用是一种经济的、生态的用水方式，会给城市带来良好的生态环境效益和经济效益。根据世界上水源的发展方向，雨水资源化利用已经成为城市用水的必然之路，这是当今科学界普遍讨论的热点问题。

西安市为陕西省辖市，位于我国中西部地区，地处秦岭北麓、渭河两岸，属暖温带半湿润大陆季风气候，冷暖干湿，四季分明，素有千年古都之称。连接陕西省内、西北、西南、华北、中南以至华东，是中国西北地区重要的经济、文化、科技、交通、贸易中心。境内地层发育复杂，构造类型多样，水资源总量为

26.87 亿立方米，人均水资源占有量不到 350 立方米，相当于全省人均量的 1/3，全国人均量的 1/6，远远低于国际公认 500 立方米的绝对缺水线，是全国最缺水的城市之一。可见，西安市的水资源短缺现象严重，随着城市化的发展，居民日常生活和城市环保用水量的加大，使得水资源短缺这一现象有加重的趋势。另外，随着西安市经济社会的全面发展，供水、蓄水、调水、节水、排水和治水等问题尤显凸出。因此，研究开发利用西安市雨水资源已成当务之急。基于此，本文在构建城市雨水资源利用 SD 模型的基础上，以西安市为例，估算西安市可收集利用的雨水量，建立了西安市雨水资源利用 SD 模型，对西安市雨水资源进行量化分析和仿真分析，探讨雨水资源化利用的模式和前景，对在西安市开展城市雨水资源化利用具有重要的指导意义，为实现西安市水资源的可持续利用提供一条重要的途径，同时将对西安市建设成为资源节约型、环境友好型社会具有积极的意义。

一、主要概念界定

（一）城市、城市化和城市化进程

城市是指人口集中、工商业发达、居民以非农业人口为主的地区，通常是周围地区的政治、经济、文化中心。城市化则是人类生产和生活方式由乡村型向城市型转化的历史过程，表现为乡村人口向城市人口的转化以及城市不断发展和完善的过程。而人口逐渐向城市地区集中，城市面积不断扩张、规模不断扩大的过程则称为城市化进程。

（二）雨水资源化

在雨水降落到地面的过程中，人们为了满足某种需求，采取了专门的技术措施，使雨水资源的分配方式和转化途径改变而产生社会经济效益和环境生态效益的过程，称为雨水资源化。

（三）城市雨水资源化利用

资源化利用是指人们根据资源的成分、特性和储存形式对资源进行科学合理的综合开发、深度加工、循环使用和回收再生利用，充分发挥资源的功能，使其转化为社会所需物料的生产经营活动。城市雨水资源化利用是指人们根据城市的特点和城市雨水资源的分布特性对城市雨水资源进行科学合理的综合开发、循环使用和回收再生利用，以期充分发挥雨水资源的功能，使其转化为社会所需物料的过程。它涉及管理学、水文学、环境学和生态学等学科，是一项复杂的系统工程，对解决我国城市洪涝灾害、水资源短缺及城市水环境污染等问题有很大的帮助。

（四）系统动力学模型

系统动力学是一门分析研究复杂反馈系统动态行为的系统科学方法。它以反馈控制理论为基础，以计算机仿真技术为手段，主要用于研究复杂系统的结构、功能与动态行为之间的关系。系统动力学模型则是以系统动力学的理论与方法为指导，建立用以研究复杂地理系统动态行为的计算机仿真模型体系。系统动力学的关键任务是建立系统动力学模型体系，最终目的是社会经济系统中的战略与策略决策问题的计算机仿真结果。

二、国内外研究概况

（一）国外研究现状

随着人口、人均用水量的增加和水资源的过度开发，无污染的雨水资源利用开始引起很多国家的重视。20 世纪 80 年代初，国际雨水收集系统协会（IRCSA）成立。雨水集流系统主要在提供农村生活用水、灌溉部分农田和庭院作物以及有些地区补充城市用水方面得到迅速的发展。各国根据自身的社会、经济和科技发展情况，因地制宜地发展集雨设备、蓄水设施和利用设备等，现代意义上的雨水资源化利用尤其是城市雨水资源化利用，是从近 20 年发展起来的。自联合国"国际饮水供应和环境卫生十年"活动开展以来，许多国家已经把雨水资源化利用作为城市水源和城市生态系统的一部分。在国外的雨水资源化利用实践中，比较典型的有德国、美国、日本和英国等国家。

德国由于依靠阿尔卑斯山脉水系的缘故不存在淡水资源不足问题，但其一直很重视城市雨水资源化利用和管理。为维持其良好的水环境，德国不仅制定了严格的法律、法规对雨水进行收集利用以及对污水进行治理，还投入了大量的人力和物力开展雨水资源化利用的研究与应用，它是欧洲开展城市雨水资源化利用工程最好的国家之一。德国城市雨水资源化利用的指导思想是减少流入排水管道和湖泊河流的雨水量，减缓暴雨形成的水的流速，避免形成洪水风险，提高地下水的水位，促进水的可持续发展以及降低雨水资源化利用的投资和运营成本。德国对城市雨水采用政府管制制度，1995 年提出通过收集系统尽可能地减少公共地区建筑物底层发生洪水的危险性并颁布了第一个"室外排水沟和排水管道"的欧洲标准。1997 年又颁布了一个更为严格的法规，要求在合流制溢流池中设置隔板、格栅或其他措施对污染物进行处理。现今德国的雨水利用技术已经进入标准化、产业化阶段，不仅形成了完善的技术体系，还制定了配套的法规和管理规定。如政府对没有设计雨水设施的新建工业、商业和居民小区征收雨水排放设施费和排放费。目前德国的城市雨水资源化利用方式主要有三种：一是屋面雨水集蓄系统，收集下来的雨水采用简单的处理后主要用于家庭、公共场所和企业的非饮用水，如厕所冲洗和庭院浇洒。二是雨水截污与渗透系统，城市街道雨水管道口为拦截雨水径流携带的污染物而设置截污挂篮，城市地面为减小径流而使用可渗透的地砖。三是生态小区雨水资源化利用系统，小区沿着排水道建有渗透浅沟，表面有供雨水径流流过时下渗而植入的草皮。超过渗透能力的雨水则进入雨水池或人工湿地，作为水景或继续下渗。同时德国雨水资源化利用技术工程的设计将雨水资源化利用与城市景观和环境改善融为一体，使雨水资源化利用技术更具生命力。

美国早在 20 世纪 70 年代初就开始了对雨水的截留、贮存、回灌、补充地表或地下水源等雨水资源化利用的研究，许多城市都建立了以提高入渗能力为目的的屋顶蓄水系统和地表回灌系统，地表回灌系统形成的大型地下蓄水库，雨季回灌旱季抽水，既补充地下水层又汇集和调蓄雨洪资源。美国不仅重视工程措施，还制定了相应的法规对雨水资源化利用给予支持。期间由美国 EPA 开发的 SWMM，能够模拟连续的或单个的降雨事件，曾在美国的 20 多个城市使用，是 20

世纪 90 年代后应用最广的模型。

日本是雨水资源化利用规模最大的国家，其在建设集雨设施的同时更注重该设施的人文意义，使集雨设施除了具有雨水资源化利用的功能外，还具有美化环境、提高民众节水观念等作用。日本城市雨水资源化利用方式有三种，分别为调蓄渗透、调蓄净化后利用和利用人工或天然水体（塘）调蓄雨水，提供环境用水和改善城市水生态环境。雨水利用以前只是日本防洪的一部分，后来慢慢转换为资源化利用，日本雨水资源化利用项目的投资方主要是开发商、房地产所有者和个人，以公共设施项目为主，也有家用的。地方政府并不是主体，但各地政府会提供标准不同的雨水资源化利用专项补贴。虽然没有硬性指标，但地方政府鼓励雨水资源化利用项目建设。

英国在雨水资源化利用方面的政策引导虽然不及德国等国家的力度大，但其正营造有利于推广雨水资源化利用的政策环境。英国 2008 年出台的《可持续发展住宅标准》规定，新建住宅必须有"能效证书"，明确提出分阶段减少人均自来水使用量，第三阶段为人均每天 80 升，该目标只能通过雨水资源化利用等方式实现。英国的蓄水地面系统可把局部地域内收集到的雨水径流用人工方式储存起来，提供人们生活所需的部分杂用水，缓解城市水资源危机。

丹麦过去供水主要是靠地下水，一些地区的含水层已经被过度开采。因此丹麦开始从屋面收集雨水，以减少地下水的消耗，其城市雨水资源化利用的理念是：推广雨水资源化利用意识很重要，但对雨水资源化利用技术的推广普及应持客观态度，要综合考虑各地实际情况和资金技术等因素。

综上所述，国外城市雨水资源化利用的主要经验是制定一系列有关雨水资源化利用的法律法规和扶持雨水资源化利用技术开发。由于国外雨水资源化利用在法律、法规和技术等方面都比较成熟，且应用广泛。所以我们应该将国外城市雨水资源化研究及应用的经验用于我国城市雨水资源化利用的进程中。

（二）国内研究现状

我国雨水资源化利用虽有悠久的历史，但大部分是农业方面的利用，如雨水集蓄工程在干旱半干旱地区的人蓄饮水和农业灌溉方面获得了一些成果。而真正意义上的城市雨水资源化利用始于 20 世纪 80 年代，发展于 90 年代。长期以来，城市水资源主要聚集在地表地下水的开发利用，忽视了城市雨水资源化利用。所以我国城市雨水资源化利用的技术还比较落后，缺乏系统性，更缺少法律法规等保障体系。早期我国的雨水资源化利用主要偏重于缺水地区的研究和应用，如甘肃干旱半干旱区实施的"121 雨水集流工程"和内蒙古实施的"112 集雨节水灌溉工程"；湖北、安徽等地的埂塘田生态系统；黄、淮海的节水农业以及山东长岛县、大连獐子岛、浙江葫芦岛等缺水地区进行的雨水集流利用工程等。这些省市雨水资源化利用技术的研究与应用，取得了一定成果，产生了显著的经济效益、社会效益和生态效益，推动了我国城市雨水资源化利用的发展。

近几年，北京、上海、西安等许多大城市相继开展城市雨水资源化利用的研究与应用，已经渐有成效。2011 年北京告别了连续多年"汛期无汛、雨季无雨"的尴尬状况，城市雨水资源化利用也颇见成效，有效缓解了水资源紧张的现状，也促进了城市经济可持续发展。据有关数据显示，北京市截至 2010 年年底，已建设雨水利用工程 1500 处，这些工程的雨水蓄集能力达 8 000 万立方米，建设生态清洁小流域 150 条，总治理面积 1 902 平方千米。这对促进北京市生态环境走向良性循环具有不可替代的作用。上海市在世博会期间吸收国外城市先进雨水资源化管理理念，探索城市雨水径流资源管理和合理利用的途径，具体包括：通过屋顶绿化、渗透性地面和设置低洼绿地等措施来强化雨水的储蓄和下渗，以减少雨水径流；通过景观水体的调蓄削减外排雨水量；通过地下雨水调蓄池减少雨水污染。而西安市作为一个缺水城市，更加注重城市雨水资源化利用。具体表现在：利用城市自然低洼地带设置蓄水池；利用建筑物屋顶绿地滞蓄雨水和设置屋面雨水收集系统。同时制定相关法律、政策支持和确保雨水资源化利用工作的进行，强制新建及改扩建开发区实施"就地"滞洪蓄水，强制雨水利用及滞洪管理监管措施。

随着城市雨水资源化利用在我国的发展，国内学者也进行了大量的研究。具体包括：一是对城市雨水资源化利用可行性分析以及必要性和相关的政策措施研究。刘军对雨水资源化利用的必要性和可行性以及相应的政策进行了详细系统的论述,提出把雨水资源化利用纳入城市总体规划,设立专项基金,扶持雨水利用产业的发展;徐建军通过分析深圳的自然条件、工程条件以及雨水资源化利用的技术基础,认为深圳市的雨水资源化利用潜力大,然后通过实施合理的利用方式,有效地缓解深圳的水资源缺乏问题。二是针对特定城市雨水资源化利用效果分析和降水规律研究。黄显峰等人以郑州市郑东新区龙子湖地区为例进行实例分析,验证了基于水量平衡的城市雨水利用潜力分析模型的有效性,计算结果由于在考虑降水的同时,充分考虑了当地空间要素的差异。刘新有通过对昆明市30年来的基尼系数的测算,得出了昆明市降水时间的分布均匀度在降水量增加时呈现出下降趋势这一结论。三是城市雨水径流量的确定。黄显峰等基于雨水资源量计算方法分别建立了蒸发计算模型、地表和地下径流量模型、下渗和土壤蓄水量模型,最终推导出城市雨水资源化利用潜力。这种方法充分考虑到土壤蓄水量对可利用雨水量的影响,得到的结果更符合实际。四是对降雨量的分析研究。车伍等学者的研究以秦岭淮河为界划分了南北方的概念,首次分析了我国南北方的年平均降水量和月平均降水量,然后通过Ue(基尼系数)定量地描述某城市全年降雨的不均匀性。王波雷等运用R/S方法对西安市过去51年的降水量进行了分析研究。朱拥军等采用自然正交函数(EOF)和相关分析等方法对黄河中上游流域年降水量的时空分布特征进行了分析。高惠珍对山西省的可利用雨水资源进行了量化分析,通过分析山西省1954—1997年的降雨量,测算出可利用的雨水量。她的文章中考虑了山西省的气候特征,在这一点上体现了系统的方法论,为严谨科学的分析研究打下了基础。五是提出具体的雨水资源化利用措施。宋云等提出城市应该增加渗水铺装,将不透水面积减少10%。在建筑物周围设置下渗沟,用以净化和下渗来自屋顶的雨水;将绿地高度降低,变成下凹式。

通过以上论述,现今国内外对城市雨水资源化利用的研究大多体现在城市雨水资源化利用的某一方面。国外学者对于城市雨水资源利用进行了多方面的分析,却很少讨论合理利用雨水资源可以改善城市居民的生态环境;我国很多学者建立了符合我国国情的径流模型,但是这些模型的计算方法基本上都是用水文学、水力学方法构建的,并没有引入更新的方法。还有国内学者提出了一些雨水资源化利用措施，这些措施都有其科学性，但在具体应用时必须因地制宜，根据本地的实际情况选择适当的方式和技术。所以为了充分、全面地进行雨水资源化利用，需要把与城市雨水资源化利用相关的各个环节有机地联系起来，作为一项系统工程去研究。对降雨时空分布规律进行分析，估算可收集降水量，运用系统动力学方法对城市雨水资源化利用的生态、环境、社会与经济等方面分析，以获取城市雨水资源化利用的最大效益，提出城市雨水资源化利用模式等。

三、城市雨水资源化利用问题的根本定义

随着中国社会经济的持续增温，城市化步伐也在不断加快，在赶超发达国家城市化水平过程中，中国城镇人口数量不断增加，城市不透水地面面积增大，因而对城市水环境的影响日益加重，使城市径流污染、地下水补给受阻等制约城市的发展。而城市雨水资源化利用在我国城市建设与发展中具有重要的现实意义，不仅可以解决城市用水问题、减轻城市排水和处理系统的负荷，还对调节、补充地区水资源和改善生态环境起着极为关键的作用，给城市带来良好的生态环境和经济效益。

（一）城市化问题

2012 年发布的《社会蓝皮书》指出，2011 年中国城镇人口占总人口的比重将首次超过 50%。根据美国地理学家诺瑟姆提出的城市化发展的三阶段论（城市化的初期阶段、中期阶段和后期阶段）可知，中国城市化正步入快速发展的后期阶段。今后随着中国经济的持续增温，城市化步伐还将继续加快，最终进入成熟阶段。在赶超发达国家城市化水平过程中，城市化对城市水资源和生态环境的影响也会更加严重，它将制约城市的发展。下面将分别介绍由于城市化进程加快而对城市水环境、降雨和雨水蒸发以及雨水径流的影响。

1. 城市化对城市水环境的影响

生命起源于水环境，水环境是人类社会赖以生存的重要环境因素之一，但同时也是受人类干扰和破坏最严重的环境。水环境的污染和破坏、水资源短缺已成为当今世界面临的主要环境问题之一。特别是在城市化快速发展的城市区域，

这一问题尤为突出。因此研究城市水环境的特点和变化规律尤为重要。

城市水环境是城市所在的地球表层空间中所有水体、水中悬浮物及溶解物的总称。包括城市自然生物赖以生存的水体环境、抵御洪涝灾害能力、水资源供给程度、水体质量状况、水利工程景观与周围的和谐程度等多项内容。在城市化这个特定的区域中，水环境亦有着其水文特征。由于城市表面不透水的路面、屋顶面较多，与植被覆盖的郊区的表面特征不同，这就使城市区域的降雨量与郊外显著不同，由此带来了城市区域水文特征的改变。而市政建设破坏了原有的河网系统，使城区水系出现紊乱，也使降水、蒸发、径流出现再分配，易使城市在暴雨时排水不畅，造成地面积水，也使水质、水量和地下水运动出现变化，而过量抽取地下水则导致地面沉降。

可见，城市化对城市水环境的影响很大。然而，国内城市水环境系统的设计往往受经济最大化原则的影响，单一追求景观效果，由于生态环境脆弱，城市水环境建设完成以后水体水质得不到充分的保障，水质恶化较快进而导致频繁换水。同时，国内水环境建设普遍比较粗糙，仅仅是停留在盲目开发大型水景以及发展亲水型住宅方面，较少考虑水资源的合理利用，而且在水资源利用上未能充分利用建设起来的人工水系。因此，要想建设生态化城区，其水环境系统的设计和建设的合理性、科学性是必须考虑的重要内容。

2. 城市化对降雨和蒸发的影响

降雨是指在大气中冷凝的水汽以不同方式下降到地球表面的天气现象。降雨量则是从天空降落到地面上的液态或固态（经融化后）水，未经蒸发、渗透、流失，而在水平面上积聚的深度。降水量以毫米为单位，气象观测中取一位小数。经有关气象学家30多年的观测得出，城市的降雨量一般比郊区多3%～11%。如上海市区年平均降雨量是685.6毫米，上海郊区的年平均降雨量是660毫米左右。另外，市区降水时空分布不均，降水以市区为中心向外依次减少，暴雨次数增多。说明城市化对城市降雨量、降雨强度和降水频次都存在不同程度的影响。

事实上，在对城市降水研究的过程中发现降水的形成机理很复杂，存在许多不确定性因素，城市化对降雨的影响主要包括：一是对降雨量的影响。城市的降雨量比郊区多主要有两个原因，首先是由于城市人为热量多，其次是潮湿的空气必须在空气的尘埃上凝结成小水滴才能变成雨，而城市里的烟尘远比郊区多得多，所增加了城市的降雨量。二是城市化对降雨强度和历史的影响。城市因有高高低低的建筑物，其粗糙度比附近郊区平原大。它不仅能引起机械湍流，而且对移动滞缓的降水系统有阻碍效应，使其移动速度减慢，在城区滞留的时间加长，因而导致城区的降水强度增大，降水的时间延长；还有就是城市凝结核效应对降雨的影响，城市区域污染大于郊区，凝结核大于郊区。下风方向的凝结核数量最大，这样有利于降雨所需的冰粒形成，所以城市区域比郊区易于形成降水。城市降水之后雨水很快通过排水管网流失，因而地面蒸发小。农村则有大量的植物蒸腾，疏松的土壤可以积蓄一部分水分缓慢蒸发，地面每蒸发 1 克水，下垫面要失去 2500 焦耳的潜热，所以城市比郊区的温度高。

3. 城市化对雨水径流的影响

随着城市不透水面积增多，绿地植被大面积减少，使得降雨的下渗量和蒸发量减小，径流系数增大，地表径流增加，相同降雨量在城市产生的径流量比农村要大得多，城市中雨水下水道的铺设及天然河道的改变，使雨水流向排水管网更为迅速，雨洪总量增大，洪峰增高和峰现时间提前，径流过程线的形态与时间尺度都与自然状态显著不同。可见城市下垫面的变化是形成城市洪涝灾害的重要原因。城市水文的这种变化，导致城市雨洪灾害问题日益严重。据统计，全国有 300 多座大中城市有防洪任务，城市化发展还导致雨水径流污染程度更为严重。而我国城市目前对雨水径流污染尚未给予足够的重视，没有相应的法规和技术规范。仅倾向于采用和依靠分流制排水系统来减轻水体污染，但分流制排水系统耗资巨大，旧合流制管道改建为分流制周期长、难度大、影响面宽，且仍然存在雨水径流污染的隐患。

（二）城市雨水资源化

随着我国城市化发展，城市建设步伐的加快，城市水资源短缺和洪涝灾害等问题不断出现。城市化进程使地表不透水面积增加，地下水补给减少，因而加剧了地面沉降，引起排涝困难。雨水是每个城市都拥有的一种天然资源，当雨水作为一种用来满足人们生活和生产以及生态环境需要的物质资料时，就成为雨水资源。雨水资源具有利用简单方便、处理价格低廉等优点，对缓解城市水资源危机有很大的帮助，且合理充分利用水资源还可以防止城市内涝，对调节和补充地下水也有帮助，所以城市雨水资源化利用是一种经济的、生态的用水方式，会给城市带来良好的生态环境效益和经济效益。

1. 城市雨水资源化的概念

城市雨水资源化利用是指人们根据城市的特点和城市雨水资源的分布特性对城市雨水资源进行科学合理的综合开发、循环使用和回收再生利用，以期充分发挥雨水资源的功能，使其转化为社会所需物料的过程。它涉及管理学、水文学、环境学和生态学等学科，是一项复杂的系统工程，对解决我国城市洪涝灾害、水资源短缺及城市水环境污染等问题有很大的帮助。

2. 城市雨水资源化利用对城市水环境的作用

城市雨水资源化利用对城市水环境的作用主要体现在以下几个方面：一是改善城市生态系统和水循环。城市化进程加快破坏了原有的城市水循环系统和城市生态环境，通过对城市雨水资源进行合理拦蓄、收集和利用，可有效减缓城市化对水循环的不利影响，保护城市生态环境；二是将城市洪涝转化为可用水资源。近些年局部城市短时的强降雨使得出现大面积的城市淹水现象，造成巨大经济损失的同时严重影响了城市的正常秩序。此时如果将雨水资源通过城市水利工程与非工程措施的调度、配合，既能有效地避免城市洪涝灾害，又能将这部分雨水资源转化为对城市有用的水资源；三是减少城市面源污染改善水体环境。在降雨时，雨水溶解、携带了垃圾中的污染物，如不对雨水进行污水处理而直接排放，雨水中的污染物质将对土壤、河流、地下水造成危害。由于城市区域的大部分降雨是由地下管道排出，污染物质还会在下水管道中淤积，造成长期污染。城市雨水资源化利用可以通过就地拦蓄、削减初期暴雨径流峰值，即对流失的雨水进行有效的收集处理和利用等从源头上控制面源污染；四是调节时空分布不均的城市雨水资源。大部分北方城市的降水存在着明显的季节性变化，城市用水则不存在季节性变化问题。所以，把雨季过剩的雨水通过相应设施储存起来供旱季利用，可以缓解城市水资源短缺问题，有效地调节降水时间分布不均，最大程度地发挥雨水的资源价值。

（三）城市雨水资源化利用存在的问题及发展趋势

1. 城市雨水资源化利用存在的问题

尽管我国城市雨水资源化利用技术与工程应用发展迅速，但从整体上看，城市雨水资源化利用规划工作尚处于起步阶段，其编制过程及内容仍存在一些问题。若规划编制落后于雨水资源化利用工程的大范围推广以及强制性政策，可能导致雨水资源化利用工程实施目标的不确定性、工程建设的盲目性和随意性。城市雨水资源化利用存在的问题主要表现在以下几个方面。

（1）内容粗放，针对城市功能分区不够。城市总体规划的重要内容之一就是功能分区，各功能分区的土地利用状况、基础设施、建筑、人口分布、地质地貌、环境等有很大不同，对景观功能的要求、防洪排涝及水资源的需求等也会有很大差别。这就要求雨水资源利用规划应针对不同功能区的具体条件和不同雨水资源利用技术的适用条件确定适宜的方案。然而，目前我国一些城市的雨水资源利用规划或规划研究过于粗放，部分规划中虽然包含了分区的思想，但存在分区不全或不细的问题，致使规划的针对性和指导作用不强，雨水资源利用适用技术的因地制宜体现不够。因此，在遵循功能分区的原则下，建议城市雨水资源利用规划分为住宅区、校区、场馆、公园及河湖水系、经济开发区及厂区、机关及事业单位、立交桥、高速公路及交通干道、雨水泵站等公共设施、城乡结合部及城市新城等几类功能区，同时还可根据这些功能区的发展状况及条件作进一步细化。针对不同功能区的地理条件、土地利用、基础设施、社会经济状况等，通过可利用雨水量及具体项目的水量平衡分析，采取不同的雨水资源利用实施方案，并制定合理的雨水资源利用实施目标。

（2）综合性差，缺乏与其他系统的协调。城市雨水资源化利用是一项复杂的系统工程，与城市其他功能系统（如建筑园林系统、排水系统、道路系统、城市河湖水系及面源污染控制系统等）具有不可分割的联系，这就要求城市雨水资源化利用规划必须体现综合、统一的原则。另外，城市雨水资源化利用还是一种多目标的综合性技术，它不仅涉及雨水资源利用，还涉及雨水的污染控制、蓄洪防涝、改善生态环境等多个目标，这种复杂性也决定了雨水资源利用规划应充分考虑与城市其他系统的有机协调，将雨水资源化利用与城市各类基础设施建设、环境及生态建设紧密结合，充分体现雨水资源化利用规划的多目标和综合性，提高规划的可操作程度，达到节约水资源、减缓城区洪涝灾害和地下水位的下降、控制雨水径流污染、改善城市生态环境等多重目的。

目前我国一些城市的雨水利用规划或规划研究缺乏综合统一的思想，雨水资源化利用系统与其他功能系统间的协调较差，甚至还与其他系统发生矛盾和冲突，导致规划内容难以实施，更无法实现规划目标的总体效益优化。因此，城市雨水资源化利用规划的编制应在全面分析城市基础信息的基础上，重点处理好雨水利用系统与城市防洪、城市绿地景观/道路/建筑、城市河湖水、再生水等系统间的联系与协调作用。

（3）缺少生态化、多样化的综合利用措施。雨水资源化利用不仅是雨水收集、调蓄和净化后的直接利用，以及通过各种人工或自然渗透措施补充地下水资源的间接利用，更应注重雨水资源的生态化综合利用。然而，现阶段我国多数城市主要关注雨水排放规划的编制，少数城市虽然开始编制雨水资源化利用规划或进行规划研究，但也仅偏重于狭义的雨水资源利用，即对城市汇水面产生的径流进行收集、调蓄和净化后利用，而对各种生态化的综合利用方式重视不够，雨水资源化利用方式单一。对于雨水资源化利用，若单纯依靠工程化的雨水收集、储存和净化后利用，易导致投资大而综合效益和生态效应较差的结果。因此，在城市雨水资源化利用规划的编制中，应充分考虑城市的降雨特点和自然地理条件，科学地处理雨水在自然循环和社会循环中的关系，大力推行雨水的生态化综合利用，即利用各种人工或自然水体、池塘、湿地、绿地系统或低洼地带对雨水径流实施滞留、调蓄、净化和利用，改善城市水环境和生态环境，以达到较高的投资效益比。

（4）基础信息、分析方法的科学依据不足。城市雨水资源化利用规划编制的基础工作涵盖了城市大量相关基础资料的收集与分析，包括城市的基本地理信息、详细的土地利用与城市基础设施现状与发展信息、城区已建水利设施、洪涝区、滞洪区、现有雨水资源化利用相关设施与分布以及社会和经济发展情况等，这些城市基本信息及资料分析对雨水资源化利用的科学规划十分重要。目前，我国部分城市雨水资源化利用规划的基础分析工作虽包括了当地的地质地貌、水文、气象条件、水资源、水环境、给水排水系统等基础数据，但基础信息不全、分析工具和方法落后，甚至仅是定性分析城市的部分重要基本信息，缺乏科学性、总体性和综合性，缺少对所有信息的综合分析及规律性的把握，特别是缺乏对雨水量和水质在城市水循环系统中的综合作用及其影响研究，缺乏对雨水资源化利用系统与城市基础设施现状及发展之间关系的清晰分析，缺乏基于城市地理信息系统等分析系统的规划模型和决策系统的构建。因此，进一步加强城市雨水资源化利用规划基础工作的研究和资料积累，开发基于城市基础设施、土地利用、环境现状及变化的雨洪控制与资源化利用的系统分析方法、模型或决策系统，不仅对城市雨水资源化利用规划的科学制定具有重要作用，还对城市的未来和可持续发展具有重大意义。

（5）规划滞后，可操作性较差。我国许多城市已经充分认识到城市雨洪控制利用的重要性，一些城市在积极开展城市雨水利用的同时，也制定了一系列雨水利用与排放的相关政策及规范标准，但城市雨水利用规划的编制明显滞后。这种滞后性容易导致城市雨水资源化利用规划与城市总体规划或其他专项规划的脱节，甚至与其他基础设施的建设产生矛盾和冲突，也容易导致雨水资源化利用工程设计与建设的盲目性和随意性。另外，其他一些城市开展的雨水资源化利用规划研究缺乏具体的实施目标和可行的技术路线，使得规划的可操作性较差。因此，我国城市需要加大、加快对现代意义上的雨洪控制利用规划的重视和投入。为在城市建设中科学、合理、有效地利用雨水资源，充分发挥雨水资源化利用工程的经济、社会与环境效益，避免无序建设或"一窝蜂"式的盲目建设，应科学制定规划的实施目标、技术路线和雨水利用模式，合理安排雨水资源化利用工程建设位置、时序和规模，以提高城市雨水资源化利用规划的可操作性。

2. 城市雨水资源化利用发展趋势

未来城市雨水资源化利用将是多方面的，其主要的发展方向有六个方面：

一是把城市雨水资源化利用纳入城市整体规划中，将城市雨水利用与城市建设、生态建设和水资源优化配置统一考虑，把城市雨水资源的集水、蓄水、排水、处理、回用、入渗地下等纳入城市建设规划之中。二是加强城市雨水资源化利用的科学研究，从社会、经济、生态、科学、技术等不同角度入手，由理论基础研究与试点示范工作开始对城市雨水资源进行开发和利用，将雨水通过有效途径回收，作为中水加以利用，直接节约生活用水资源，缓解城市供水紧张状况。三是对原有排水设施进行改造，在今后的排水管网新建和改造中，要做到雨污分离。结合城市建设，利用已有的排水渠道、管网，采取"长藤结瓜"形式，在有利地形增设水窖、水柜，先蓄后排，蓄排结合。逐步扩大雨水利用途径，提高雨水利用效率和代用自来水的比重。四是城市雨水资源的综合利用，一种是利用先进技术将雨水净化后对地下水进行回灌，使城市地下水的水位缓慢回升。另一种是通过城市水环境调蓄和净化城市雨水径流，达到保护生态环境和减轻城市排水管网负担的目的。五是制定城市雨水资源化利用的法律法规，推行城市雨水资源化利用的技术规范与标准，完善雨水的管理与监督机制。六是政府应该对城市雨水资源化利用提供基金支持，给予城市雨水资源化利用产业各种优惠政策，通过利益机制调动开发商和企事业单位的积极性，将效果明显的雨水利用技术尽快推广应用。

四、城市雨水资源量化分析

SD方法论城市雨水资源化利用是一项复杂的系统工程，涉及城市生态、城市规划、城市水文、水环境、水利工程和市政工程等多种交叉领域。要解决中国城市洪涝灾害、干旱缺水及城市水环境污染问题就必须充分发挥城市雨水资源化利用的作用。而只有将城市雨水资源进行量化，才能够合理地定性、定量分析城市雨水资源化利用的价值以及对社会经济产生的深远影响。

城市雨水资源量化指标的选取，关键在于能够为城市雨水资源化利用提供基础性支持，因此，在本研究中选择以下指标：城市雨水资源量、城市雨水资源经济价值、城市雨水资源价值系数、城市径流系数以及城市三个产业雨水资源利用量。根据这些指标确定的城市雨水资源化利用的目标是：将城市雨水资源化利用作为城市水资源规划的重要组成部分，并确定城市雨水资源化利用方案；根据城市的实际情况以及经济发展水平逐步开展雨水利用新建、改建工程，确定适当的分期实施方案；逐步形成地表水、地下水、雨水、中水和城市再生水等各种水资源的合理利用以及生活、生产和生态用水协调发展的局面。

通过对城市雨水资源化利用目标的分析可知：城市雨水资源利用化问题的研究对象是一个复杂的社会系统，在这个系统中存在很多相互关联、相互影响的因素，它们之间构成因果关系的多重反馈回路，研究中最重要的问题是研究城市雨水资源化利用对社会经济发展的影响。而系统动力学是过程导向的研究方法，擅长大量变量、高阶非线性系统的研究，根据系统中的因果回馈关系和实际观测信息建立动态的仿真模型，并通过计算机试验来获得对系统未来行为的描述。所以，本研究中选择系统动力学作为研究城市雨水资源的量化分析方法。

系统动力学强调系统、整体观点和联系、发展、运动观点，结合我国城市雨水资源化利用的实际情况，本文运用系统动力学方法建立城市雨水资源化利用系统仿真模型，该模型需要按照系统的思想和观点，建立一个由一组模型构成的比较完善、具有多层次和多功能等特点的模型体系，然后动态仿真系统的基本行为和发展趋势，为城市未来雨水资源化利用提供科学的政策建议。

（一）SD 一般性描述

系统动力学（System Dynamics, SD）是一门分析研究复杂反馈系统动态行为的系统科学方法。它是系统科学中的一个分支，是跨越自然科学和社会科学的横向学科。它起源于 1956 年，由美国麻省理工学院佛瑞斯特教授和他的研究小组创立。它以反馈控制理论为基础，以计算机仿真技术为手段，主要用于研究复杂系统的结构、功能与动态行为之间的关系。最初是为了把反馈控制理论应用到工业系统的研究中，随后研究领域扩展到商业、社会、资源、人口、金融等宏观战略研究领域，用于多方面的战略与决策的分析研究中，所以学科更名为"系统动力学"。系统动力学基于系统论，吸收控制论、信息论的精髓，是一门认识系统问题和解决系统问题的交叉、综合性新学科，能够依据系统的状态、控制和信息反馈等环节来反映实际系统的动态机制，并通过建立系统仿真模型，借助计算机进行仿真实验。人们在求解问题时都是想获得较优的解决方案，能够得到较优的结果。系统动力学强调系统的结构并从系统结构角度来分析系统的功能和行为，系统的结构决定了系统的行为。因此系统动力学是通过寻找系统的较优结构，来获得较优的系统行为。

系统动力学是过程导向的研究方法，擅长处理周期性、长期性和数据相对缺乏的问题，可以进行长期的、动态的、战略的定量分析。系统动力学的这些特点为模拟生态经济系统复杂的行为和未来的变化规律提供了科学手段。

（二）国内外 SD 研究进展

国外系统动力学的研究进展大致可分为三个阶段：第一阶段（20 世纪 50 到 60 年代）：系统动力学的诞生。由于 SD 这种方法早期的研究对象是以企业为中心的工业系统，初名也就称工业动力学。这阶段主要是以佛瑞斯特教授在哈佛商业评论发表的《工业动力学》作为奠基之作，之后他又讲述了系统动力学的方法论和原理，系统产生动态行为的基本原理。后来，佛瑞斯特教授对城市的兴衰问题进行深入的研究，提出了城市模型。

第二阶段（20 世纪 70 到 80 年代）：系统动力学的发展成熟。这阶段主要的标准性成果是系统动力学世界模型与美国国家模型的研究成功。这两个模型的研究成功地解决了困扰经济学界的长波问题，因此吸引了世界范围内学者的关注，促进了它在世界范围内的传播与发展，确立了其在经济问题研究中的学科地位。

第三阶段（20 世纪 90 年代至今）：系统动力学的广泛运用与传播。在这一阶段，SD 在世界范围内得到广泛的传播，其应用范围更广泛，并且获得新的发展。许多学者纷纷采用系统动力学方法来研究各自国家的社会问题，涉及经济、环境、生态、资源、生物、工业、城市等广泛的领域。

国内对系统动力学的研究从 20 世纪 70 年代末开始，在 80 年代已广泛传播，最多时 SD 研究者有 2 000 多人。目前我国 SD 学者和研究人员在区域和城市规划、企业管理、产业研究、科技管理、生态环保、海洋经济等应用研究领域都取得了巨大的成绩。在取得成绩的同时我们也要认识到目前 SD 研究存在的不足，即 SD 的非线性使常规的线性优化理论效果很差，缺乏适合区域问题系统动力学建模的共性结构的基础性研究工作，且系统动力学模型的移植性差。在未来的应用研究中要注意到这些不足，对系统动力学还需进行深入研究，以便使系统动力学拥有更加广泛的研究和应用空间。

（三）SD 模型方法论

1.SD 模型特点

系统动力学通过分析系统的问题，剖析系统获得丰富的系统信息，从而建立系统内部信息反馈机制，最后通过仿真软件来实现对系统结构的模拟，进行政策优化来达到寻找较优的系统功能。而系统动力学模型则是以系统动力学的理论与方法为指导，建立用以研究复杂地理系统动态行为的计算机仿真模型体系。具体来说，系统动力学模型具有多变量、定性分析和定量分析相结合、以仿真实验为基本手段和以计算机为工具，以及可以处理高阶次、多回路、非线性的时变复杂系统问题四个特点。

2.SD 模型中重要概念界定

系统：一个由相互区别、相互作用的各部分（即单元或要素）有机地联结在一起，为同一目的完成某种功能的集合体。反馈系统：包含有反馈环节与其作用的系统。它受系统本身的历史行为的影响，把历史行为的后果回授给系统本身，以影响未来的行为，如库存订货控制系统。反馈回路：由一系列的因果与相互作用链组成的闭合回路，或者说是由信息与动作构成的闭合路径。系统流图：表示反馈回路中的各水平变量和各速率变量相互联系形式及反馈系统中各回路之间互连关系的图示模型。水平变量：也叫状态变量或流量，代表事物（包括物质和非物质的）的积累。其数值大小是表示某一系统变量在某一特定时刻的状况，可以说是系统过去累积的结果，它是流入率与流出率的净差额。它必须由速率变量的作用才能由某一个数值状态改变另一数值状态。速率变量：又称变化率，随着时间的推移，水平变量的值会增加或减少，速率变量表示某个水平变量变化的快慢。

（四）SD 模型建模技术路线

系统动力学仿真基本步骤主要包括：明确问题、构建因果关系图、绘制系统流程图、建立系统动力学模型、运行模型并输出运行结果和仿真模拟运行。

（五）本文所用的 SD 软件

Vensim 由美国 Ventana Systems, Inc. 所开发，是一个可视化的建模软件，可以描述系统动力学模型的结构，模拟系统的行为，并对模型的模拟结果进行分析和优化。vensimPLE 是其中的一种软件，该软件可以对模型进行概念化优化和方针分析，它对模型的容量没有限制，一般用于研究的模型基本上都可以处理。其特点如下：基于 Windows 平台的界面，易于操作；良好的中文支持；快速、直观地建立模型、定义方程；自动对模型进行检验，软件本身自带 Debug 功能，可以提示错误位置和原因，从而提高建模的效率；强大的各种函数功能，如表函数、延迟函数等；输出数据方便，可以将运算数据转存为其他格式和将结构图直接粘贴到 Word 文档中。总之，vensimPLE 软件是一款非常优秀的系统动力学建模软件。

城市雨水资源化利用问题的研究对象是一个复杂的社会系统，在这个系统中存在很多相互关联、相互影响的因素，它们之间构成多重反馈回路，研究中最重要的问题是城市雨水资源化利用对社会经济发展的影响。而系统动力学正好擅长处理这类问题，所以本节在分析了城市雨水资源化利用的各方面情况后，选择系统动力学方法对城市雨水资源进行量化分析，随后将在此基础上建立城市雨水资源利用系统 SD 模型，并对模型进行仿真分析，然后提出政策建议。最后简单介绍了本文中用到的 vensimPLE 软件及其特点。

第六节　城市雨水资源利用系统 SD 模型研究

城市雨水资源利用系统是由复杂的社会经济要素和城市雨水资源利用相互融合而组成的动态、开放的系统，其发展遵循内在机制与要求。本节根据城市经济和雨水资源利用相互联系、相互制约的关系以及系统动力学相关理论方法，建立了反映各因素间反馈关系的系统动力学因果关系图、结构模型和数学模型，为后面章节的系统基本行为仿真和政策分析奠定基础。

一、模型总体结构

（一）建模思路

通过前面章节的分析可知，城市化进程加快导致城市水环境质量在不断下降，出现水资源短缺问题。要促进西安市雨水资源化利用和经济的可持续发展，就要考虑两者之间相互促进与相互制约的关系。因此，本文构建了城市雨水资源利用系统 SD 模型，并分别就经济子系统和雨水资源利用子系统进行研究分析。在模型构建过程中，我们将更充分地了解城市雨水资源利用系统结构和功能之间的关系。由于系统动力学从系统的内部结构入手建立系统的模型，因此为我们研究系统结构与功能的关系提供了科学的方法。系统行为的性质主要取决于系统内部的结构，在一定条件下，外部环境的变动、外部的干扰会起到重要作用，但归根结底，外因只有通过系统的内因才能起作用。本文模型建立的一般步骤是：①明确问题：模型主要研究的是城市雨水资源利用与国民经济内部反馈结构与其动态行为之间的关系。②构建因果关系图：在对系统中各要素之间相互关系进行分析的基础上，绘制城市雨水资源利用因果关系图，并确定因果关系图中反馈回路的极性。③绘制系统动力学模型流图：由于因果关系图只能描述反馈结构的基本方面，不能表示不同性质的变量的区别，所以为了能表示不同性质的变量的区别，本文利用系统动力学的专门符号，将因果关系图转化为相应的流程图。④建立系统动力学模型：根据流程图编写出模型所有方程及参数值的确定。确定系统中的状态、速率、辅助变量和建立主要变量之间的数量关系。⑤运行模型并输出运行结果：在 vensimPLE 软件中将模型方程及辅助方程输入完毕以后，即可执行运行命令进行模型模拟。随后对模拟出来的变量曲线图进行分析。⑥仿真模拟运行：仿真模拟运行就是修改参数进行多方案实验模拟运行，以选择最佳方案，供科学决策参考。

（二）建模目的

构建城市雨水资源利用系统 SD 模型主要是为了研究城市的雨水资源利用与

国民经济之间的关系，该模型中的主要数据通过查阅各城市统计年鉴和雨水资源利用状况等相关资料获得。模型的时间边界为 2008—2028 年，仿真步长为 1 年。本文建立系统动力学模型主要是探索城市国民经济发展与雨水资源利用之间的内在关系，预测城市雨水资源利用未来的发展趋势以及对经济所造成的影响，在互利共赢的基础上寻求城市雨水资源利用与经济的可持续发展道路。

（三）指标体系选择

城市雨水资源利用系统指标体系的建立原则有系统性原则、科学性原则、可操作原则、动态性原则和区域性原则。根据这些原则，结合城市经济和雨水资源利用的实际情况，选取了 33 个指标构成城市雨水资源与经济发展的仿真系统模型，其中主要指标有以下几个，经济子系统：国内生产总值、农业固定资产、农业总产值、第二产业固定资产、第二产业总产值、第三产业固定资产、第三产业总产值、三个产业固定资产折旧量、三个产业固定资产投入产出比等；雨水资源利用子系统：雨水资源利用投资、雨水资源利用量、再生水资源量、可供水增加量、总供水量、污水排放总量、农业用水量、二产用水量、三产用水量等。

（四）模型总体结构框架

在城市雨水资源利用系统模型中，经济和雨水资源利用这两个子系统是相互联系、相互影响和相互制约的，每一个子系统的运行既取决于子系统的内部结构，又取决于它与外部的联系。对于子系统而言，外部的联系主要是指其他子系统的输出作为外部变量输入到本系统，自身的内部变量也不断输给其他系统。确定反馈关系环是本文建立模型的重要一步，它是通过不断地调试后确定的。结合各城市雨水资源利用的实际情况，本文建立了城市雨水资源利用反馈关系图，其中涉及的变量有：国内生产总值；农业固定资产；农业总产值；第二产业固定资产；第二产业总产值；第三产业固定资产；第三产业总产值；固定资产投资；环保投资；污水排放量；可供水总量；总人口；总需水量；农业需水量；第二产业需水量；第三产业需水量。

本文主要基于以下思想建立城市雨水资源利用系统反馈关系环：国内生产

总值增加有利于促进雨水资源利用投资增加；雨水资源可利用量取决于雨水资源投资量，开发利用投资越多，雨水资源可利用量就越大，进而增加再生水资源量，最终提高西安市总供水量；总供水量的加大，可以有效缓解水资源不足对经济的制约，经济发展越快，能够追加的雨水资源利用投资也就越多。城市雨水资源利用系统中的主要因果关系链有：

（1）国内生产总值→＋固定资产投资→＋第二产业固定资产→＋第二产业业总产值→＋国内生产总值

（2）总人口→＋社会劳动力→＋第二产业总产值→＋第二产业污水排放量→＋污水排放总量→－可供水总量→－人均生活用水→－总人口

（3）总人口→＋社会劳动力→＋第二产业总产值→＋国内生产总值→＋固定资产投资→＋环保投资→＋污水处理厂处理能力→＋污水处理量→＋可供水总量→＋人均生活用水→＋总人口

（4）总人口→＋社会劳动力→＋第二产业总产值→＋国内生产总值→＋雨水资源利用投资→＋雨水资源利用量→＋可供水总量→＋人均生活用水→＋总人口

其中第(1)(3)(4)条因果链表示三大产业固定资产投资与GDP的正向反馈增长，一般来说，经济的增长随着投资的增加而增加，投资量也伴随着经济的增长而加大，总投资量增大，雨水资源利用投资量也跟着增大，雨水资源利用量增大导致可供水总量增大进而引起总人口的增大；第（2）条表示人口与经济和水资源之间的负反馈关系，人口越多，经济增长速度越快，其引起的污水排放也越严重，从而导致供水总量的减少，进而导致人口的减少。

二、经济子系统分析

经济活动是城市雨水资源化利用中的重要环节。数千年来，人类希望通过经济发展，实现自身的进步与完善。而经济发展又是以自然资源的消耗为前提的，没有资源的消耗，就难以实现经济的发展和社会的进步。人类作为主体，将二者紧紧连接在一起。而千百年以来，由于时代的不同和认识上的局限，人类在实现经济发展而产生的对自然资源的使用，总是破坏与治理同时发生。尤其进入 21 世纪以来，人口的急剧增加和城市化进程的加快，使之不断逼近自然环境的最大承载力，使环境负荷加重，生态环境趋于恶化，导致了资源的短缺，而资源短缺反过来又构成对经济的制约。

因此，城市及其经济的发展不能超过其资源环境的承载能力，城市的建设规模与经济发展总量必须与自身的资源环境承载能力相适应，才能确保城市可持续发展。同样，城市化道路的选择也必须体现城市化速度不能超越资源与生态环境容量，必须与环境资源承载能力相适应。这就要求在选择城市化道路时，一定要坚持集约高效利用资源和最大限度地保护生态环境的原则，将城市化发展对资源环境的代价降到最低程度，将资源与生态环境对城市化进程的限制降到最低限度，依据资源与生态环境容量，逐步在全社会范围内推行资源节约型、环境友好型、紧凑清洁型的城市化发展道路，逐步实现我国城市化进程中的节能减排目标和全面建设小康社会的目标。

要实现城市经济与雨水资源利用的协调可持续发展，即在获取经济效益最大化前提下保证雨水资源集约高效和可持续利用的目标，我们必须依据相关经济与资源可持续发展理论，在城市化发展的过程中，要注重资源与生态环境的容量，坚持生产发展、生活富裕、生态良好的文明发展道路，建设资源节约型、环境友好型社会，实现经济社会可持续发展。把经济各部门和雨水资源利用各部门合理地组织起来，通过对各个环节各个方面的合理配置，使之符合在获取经济效益最大化前提下保证雨水资源集约高效和可持续利用的目标，促进我国国民经济和雨水资源利用系统的可持续发展。

通过对城市社会经济子系统的分析可知，经济子系统对雨水资源利用子系统的影响很大，所以根据之前雨水资源经济系统设计的指标体系，结合各个城市的具体情况，建立城市经济子系统因果关系图。各产业总值的增加使国内生产总值增加，进而促进固定资产投资增加，随着各产业固定资产投资的增加，其产值总量也在不断增加，这样就构成了经济子系统的正反馈回路。

（一）经济子系统结构模型

经济子系统设定的状态变量有：农业总产值；第二产业总产值；第三产业总产值。速率变量有：农业总产值年增加数；第二产业总产值年增加数；第三产业总产值年增加数。辅助变量有：国内生产总值；农业固定资产投资；第二产业固定资产投资；第三产业固定资产投资；农业用水量；第二产业用水量；第三产业用水量。常数有：农业投入产出比；第二产业投入产出比；第三产业投入产出比；农业再投资比例；第二产业再投资比例；第三产业再投资比例；雨水资源价值系数；雨水资源比例。

本文中涉及的固定资产投资的形成时间一般为 1～3 年，由于其资产投入到产生效益的时间比较长，所以将农业、第二产业和第三产业固定资产的增加分别看成是三个产业固定资产投资的三阶延迟函数。而三个产业的投入产出比受到技术管理等多方面因素的影响，即各自的投入产出比呈现非线性关系，所以将它们设置为表函数。经济子系统中其他的参数数值均根据 2005—2010 年间的期望值确定。国内生产总值被公认为衡量国家经济状况的最佳指标，反映国家的经济表现和国力与财富，在宏观经济分析（如国民经济发展规模、水平、结构、增长与波动等）中起到很重要的作用。

（二）经济子系统中参数估计

在用系统动力学方法建模中有两个关键问题：系统结构和系统参数的确定，对系统模型而言，首先强调的是系统结构，而要求的许多参数的估计往往缺乏资料，得不到准确的数字，而对于系统来说这些参数是很重要的，我们要对这些参数作合理的、大胆的估计，虽然会使模型带有某些不精确性，但这样会使模型更实用和接近实际系统。

在模型经济子系统中，三个产业投入产出呈非线性关系，用时间的表函数来表示更简单、直接和方便，由于在实际统计中没有与之相对应的数据（没有每年的固定资产投入的产出），因此我们需要对三个产业投入产出比作出如下估计：假设投入产出比是当年各个产业产值比上当年各个产业固定资产投入额得到的表函数。在此基础上，本文利用多个系统动力学方程对投入产出比进行参数估计。

模型中的方程为：

农业投入产出比 = 农业产值 / 农业固定资产

农业固定资产 = INTEG［DELAY3（农业固定资产投资量，3）－农业固定资产增加量］

第二产业投入产出比 = 第二产业产值 / 第二产业固定资产

第二产业固定资产 = INTEG［DELAY3（第二产业固定资产投资量，3）－第二产业固定资产增加量］

第三产业投入产出比 = 第三产业产值 / 第三产业固定资产

第三产业固定资产 = INTEG［DELAY3（第三产业固定资产投资量，3）－第三产业固定资产增加量］

其中每一个产业的产值都是可以获得的，这样，三个产业投入产出比可以通过模型反复仿真得到。

（三）经济子系统数学模型

经济子系统数学模型是对经济各重要方面变化规律作出的定量化描述，主要包括：

L 农业固定资产 = INTEG［DELAY3（农业固定资产投资量，$1 \times T$）－农业固定资产增加量，初始农业固定资产］

L 第二产业固定资产 = INTEG［DELAY3（第二产业固定资产投资量，$3 \times T$）－第二产业固定资产增加量，初始第二产业固定资产］

L 第三产业固定资产 = INTEG［DELAY3（第三产业固定资产投资量，$2 \times T$）－第三产业固定资产增加量，初始第三产业固定资产］

A 国内生产总值 = 国内生产总值 + 国内生产总值年增长量

A 国内生产总值年增长量 = 国内生产总值 × 国内生产总值增长率

A 固定资产投资 = 国内生产总值 × 固定资产投资比

R 农业固定资产 = 生产性固定资产投资 × 农业固定资产投资系数

R 第二产业固定资产 = 生产性固定资产投资 × 第二产业固定资产投资系数

R 第三产业固定资产 = 生产性固定资产投资 × 第三产业固定资产投资系数

R 农业固定资产增加量 = 农业固定资产 × 农业固定资产折旧系数

R 第二产业固定资产增加量 = 第二产业固定资产 × 第二产业固定资产折旧系数

R 第三产业固定资产增加量 = 第三产业固定资产 × 第三产业固定资产折旧系数

A 生产性固定资产投资 = 固定资产投资 × 生产性固定资产投资比

A 农业总产值 = 农业固定资产 × 农业投入产出比

A 第二产业总产值 = 第二产业固定资产 × 第二产业投入产出比

A 第三产业总产值 = 第三产业固定资产 × 第三产业投入产出比

其中，L 为状态变量，R 为速率变量，A 为辅助变量，T 为时间变量，国内生产总值初始值为各城市 2008 年统计年鉴数值，固定资产投资比、初始农业固定资产、初始第二产业固定资产、初始第三产业固定资产、农业固定资产投资系数、第二产业固定资产投资系数、第三产业固定资产投资系数、农业固定资产折旧系数、第二产业固定资产折旧系数、第三产业固定资产折旧系数、生产性固定资产投资比都是常数，数值根据各城市 2008—2010 年统计年鉴数据的期望值得出。而三个产业投入产出比由随时间变化的表函数估计得出。

三、雨水资源利用子系统分析

水资源是人类赖以生存的最为重要的资源因素之一，其质量和数量直接影响到人类生存发展以及对资源的利用水平。它是经济发展的物质条件，既可以直接促进经济的发展，也可以对经济的发展构成制约。随着社会经济的发展和城市化进程的加快，为了缓解水资源紧张的情况，除了大力抓好节约和保护水资源工作外，城市雨水资源化利用对缓解水资源紧张有很大帮助。经济发展能够促进技术进步和社会发展，因此能够促进雨水资源利用的质量和数量，本文研究的雨水资源利用子系统中主要涉及雨水资源的利用和地表水、地下水的供水量。在水资源子系统中，本文研究了城市对雨水资源化利用的投资以及雨水资源化利用对城市可供水总量的影响机制；探讨了经济发展的速度与城市雨水资源化利用和城市对雨水资源化投资之间的关系。

（一）雨水资源利用子系统因果关系图

雨水资源子系统因果关系图反映的是城市化进程加快导致城市总人口的增加，进而社会劳动力总数也在增加，即随第二产业总产值增加进而导致国内生产总值增加，国内生产总值增加引起固定资产投资增加，雨水资源利用投资也跟着增加，这样城市雨水资源利用量也在不断增加进而使可供水总量增加。

（二）雨水资源利用子系统结构模型

雨水资源利用子系统的结构模型如图1.1所示。在该模型中，认为GDP增加值的变化决定了雨水资源利用的投资量以及雨水资源利用投资比例的大小。根据雨水资源利用投资确定雨水利用的年增加量，而雨水资源作为再生水的一部分，最终影响到城市的可供水总量增加量，形成可供水总量这一水准变量。可供水总量越多，对城市三个产业经济的促进作用体现得就越明显，相应的经济效益越大。雨水资源利用子系统设定的状态变量有：可供水总量；总人口。速率变量有：可供水年增加量；总人口年增加量。辅助变量有：国内生产总值；雨水资源利用投资；雨水资源利用量；农业用水量；第二产业用水量；第三产业用水量；污水排放总量；社会劳动力；第二产业废水排放量；人均生活用水。常数有：雨水资源利用投资比例；雨水资源利用投资效率；农业用水比例；第二产业用水比例；第三产业用水比例等。可供水总量是指城市内各种水源工程（包括地下水和地表水源）能为居民和企业提供的包括输水损失在内的供水量之和。

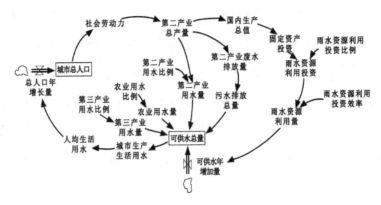

图1.1　城市雨水资源利用子系统结构模型

（三）雨水资源利用子系统数学模型

根据城市雨水资源利用子系统的结构模型，建立系统动力学数学模型，具体如下：

L 可供水总量 =INTEG（可供水增加量）

R 可供水增加量 = 地表水供水增加量 + 地下水供水增加量

A 国内生产总值 = 农业总产值 + 第二产业总产值 + 第三产业总产值

A 农业用水量 = 农业用水比例 × 可供水总量

A 第二产业用水量 = 第二产业用水比例 × 可供水总量

A 第三产业用水量 = 第三产业用水比例 × 可供水总量

A 雨水利用投资 = 国内生产总值 × 雨水利用投资比例

A 雨水利用增加量 = 雨水利用投资 / 雨水利用投资效率

A 再生水供水增加量 = 雨水利用增加量 / 雨水资源占再生水资源比例

其中，可供水总量初始值为各城市 2008 年地表水总量和地下水总量之和，地表水供水增加量、地下水供水增加量、农业用水比例、第二产业用水比例、第三产业用水比例、雨水资源利用投资比例、雨水资源利用投资效率、雨水资源占再生水资源比例都是常数，数值根据各城市 2008—2010 年统计年鉴数据的期望值得出。

四、模型检验及灵敏度分析

（一）模型结构检验和历史检验

模型是对于现实存在的系统的简化和抽象，我们由建立模型可方便得到系统的行为模式，但同时还要确定系统的结构是否反映了实际情况。在对模型进行仿真和政策分析前必须对模型的正确性进行检验，本文主要是对城市雨水资源利用系统 SD 模型进行结构和历史检验。通过全面细致地分析和了解城市雨水资源利用系统的状况，参考了其他相关模型的建立，确定了模型的因果关系、反馈结构和方程都与实际系统相一致。再通过软件对模型的方程和量纲进行检验。其次是历史检验，即选择历史时刻为起始点，用已有的历史数据与仿真结果进行偏差检验。在一般情况下，仿真值与历史实际值的相对误差在 ±10% 以内，模型都是有效的。对于城市雨水资源利用系统这样一个复杂的系统工程来说，上述结果说明模型较真实地反映了实际系统。

（二）模型灵敏度分析

最后是对城市雨水资源利用系统 SD 模型进行灵敏度分析，所谓灵敏度分析是指改变模型中的参数、结构，看是否会导致模型模拟结果发生改变，以及当模型的参数在合理的范围变动时，由模型获得的政策的结论是否改变。在建立本模型的过程中，一些参数因缺乏实际资料或无法准确获得，我们对这些参数进行了估计，为了考虑参数估计误差的影响，就必须对模型进行灵敏度分析。本文对城市雨水资源利用模型进行灵敏度分析后得出：模型对大部分参数和结构的变化是不敏感的，系统的行为不会因为某个参数的变化而变化，在对模型进行一些极端的测试时，模型也能给出基本合理的结果，这表明模型具有较低的灵敏度。

本节在对城市雨水资源利用系统进行分析的基础上，建立了城市雨水资源经济系统 SD 模型。将模型中的经济子系统和雨水资源利用子系统单独进行研究，在此基础上绘制因果关系图并根据因果关系图构建结构模型以及对应的数学模型，然后对模型进行结构、历史检验和灵敏度分析，结果表明该模型结构符合要求，模型具有较低的灵敏度。

第二章 地下水资源管理工作评价体系

第一节 国内外研究现状

评价作为全面认识和客观判断考查对象的一个有效手段，目前已被广泛地应用于社会各个领域，如政府部门、企业、组织等都根据自身需要和特点建立了相应的评价指标体系和评价方法。地下水资源管理工作由于涉及领域广泛，且不同地区之间管理目标和要求存在着一定的差异，致使对地下水资源管理工作的评价或定量化认识还存在着诸多难题。本节针对国内外绩效评估体系研究进展和地下水资源管理工作评价现状进行介绍，进而为地下水资源管理工作评价体系的制定提供理论基础和借鉴作用。

一、绩效评估工作研究进展

绩效作为管理的结果，与管理工作每一步的制定和实施都息息相关。目前，有关绩效评估方面，国内外进行了很多的研究，研究对象也较广泛，包括企业、政府、组织、公共领域以及个人等。为进一步提高行业管理水平，各领域都研发了适用于自己的一套评价体系。根据管理工作和要求的不同，建立的评估体系也有所差异，特别是政府部门，由于管理内容和目标的特殊性，其绩效评估近年来已成为研究讨论的热点。该部分针对目前政府绩效评估研究现状进行简单的叙述。为保障政府绩效评估工作的规范化和制度化，许多国家都有针对性地制定了相应的法律法规。如美国于 1993 年第 103 届国会通过的《政府绩效与成果法》(Government Performanceand Result Act，GPRA)、英国于 1983 年制定的《国家审计法》和 1997 年颁布的《地方政府法》、加拿大和澳大利亚的《审计法》、日本的《会计检察院法》、韩国的《政府绩效评价框架法案》等都从不同方面对政府绩效评估工作加以规定，使政府绩效评估和管理工作全面走上制度化轨道，成为对政府机构的法定要求。

我国关于政府绩效评估的理论研究大约开始于 20 世纪 90 年代中期。1995 年山西运城地区行署颁布的"效率工作法"和 1996 年山东烟台市公共服务部门提出的"社会服务承诺制"标志着我国绩效评估工作实践过程的开端。随后，绩效评估开始被广泛应用于政府评估的各个方面，包括针对某一专项活动或政府工作的某一方面。例如，北京市的国家机关网站政务公开检查评议活动；南京、珠海、沈阳、杭州、厦门等城市开展的"万人评政府"活动；宁波等城市开展以"让人民评判，让人民满意"为导向的万人评议政府（机关）活动；深圳市的"企业评政府"活动等。2004 年，国务院正式发布的文件中首次使用了"绩效评估"，表明了官方对这一概念的认可，也标志着绩效评估正式推广应用。

随着经济社会的发展，政府绩效评估工作也在不断完善。各国政府不仅注重对评估工作的法律支持，对绩效评估指标体系也在不断完善。目前，政府、企业、组织等为提高管理水平而建立的绩效评估指标体系形式多种多样，比较有代表性的有以下几种。

（一）"3E/4E"评估方法

"3E"评估方法指经济、效率、效果。其中，经济是指以最低的成本维持既定服务品质的公共服务，它注重的是投入的数量，而不关注其产出与品质状况。效率是指投入与产出的比例。效果则是指通过服务实现预期目标的程度或效果，与经济相对应。但此方法过度地偏向经济性等硬性指标，忽视了对公平、民主等软指标的评价，受到了诸多质疑。因此，在随后的应用中，部分学者加入了公平指标，发展成为"4E"绩效评估法，如刘圣来构建了基于"4E"方法的疾病预防控制机构绩效评估指标体系。

（二）标杆管理法

标杆管理法是从组织机构、管理机制、业绩指标等方面进行对比评析，在对外横向沟通、明确绩效差异形成原因的基础上，提取关键绩效指标，制定提高绩效的策略和措施。在对内纵向沟通、达成共识的前提下，采取定性与定量评价相结合，通过改进、追赶和超越标杆，最终达到提高绩效的目的。该方法一般包括四个步骤：找出关键绩效指标、确定绩效管理的"标杆"、优化关键绩效指标和实现绩效超越目标。

（三）平衡计分卡法（BSC）

平衡计分卡法是由美国哈佛商学院的 Rokert S. Kaplan（罗伯特·卡普兰）和 David P. Norton（戴维·诺顿）于 1992 年创立的。该方法首先从企业发展的战略出发，将企业及各部门的任务或决策转化为一系列相互联系的目标，然后进一步将目标分解为财务状况、顾客服务、内部经营过程、学习和成长四个方面进行评估。平衡计分卡法起先应用于企业的评估，但由于其存在定量分析优势，后被逐渐引入非营利性组织和政府领域的绩效评估，如 1996 年美国交通运输部（DOT）的采购部建立的平衡计分卡评估体系。在我国，平衡计分卡法也被广泛应用，如彭国甫等将平衡计分卡法引入到公共部门的绩效评估工作中，并将其调整为政府成本、政府业绩、政府管理内部流程及政府学习与发展四个指标。

（四）逻辑模型

逻辑模型是指通过对事件背景的分析，借助逻辑推理思维，把事件分为投入、过程或活动、产出、产效和影响等要素，并寻求这些要素之间的关系，进而找出投入资金与产出效果之间内在联系的绩效分析方法。目前，逻辑模型绩效评估指标体系在我国企业、政府和公共卫生领域均有研究应用，如雷海潮等将逻辑模型引入到我国区域卫生规划的监督与评价研究中，并根据投入、活动、对象、短期、中期、长期效果划定了七大环节，建立了相应的指标体系。

（五）关键绩效指标法（KPI）

关键绩效指标是通过对组织内部某一流程的输入端、输出端的关键参数进行设置、取样、计算、分析，衡量流程绩效的一种目标式量化管理指标，是把企业的战略目标分解为可运作的远景目标的工具。通常由以下几部分组成：①企业级关键绩效指标，由企业战略目标演化而来；②部门级关键绩效指标，由企业绩效指标的分解和部门职责确定；③由部门关键绩效指标落实到个人的绩效衡量指标。该方法在我国企业、政府和公共事业领域的应用也较广泛，如谭建伟基于发展目标，构建了包括显性指标体系和隐性指标的高校教师绩效考核的关键绩效指标体系，并将显性指标体系进一步划分为教学模块和科研模块，隐性指标体系划分为育人模块和服务模块，共9个指标。

（六）CAF 通用模型

CAF 基本框架来源于欧洲质量管理基金会（EFQM）的"卓越模型"，从评估的内容来看，CAF 可分为两大类要素：①能动要素，包括领导力、人力资源、战略与规划、伙伴关系与资源、过程与变革管理5个指标；②结果要素，包括雇员角度的结果、顾客／公民为导向的结果、社会结果和关键绩效结果4个指标，这9个指标构成了绩效评估的一级指标，然后进一步将其分解为28个次级指标。

（七）绩效棱柱模型（Performance Prism，PP）

绩效棱柱模型是 Cranfield 管理学院的研究人员和 Accenture 咨询公司提出的一个绩效模型，最早应用于私营企业，其基本思路是：一是明白重要的利益相关方及其要求；二是制定战略，以通过实施将价值传递给相关方；三是在执行战略时有效地发出命令和执行命令，并保证流程的顺畅；四是获取贡献。该模型分别用棱柱的五个面代表管理绩效的五个关键要素：利益相关者的满意、利益相关者的贡献、组织战略、业务流程和组织能力。在我国主要应用于企事业单位的绩效评估，如韦伟等从利益相关者（如顾客、员工、政府、社区等）的满意、利益相关者的贡献、战略、流程、能力方面构建了基于绩效棱柱法的国有企业绩效评价指标体系，而在政府绩效评估方面的应用较为少见。

（八）360 度绩效评估方法

360 度考评的理论基础是当代心理测量学中的真分数理论，该评估方法产生于 20 世纪 80 年代，由被评估者的上级、同事、下级或客户以及被考评者本人分别担任评估者，从多个角度对其进行 360 度的全方位考评，再通过一定的反馈程序，促进被评估者完善自身行为，提高工作绩效。

（九）中国政府绩效评估方法

2004 年 8 月，国家人事部《中国政府绩效评估研究》课题组在总结国内外相关指标体系设计思想和方法技术的基础上，经过深入调查，提出了一套适用于我国地方政府绩效评估的指标体系。建立的评价体系共分三层，由职能指标、影响指标和潜力指标 3 个一级指标，11 个二级指标以及 33 个三级指标构成，能全面系统地评估各级地方政府，特别是市县级地方政府的绩效和业绩状况。

（十）中国省级环境绩效评估体系

2008 年 9 月，为评估环境政策实施后的环境效果，提高环境管理水平，国家环境保护部与耶鲁大学、哥伦比亚大学合作开展了"中国省级环境绩效评估"项目，基本完成了评估的分析框架，主要包括环境与健康、生态环境保护与管理、资源与能源的可持续利用以及环境治理能力 4 个一级指标。

由上可知，绩效评估作为客观认识考察对象的方法，在各个领域中不断发展和完善，评估体系的形式也越来越多样化，这为地下水资源管理工作评估体系的建立提供了很好的借鉴。

二、地下水资源管理工作评价研究进展

地下水资源管理就是把危害地下水系统的因素降低到最小，使用水者从经济、技术和制度上获得最大效益，实现地下水资源的可持续利用和地下水系统的良性运行。

有关地下水资源方面，早在 20 世纪 50 年代初期，我国就已经开始研究了，但只是简单地将地下水资源作为矿产资源的一种进行勘探、计算与评价。随着对地下水资源认识的逐步深入，研究视野也在不断变化。至 70 年代，随着地下水

资源供需矛盾的日益尖锐及其引发环境问题的日益严峻性，地下水资源管理工作理念也在不断发生变化，更加注重地下水资源的涵养保护和管理方面的基础研究工作，地下水资源管理技术方法得到了快速发展，曾先后引入系统工程理论、随机分析理论、决策论以及数值模拟技术等来辅助地下水资源管理。同时，各种地下水资源管理模型的功能也日益强大，从单目标决策发展到多目标决策，从静态管理发展到动态管理。随着计算机和信息技术的广泛应用，地下水数值模拟技术逐渐发展起来，成为世界各国开展地下水资源评价工作的主要方法之一，具有代表性的有：有限差分法（FDM）、有限单元法（FEM）、边界单元法（BEM）、有限分析法（FAM）等。同时，一些比较成熟又功能强大的地下水数值模拟软件也逐步被广泛应用，如加拿大 Waterloo 水文地质公司的 Visual Mode Flow、德国 WASY 公司的 FEFLOW 软件、美国地质调查局开发的地下水流动数值模拟软件 MDFLOW 等。

而针对地下水资源管理工作评价方面，许多学者也进行了大量的探讨，成果较多，评价内容也非常广泛，包括水资源承载能力评价、水资源丰富度综合评价、地下水脆弱性评价、可持续开发利用评价以及地下水资源评价等，从地下水资源的各个角度都进行了相关的研究。例如，刘明柱通过对地下水资源系统特点的分析，应用 GIS 技术建立了地下水资源评价系统。惠映河等构建了包括社会经济承载能力、水环境容量、可供水量、需水量这四大层次、多个指标的水资源承载力评价指标体系；朱玉仙等从整体和可持续发展的内涵出发，运用经济统计的理论与方法，构建了能够表征水资源、社会、经济、环境协调发展状况的指标体系；刘绿柳从水资源的内部性质和水资源的外部性质两个方面建立了包括年降水量、过境水量、空间分布等 17 个指标的脆弱性指标体系；左东启等提出了包括自然、人文、经济、管理等方面的 47 个指标，具有不同层次的水资源评价指标体系；卞建民等通过分析水资源可持续利用的涵义及影响因素，建立了包含水资源的可供给性、水资源开发的技术水平和管理水平及水资源的综合效益等的水资源可持续利用评价的指标体系；冯耀龙等以可持续发展满意度为目标，建立了区域水资源系统可持续发展评价的指标体系；温淑瑶等从人对资源环境的需求、资源环境的需求、经济发展的需求、社会发展的需求四个方面提出了区域湖泊水资源可持续发展的指标体系，共包括工业生产、农业生产、居民、资源等对水的满意度、水环境可恢复度等 49 个指标；夏军等根据可持续水资源管理的定义、准则和系统结构关系，提出了一套适用于可持续水资源管理的评价指标体系，分为社会经济指标（包括人口、经济、社会的发展等指标）、水资源指标（包括水资源的总量、容量、利用、变化等指标）、生态环境指标（包括植被覆盖率、水、土地和大气指标等）和综合性指标（包括人均社会净福利、生态环境质量、缺水指数等指标）四大类，为推进可持续水资源管理量化研究奠定了基础；左其亭等针对干旱区流域的特点，提出了可持续水资源管理的量化研究框架，包括量化准则、指标体系、基础模型和量化方法，并将提出的基于模拟和发展综合指标测度的可持续水资源管理量化研究方法（M-D 方法）在新疆博斯腾湖流域进行应用。国外的相关研究如 Hugo A. Laiciga 建立了基于水平衡法和费用—效益分析法的地下水系统优化模型，较好地解决了可持续开采量在经济、制度等方面的约束。Fayad 基于地下水数值模拟，建立了不同决策变量下的地下水响应系统，实现了对不同情景下地下水资源可持续开采量的评价。Brown L. J. 将水均衡法与地下水同位素法结合应用于地下水资源可开采量评价中，提高了地下水资源可持续开采量评价的精度。

因此，从以上可以看出，在地下水资源管理工作评价中，目前国内外较多的是对管理绩效考核、地下水资源评价、地下水资源可持续开发利用以及脆弱性评价等方面的研究，而对整个地下水资源管理工作评价方面的研究还极少。虽然也有一些学者对水资源管理进行了评价或量化，如夏军、左其亭，但是这些并没有将地下水资源管理单独体现出来进行评价，而地下水资源管理部门开展较多的是对地下水资源状况的调查评价、对地下水资源管理状况的定性评估以及管理队伍内部工作的考核等，涉及地区地下水资源管理工作方面的评价还没有。总而言之，我国目前还缺少一套比较规范、全面和科学的地下水资源管理工作评价指标体系，缺少能够对水行政主管部门进行考核的一个工具。

第二节　地下水资源管理工作评价指标体系

地下水资源管理工作评价体系是为了正确认识地区的地下水资源管理工作水平，及时掌握地下水资源管理工作动态而提出的一种地下水资源管理辅助评估技术体系。该体系的建立，有利于地下水主管部门及时总结地下水资源管理工作中的薄弱环节、明确今后的工作重点；有利于加强自我监督，提高管理工作的针对性和实效性；有利于强化对地方地下水资源管理工作的监督指导作用，促进管理保护工作更深入、有效地开展。因此，在构建地下水资源管理工作评价体系时，应紧密结合当前地下水资源管理工作的实际需要，尊重区域社会经济发展规律和地下水变化规律，正确认识评价的意义和重要性，科学、系统、全面地筛选指标，以充分反映出地下水资源管理工作的特色。

因此，在上文分析国内外地下水资源管理工作评价研究进展的基础上，结合地下水资源管理工作目标和要求，构建了地下水资源管理工作评价指标体系，为有效开展地区地下水资源管理工作的综合评价奠定理论基础。

一、指标体系构建思想

认真贯彻落实科学发展观和可持续发展治水思路，尊重自然规律和经济社会发展规律，以服务地下水资源管理工作为目标，以地下水资源管理工作的阶段性、层次性和区域性特征为基础，结合当前地下水资源管理工作的发展趋势和先进理念，建立一套具有科学性、实用性和可操作性的地下水资源管理工作评价指标体系，以全面反映、表征地下水资源管理工作的内容、目标和绩效，正确、客观认识地下水资源的管理工作水平，科学指导地下水资源管理和保护工作，提高水行政主管部门的管理能力。

二、指标体系构建原则

构建一套科学合理的地下水资源管理工作评价指标体系，是有效考核地下水资源管理工作真实水平的重要依据和前提条件。由于地下水资源管理工作评价问题比较复杂，涉及资源、社会、经济、环境等各个领域，以及地下水开发利用、设施建设、工程投入、监督管理、治理保护、宣传教育等各个方面，且每个领域和方面都相互联系、相互影响，仅采用一个或者几个指标难以对地下水资源管理工作做出客观、全面的评价，为此需要建立一套科学、系统、可操作性强的地下水资源管理工作评价指标体系。本研究从地下水资源管理工作评价的目的和要求出发，来构建地下水资源管理工作评价指标体系，在指标筛选时主要遵循以下原则。

1. 科学性和目的性兼备的原则

所选指标应概念清晰、意义明确，并且符合地下水资源管理工作评价的目的和要求。从评价指标反映的内涵来看，所选指标应能反映出地下水资源管理某一方面的相关内容，而不能将与评价内容无关或关联性不强的指标筛选进来，所以指标选取的科学性和目的性是非常重要的。

2. 全面性和代表性相结合的原则

在选择指标时，要尽可能覆盖评价对象的各个方面，尽量反映出地下水资源管理工作的全部内容；但又不能为了追求指标体系的全面性而设置过多的指标，使评价工作过烦琐复杂。因此，应在考虑全面性的基础上选择具有代表性的指标来反映评价内容。

3. 可操作性和实用性兼备的原则

选取的指标应尽可能地通过可靠的计算方法或手段来获取，尽量减少难以量化或者定性的指标数量，在量化时易于操作。同时，所建立的指标体系要与地下水资源管理工作实际相结合，可真正用于地下水资源管理工作的考核和评价。

4. 定性和定量相结合的原则

在构建地下水资源管理工作评价指标体系时，应尽量选择可量化的指标，以便能够比较客观地反映区域的地下水资源管理工作现状。然而，对有些反映重要评价内容却难以量化的指标，只能通过定性分析进行描述。因此，需采取定性指标和定量指标相结合的方式，以求能够全面、客观地反映地下水资源管理工作的评价内容。

5. 整体性与针对性相结合的原则

指标体系是一个不可分割的整体，用来反映区域地下水资源管理工作的整体水平。但不同地区的地下水资源管理工作的目标和要求不同，因此，在选取指标时还要与地区实际情况相结合，要具有针对性，不能一概而论，以反映地下水资源管理工作的区域特色。

三、指标筛选方法

评价指标选取得是否合理将直接影响到最终评价计算结果的合理性，因此，在构建地下水资源管理工作评价指标体系时，评价指标在尽可能全面反映地下水资源管理工作的同时，数量也要适中。评价指标太多，虽然能更全面地表征地下水资源管理工作的内容，但指标之间相似关系较大，出现重复，且计算烦琐，实用性和可操作性不强；而指标太少，则缺乏足够代表性，不能较完全表征所要评价的内容。一般情况下，为了能更全面地描述评价对象，初步建立的评价指标体系中指标间可能存在一定程度的相关关系，反映的内容会有重复或重叠。如果指标体系中存在着高度相关的指标，将会影响评价结果的客观性和合理性。因此，需要对初步构建的评价指标体系进行进一步筛选，删除具有明显相关性的次要指标，使构建的指标体系兼具完备性和独立性。在进行指标筛选时，应在遵循指标科学性、目的性、全面性、代表性、可操作性、可执行性等原则的基础上，统筹全局，理清指标间的层次和隶属关系。在具体构建地下水资源管理工作指标体系时，主要遵循以下步骤。

(1) 根据地下水资源管理工作评价的目的和内容，分模块、分层次构建地下水资源管理工作评价指标体系框架。一般根据实际情况，将其分为三个或四个层次。

(2) 对每个模块、每个层次进行全方位定位，尽可能多地选择指标，防止由于漏选指标而无法全面反映评价的对象或内容。该步骤是对最终确立的指标体系进行指标筛选和分析的前提。

（3）对初步选取的指标进行科学性和合理性分析，删除明显不合适或重复的指标，实现对所构建的地下水资源管理工作评价指标体系的初步筛选。

（4）根据评价指标的定义和内涵，对指标进行进一步的独立性和相关性分析，删除密切相关的指标，选取一些具有一定的代表性，能包含足够多信息的指标来反映地下水资源管理工作实际情况。基本思路是：首先计算指标之间的相关系数，然后根据实际情况确定相关系数的临界值，如果两个或多个指标的相关系数大于临界值，则保留较能体现地下水资源管理工作评价内容及目的的指标，删除其他相关系数较大的指标；若指标的相关系数值小于确定的临界值，则所有指标均保留。在以上基础上，进一步征求地下水资源研究领域专家和地下水资源管理工作者的意见，对指标进行微调，最终确立地下水资源管理工作评价指标体系。

四、地下水资源管理工作评价指标体系框架

按照以上研究思路，结合地下水资源管理工作实际情况，本文提出了适用于当前地下水资源管理工作的"职—能—效"地下水资源管理工作评价指标体系（简称 RAE 评价指标体系），主要包括职责评估（Responsibility Evaluation）、能力建设评估（Ability-building Evaluation）、成效评估（Effect Evaluation）三个模块。

（1）职责评估模块主要是针对水行政主管部门在地下水资源管理工作中所承担的责任或工作完成状况的评估，反映地下水资源管理工作的开展和落实状况。根据地下水资源管理工作的内容，将职责进一步分为执法管理、行政管理和技术管理三个方面：①执法管理是指国家或地方政府依据现已颁布的有关地下水资源管理方面的法规制度、规定、管理办法等，开展的地下水资源依法管理工作和执行状况。②行政管理是指水行政主管部门充分发挥地下水行政管理职能，通过行政干预、调节、监督等行政手段来促进地下水资源管理工作的开展，管理地下水资源的开发利用。③技术管理是指在考虑地下水资源及其与人类活动之间复杂关系的前提下，采取补源、节水、治污、水价调节等技术手段和措施，合理开发、

调控和保护地下水资源，以达到充分利用有限地下水资源、获取最大综合效益的管理效果。

（2）能力建设评估模块反映水行政主管部门通过加强基础设施建设、增加资金投入、管理队伍培训等手段，提高地下水资源管理能力，实现管理的现代化，反映地下水资源管理能力方面的投入状况、完善程度以及今后的发展态势。根据地下水资源管理能力建设的目标和内涵，进一步将其分为制度建设、队伍建设和基础设施建设三个方面：①制度建设是指地区地下水资源开发利用、调配、评价、补源、应急等管理制度及相关法规、制度的建设状况，反映各种地下水资源管理保护措施手段在实施时的依法保障程度。②队伍建设是指对地下水资源管理人员专业素质的培养和学习能力的锻炼，反映地方地下水资源管理队伍的整体素质和水平的高低状况。③基础设施建设是指国家或地方对各种地下水基础设施的投资、更新、维护、监管等行为，以促进地下水基础设施的良好运转和功能升级，反映地方政府和水行政主管部门对地下水资源管理的重视、投入等，是地下水保护意识的体现。

（3）成效评估模块反映水行政主管部门通过组织、实施各种地下水资源管理保护措施和手段所取得的效果或成绩，该模块主要考虑地下水资源管理的结果，而不考虑其具体实现过程。根据地下水资源管理的效果，并综合考虑前面两个模块中的具体工作内容，进一步将其分为超采治理、涵养保护和供水安全三个方面：①超采治理成效主要是针对地下水超采地区，通过组织、实施地下水压采、回灌、封井等各种管理保护措施、手段后，所取得的地下水位恢复、超采区面积缩小等方面的成绩或效果。②涵养保护成效主要是针对地下水问题比较典型和突出的重点区域，如生态脆弱区、湿地等，在全面实施地下水资源管理保护措施后所取得的生态与环境保护方面的成绩或效果。③供水安全成效主要是指水行政主管部门通过建立地下水源地保护区、控制污染源等管理职责的履行和措施的实施，在保障人们安全用水、维护经济社会发展秩序等方面所取得的成绩或效果。

为使构建的地下水资源管理工作评价指标体系与地区的管理工作相适宜，并能更客观地反映地区管理工作内容的差异，本文将评价指标分为必选指标和可选指标。必选指标即在进行地下水资源管理工作评价计算时，该指标为必须选取的指标；可选指标即在进行地下水资源管理工作评价计算时，该指标可根据地区地下水资源管理工作的内容、目标和实际情况，酌情选用，以达到更客观、全面的表征地下水资源管理工作。

此外，为便于对地下水资源管理工作评价指标的理解和选用，本文对所有的评价指标进行了统一编码。命名原则为：所有评价指标的代码均由4位数字组成。自左到右，第1位数字代表地下水资源管理工作评估三大模块的分类，分别用1、2、3三个数字来代表职责评估、能力建设评估和成效评估模块；第2位数字代表地下水资源管理工作评估模块下的具体管理内容；第3、4两位数字为具体管理内容下所选取的评价指标序号。例如，"1204"代表"能力建设评估"模块下"基础设施建设"内容层的"地下水取水计量设施安装率"指标。

（一）职责评估指标

（1）执法管理

地下水法规执行度（1101）。地下水法规执行度主要是指在地下水资源管理工作中，对地下水法律法规及其配套政策的实施和执行力度，反映地下水法规、制度的执行状况。该指标是定性指标，在评价中属于必选指标。

水事纠纷解决率（1102）。水事纠纷解决率是指水行政主管部门对地下水资源管理工作中存在的水事纠纷问题的协调力度或解决程度，其计算公式为：

$$水事纠纷解决率 = \frac{水事纠纷解决数量}{水事纠纷总数} \times 100\%$$

该指标反映水行政主管部门对水事纠纷的协调能力、对实际问题的解决能力，体现对地下水相关法规、制度的执行力度，在评价中属于可选指标。

（2）行政管理

地下水采水许可率（1201）。地下水采水许可率是指区域内拥有地下水采水许可单位数占全部地下水采水单位总数的比例，其计算公式为：

$$地下水采水许可率 = \frac{拥有地下水采水许可单位数}{全部地下水采水单位总数} \times 100\%$$

该指标主要用来反映地下水采水管理状况，在评价中属于必选指标。

地下水采水计量设施安装率（1202）。地下水采水计量设施安装率是指区域内所有地下水采水工程中已安装计量设施的比例，其计算公式为：

$$地下水采水计量设施安装率 = \frac{已安装计量设施的地下水采水工程数量}{所有地下水采水工程数量} \times 100\%$$

该指标是反映地下水采水管理程度的重要指标，在评价中属于必选指标。

地下水资源费征收率（1203）。地下水资源费是地区水行政主管部门依法对地下水水户征收的一种资源使用补偿费用。地下水资源费的征收，对于完善水资源有偿使用制度，保障水资源费"取之于水，用之于水"，构建规范的政府非税收入管理体系起到了积极的促进作用。因此，选取地下水资源费征收率作为考核水行政主管部门在地下水资源经济管理调控水平的一个重要指标，其计算公式为：

$$地下水资源费征收率 = \frac{地下水资源费实际征收额}{地下水资源费应征总额} \times 100\%$$

一般情况下，不同地区、不同用水户的地下水资源使用途径不同，地下水资源费征收的标准也应不尽相同。因此，在计算地下水资源费征收率时，需要考虑不同的产业、目的、用途、采水户以及区域内不同的地下水资源费征收标准，使其尽可能与地区实际相符合。根据我国当前的地下水资源费征收现状，该指标的选用范围主要是针对城镇集中供水地区，对广大农村地区可暂不考虑。但随着地下水资源管理工作的持续开展，农村地区地下水资源费征收制度等相关制度、管理措施建立后，指标的选用范围可推广至所有地区。在评价中该指标属于必选指标。

政务公开化程度（1204）。政务公开化程度反映水行政主管部门地下水资源管理工作开展的透明程度及对外发布机制的完善程度。该指标为定性指标，在评价中属于可选指标。

用水户满意度（1205）。用水户满意度反映用水户对水行政主管部门地下水资源管理工作的满意程度和客观评价。该指标为定性指标，在评价中属于可选指标。

公众参与度（1206）。公众参与度主要是指公众通过成立农民用水协会等各种组织、召开听证会等行为参与地下水资源管理及其所起到作用的程度，反映地下水资源管理的民主化和公众对地下水资源保护的意识。该指标是定性指标，在评价中属于可选指标。

地下水宣传力度（1207）。地下水宣传力度主要指水主管部门通过网站、报刊、电视、传单等方式向公众进行地下水相关知识的宣传程度，反映地下水资源行政主管部门宣传地下水资源相关知识的力度。

（3）技术管理

地下水资源开采率（1301）。地下水资源开采率是指地下水资源实际开采量与可开采量的比值。地下水资源可开采量是指在经济合理、技术可能且不产生地下水位持续下降、水质恶化及其他不良后果等条件下，某地区含水层最大可供开发利用的水量。地下水资源开采率的计算公式为：

$$地下水资源开采率 = \frac{地下水资源费实际开采量}{地下水资源可开采量} \times 100\%$$

该指标是反映地区地下水资源开发利用程度的重要指标，在评价中属于必选指标。

万元 GDP 用水量（1302）。万元 GDP 用水量是指总用水量与 GDP 的比值，其计算公式为：

$$万元\,GDP\,用水量 = \frac{总用水量}{GDP}$$

该指标可间接反映区域地下水资源的利用水平，对于地表水相对缺乏的北方地区是个关键性指标，因此在评价中属于必选指标。

地下水水价合理度（1303）。地下水水价合理度是根据地区经济社会发展水平和地下水资源实际状况而制定的用以反映地下水水价可接受程度及其对开发、利用、保护等方面调控作用的指标，反映水行政主管部门在地下水资源管理方面的经济调控能力。根据我国地下水水价制定现状，该指标主要适用于城镇生活和生产利用地下水时价格的评估。随着地下水资源费征收范围的推广和实施，再将农村生活和农业用水纳入评估范围。在评价中该指标属于必选指标。

地下水供水管网漏损率（1304）。地下水供水管网漏损率是指地下水供水总量和地下水有效供水总量之差与供水总量的比值，其计算公式为：

$$地下水供水管网漏损率 = \frac{地下水供水总量 - 地下水有效供水总量}{地下水供水总量} \times 100\%$$

该指标反映地下水供水设施的完善程度和管理水平，在评价中属于可选指标。

（二）能力建设评估指标

（1）制度建设

地方性管理法规健全度（2101）。地方性管理法规健全度是指地方性地下水管理法律法规及其配套法规的健全状况，包括地下水调配制度、地下水开发利用制度、地下水应急制度、绩效考核制度、地下水评价机制建设等，反映地下水管理保护法规、制度的完善程度。该指标为定性指标，在评价中属于必选指标。

（2）队伍建设

大专以上管理人员比例（2201）。大专以上管理人员比重是指具有全日制大专以上学历的地下水资源管理人员数量占管理人员总数量的比例，其计算公式为：

$$大专以上管理人员比例 = \frac{大专以上学历管理人员数量}{管理人员总数量} \times 100\%$$

该指标反映地下水资源管理队伍的综合素质和受教育程度，在评价中属于可选指标。

地下水业务培训率（2202）。地下水业务培训率是指区域内参加地下水资源管理业务培训人数占全部地下水资源管理人员的比例，其计算公式为：

$$\text{地下水业务培训率} = \frac{\text{参加地下水资源管理业务培训人数}}{\text{全部地下水资源管理人员}} \times 100\%$$

该指标反映水行政主管部门对地下水资源管理队伍的专业技能培训状况，在评价中属于可选指标。

（3）基础设施建设

地下水管理自动化监控水平（2301）。地下水管理自动化监控水平主要是指地下水管理自动化建设程度，包括工程设施管理自动化、计量设施智能化、信息采集和传输自动化、监管自动化等，反映地区地下水监督管理的自动化程度。该指标是定性指标，在评价中属于必选指标。

地下水监测网覆盖率（2302）。地下水监测网覆盖率是指地下水监测网覆盖面积与地下水开发利用区域总面积的比值。其计算公式为：

$$\text{地下水监测网覆盖率} = \frac{\text{地下水监测网覆盖面积}}{\text{地下水开发利用区域总面积}} \times 100\%$$

该指标反映地下水监测管理及设施建设水平，在评价中属于必选指标。

地下水信息系统建设水平（2303）。地下水信息系统建设水平主要是指地下水基础数据库、信息管理系统、信息发布平台以及系统的集成与维护等方面的建设状况，反映地下水资源管理信息化的建设程度。该指标是定性指标，在评价中属于可选指标。

地下水水利投资系数（2304）。地下水水利投资系数主要是指投入地下水建设或管理资金占整个水利投入资金的比例。其计算方法是：

$$\text{地下水水利投资系数} = \frac{\text{投入地下水建设或管理资金}}{\text{整个水利投入资金}} \times 100\%$$

该指标反映水行政主管部门在地下水资源管理保护工作方面的资金投入力度和重视程度。该指标是定性指标，在评价中属于可选指标。

（三）成效评估指标

（1）超采治理

地下水压采率（3101）。地下水压采率是指地下水压采量与地下水实际超采量的比值，计算公式为：

$$地下水压采率 = \frac{地下水压采量}{地下水实际超采量} \times 100\%$$

该指标是针对地下水超采区而设立的，它反映了采取地下水压采、限采措施实施后的治理效果。在评价中属于可选指标，可根据地区状况，与地下水水位变化率指标至少选其一。

地下水水位变化率（3102）。地下水水位变化率是指评价年和基准年的地下水水位之差与基准年地下水水位的比值，其计算公式为：

$$地下水水位变化率 = \frac{评价年地下水水位 - 基准年地下水水位}{基准年地下水水位} \times 100\%$$

当该指标大于 0 时，说明地下水位在逐渐恢复；当该指标小于 0 时，说明开采程度加大，地下水水位在下降。该指标是反映地下水超采治理效果的重要指标，对海水入侵区、生态脆弱区等受地下水位下降影响较大的地区，该指标在评价时为必选指标；对主要以压采地下水量来体现地下水超采治理的地区来说，该指标为可选指标。在评价地下水超采治理效果中，地下水水位变化率与地下水压采量指标两者至少选其一，具体可结合地下水超采区治理情况，选择能较好体现治理效果的指标。

地下水超采区面积变化率（3103）。地下水超采区面积变化率是指评价年和基准年的地下水超采区面积之差与基准年地下水超采区面积的比值，其计算公式为：

$$地下水超采区面积变化率 = \frac{评价年超采区面积 - 基准年超采区面积}{基准年超采区面积} \times 100\%$$

当该指标大于 0 时，说明地下水超采严重，超采面积增大；当该指标小于 0

时，说明地下水超采治理取得一定的效果，超采区面积减小。该指标是反映地区地下水超采治理效果的重要指标。在地下水超采及其引发地质环境问题地区，根据存在的主要问题，该指标与地面沉降面积变化率、海水入侵面积变化率三者至少选其一，在地下水资源管理工作评价中属于可选指标。

地面沉降面积变化率（3104）。地面沉降面积变化率是指由于地下水超采引起的评价年和基准年地面沉降面积之差与基准年地面沉降面积的比值，其计算公式为：

$$地面沉降面积变化率 = \frac{评价年地面沉降面积 - 基准年地面沉降面积}{基准年地面沉降面积} \times 100\%$$

当该指标大于 0 时，说明地下水超采所引发的地质灾害问题严重，地下水资源管理效果不明显，地面沉降面积正在逐步增大；当该指标小于 0 时，说明地下水资源管理效果明显，地面沉降面积正在逐步减小。该指标可间接反映地区的地下水超采治理效果，在评价中属于可选指标，可根据评价区是否出现地面沉降问题来进行选取，与地下水超采面积变化率、海水入侵面积变化率三者至少选其一。

海水入侵面积变化率（3105）。海水入侵面积变化率是指由于地下水超采引起的评价年和基准年海水入侵面积之差与基准年海水入侵面积的比值，其计算公式为：

$$海水入侵面积变化率 = \frac{评价年海水入侵面积 - 基准年海水入侵面积}{基准年海水入侵面积} \times 100\%$$

当该指标大于 0 时，说明沿海地区的地下水开发管理、超采治理等工作不力，海水入侵面积增大；当该指标小于 0 时，说明管理工作取得了效果，海水入侵面积减小。该指标可间接反映沿海地区的地下水超采治理效果，在评价中属于可选指标，可根据评价区是否出现海水入侵问题来进行选取，与地下水超采面积变化率、海水入侵面积变化率三者至少选其一。

（2）涵养保护

地下水水源保护区建设程度（3201）。地下水水源保护区建设程度是反映地下水水源地管理水平的指标，包括地下水水源保护区的划分和保护区内的设施建设、管理等基本情况。该指标为定性指标，在评价中属于必选指标。

湖泊或湿地面积变化率（3202）。湖泊或湿地面积变化率是指评价年和基准年的湖泊或湿地面积之差与基准年湖泊或湿地面积的比值，其计算公式为：

$$湖泊面积变化率 = \frac{评价年湖泊面积 - 基准年湖泊面积}{基准年湖泊面积} \times 100\%$$

$$湿地面积变化率 = \frac{评价年湿地面积 - 基准年湿地面积}{基准年湿地面积} \times 100\%$$

该指标可间接反映地区的地下水涵养和保护效果。当指标大于 0 时，说明地下水涵养保护工作取得了一定的成效，湖泊或湿地面积在增加；当指标小于 0 时，说明管理效果不明显，湖泊或湿地面积在减小。由于各地区的地下水问题以及涵养保护目标不同，因此该指标在评价中属于可选指标，主要是针对那些由于地下水过度开发或补给困难而造成的湖泊或湿地萎缩的地区而设立的。

沙化面积变化率（3203）。沙化面积变化率是指评价年和基准年的沙化面积之差与基准年沙化面积的比值，其计算公式为：

$$沙化面积变化率 = \frac{评价年沙化面积 - 基准年沙化面积}{基准年沙化面积} \times 100\%$$

该指标可间接反映地区的地下水涵养和保护效果。当指标大于 0 时，说明地下水涵养保护效果不明显，沙化面积增大；当指标小于 0 时，说明管理工作取得了一定的效果，沙化面积减小。由于各地区地下水问题以及生态环境建设目标不同，因此该指标在评价中属于可选指标，主要是针对我国的沙化地区。

盐渍化面积变化率（3204）。盐渍化面积变化率是指评价年和基准年的盐渍化面积之差与基准年盐渍化面积的比值，其计算公式为：

$$盐渍化面积变化率 = \frac{评价年盐渍化面积 - 基准年盐渍化面积}{基准年盐渍化面积} \times 100\%$$

该指标也可间接反映地区的地下水涵养和保护效果。该指标大于 0 时，说明地下水开发、调控管理等效果不明显，盐渍化面积在增大；当指标小于 0 时，说明工作取得了效果，盐渍化面积在减小。由于各地区的地下水问题和管理目标的不同，因此该指标在评价中属于可选指标，主要是针对我国盐渍化问题比较突出的地区而设立的。

（3）供水安全

供水保证率（3301）。供水保证率是指预期供水量在多年供水中能够得到充分满足的年数出现的概率，是评价地下水工程供水能力的重要指标，也是供水工程设计标准的一项重要指标。其计算公式为：

$$供水保证率 = \frac{达到供水标准的供水量}{需水量} \times 100\%$$

该指标反映水行政主管部门的供水安全水平，在评价中属于必选指标。

地下水水源地水质达标率（3302）。地下水水源地水质达标率是指水质达标的地下水水源地数与水源地总数的比值，其计算公式为：

$$地下水水源地水质达标率 = \frac{达到引用水质标准的地下水水源地数}{地下水水源地总数} \times 100\%$$

该指标可间接反映地区的供水安全水平，在评价中属于可选指标。

应急供水水平（3303）。应急供水水平是指当遭遇由于污染或干旱等原因造成的短时期内供水困难时，水行政主管部门通过启动应急预案、采取应急供水等措施来保障地区正常供水的能力。该指标是定性指标，反映地区供水安全水平，在评价中属于可选指标。

第三节　地下水资源管理工作评价标准

公正、客观地评价地下水主管部门管理工作的开展状况和取得的成效，不仅

65

要有全面、科学的评价指标体系，还需要一套统一的评价标准。

制定统一的地下水资源管理工作评价指标标准，一方面可以比较准确地了解不同时期评价地区的地下水资源管理工作水平，分析、总结管理工作中的薄弱环节，以对今后管理工作目标和方向针对性地加以改进，促进地下水资源管理工作的深入开展，提高管理能力；另一方面可以为某一时期不同评价地区的地下水资源管理工作评价结果横向对比提供技术支持，正确认识该地区在全国地下水资源管理工作中所处地位，学习其他地区先进经验，取长补短，实现全国地下水资源管理工作整体水平的全面提高，并对地下水资源管理工作水平落后地区起到一定的鞭策作用。

一、评价分区判别方法

（一）评价分区意义

地下水资源管理工作评价是客观认识地区地下水资源管理工作现状的基础。根据评价结果，及时掌握管理工作的开展进程，强化监督管理作用。但由于各地区间的经济社会发展水平和地下水开发利用状况差异较大，对评价指标采用同一评价标准显然不太合理，难以体现地区间地下水资源管理工作难度的差异和目标的不同。例如，对于同一地下水超采程度地区，水资源较丰富地区的地下水资源管理水平应低于水资源贫乏地区的地下水资源管理水平；同样，对于地下水超采区的治理，水资源丰富地区的治理绩效与水资源贫乏地区的治理绩效相同，也说明水资源丰富地区的地下水资源管理水平应低于水资源贫乏地区，但若评价标准相同，其差异就难以反映。

因此，为了更公平、客观地对每个地区的地下水资源管理工作进行评价，在制定评价标准时，首先要对全国进行分区，进而制定出不同的评价标准，以适应不同地区的地下水资源管理工作评价需要。

（二）评价分区方法及标准

本文在确定指标的评价标准时，充分考虑地区间水资源的相对匮乏和富余差异，以人均水资源量为划分标准，对全国进行分区。针对不同分区，制定不同的指标评价标准，保证评价结果的客观性和可比性。根据全国各地区人均水资源量的概况，将评价区分为五类，分区方法和标准具体介绍如下。

我国是一个水资源相对短缺的国家，人均水资源量为 2 160 立方米，约为世界平均水平的30%。同时，但由于水资源分布的差异性，地区间的人均水资源占有量差距较为显著。如海河流域的人均水资源量仅相当于全国平均水平的1/7，人均水资源量仅为 350 立方米，是全国人均水资源量最少的地区。即使南水北调工程建成后，人均水资源量也不到全国平均水平的1/5；黄河、淮河、辽河流域的人均水资源量分别相当于全国平均水平的1/3、1/5、1/3。因此，根据我国的人均水资源占有量状况以及国际水资源紧缺限度（ ＜ 1 000 立方米 ）等，本文进行了如下分区：将区域人均水资源量大于世界人均水资源量的区域，确定为一级区；由于我国的人均水资源量仅占世界平均水平的30%，将人均水资源量 2 160 立方米，确定为二级区；将 1 000 立方米～ 2 160 立方米，确定为三级区；由于国际水资源紧缺限度为＜ 1 000 立方米，因此，将 500 立方米～ 1 000 立方米，确定为四级区；将区域人均水资源量小于 500 立方米的区域，确定为五级区。

二、评价标准确定及其依据

评价标准确定方法。根据地下水资源管理工作的实际状况和评价指标意义，本文在确定地下水资源管理工作评价标准时采用了以下几种方法：①依据国际、国家制定的相关标准，直接采用相应值作为地下水资源管理工作指标的评价标准值；②参考有关法律法规和方针政策。例如法律、法规规定的政府、部门的职责，政府批准或出台的各种政策、方针等；③参考国家、地区已制定的发展规划值和发达地区的指标实际值，综合考虑不同地区的发展水平，确定地下水资源管理工作评价指标标准的各闭值，如万元 GDP 用水量指标；④根据相关行业、地区性的正式标准或者一些学者、研究机构的现有研究成果，如供水保证率指标；⑤根据理论分析并结合典型地区的地下水资源管理现状特征确定指标的评价标准值，如地面沉降面积变化率，沙化面积变化率等；⑥考虑公众对指标期望值和对现状的认可程度，并通过咨询地下水资源管理基层工作者和相关领域专家来确定指标评价标准。总之，在确定地下水资源管理工作评价指标的评价标准时要有一定的依据，并结合研究区的实际情况和管理目标来综合制定，必要时还需要进行分区，形成科学、合理的评价标准。

三、职责评估指标

该部分以指标评价标准确定方法为依据，结合我国地下水资源管理现状，制定了地下水资源管理工作指标评价标准，具体如下所述。

（一）执法管理

地下水法规执行度（1101）。该指标是正向指标。依据我国地下水资源管理实际状况，首先将能完全按照《水法》等各项规章制度在地下水资源管理工作中认真执行、严格执法认为是地下水法规执行的理想最优水平 1.0；将能较好地执行地下水相关法规，保证地下水资源管理工作能够较顺利进行认为是较好水平0.8；将对地下水基础法规能够较好地执行，基本保证地下水资源管理工作的顺利实施和开展认为是及格值 0.6；将不能较有效地执行地下水相关政策法规，造成地下水资源管理工作较难开展认为是较差水平 0.3；将地下水政策法规执行非常不力，地下水资源管理混乱，工作开展难以进行认为是最差水平 0。然后再根据已确定的各值大小及其之间的关系，进一步确定其他值的大小。

水事纠纷解决率（1102）。该指标是正向指标。根据 2007 年全国水利发展统计公报：2007 年全国共查处水事违法案件 49 501 件，结案率 89.70%，但由于各地执法能力不同，执行力度存在较大差异。因此，以全国水事违法案件及结案率为参考依据，结合实际调研，首先将水事纠纷解决率为 95% 或大于 95% 定为水事纠纷解决水平理想最优值 1.0；将水事纠纷解决率为 80% 定为较好值 0.8；将水事纠纷解决率为 70% 定为及格值 0.6；将水事纠纷解决率为 50% 认为是较差水平 0.3；将水事纠纷解决率为 30% 或小于 30% 认为是最差水平。然后再根据已确定的各值大小及其之间的关系，进一步确定其他值的大小。

（二）行政管理

地下水采水许可率（1201）。该指标是正向指标。根据我国地下水采水管理现状，首先将区域内全部地下水采水单位都拥有取水许可，即地下水采水许可率为100%认为是理想最优水平1.0；将地下水采水许可率为70%认为是及格值0.6；将地下水采水许可率为50%认为是较差水平0.3；将地下水采水许可率为30%认为是最差水平0。然后根据已确定的最优值、及格值、较差值、最差值及其之间的关系，进一步确定其他值的大小。

地下水采水计量设施安装率（1202）。该指标是正向指标。根据我国地下水采水计量设施安装现状，首先将区域内全部地下水采水工程安装了计量设施，即地下水采水计量设施安装率为100%认为是理想最优水平1:0；将地下水采水计量设施安装率为70%认为是及格值0.6；将区域内地下水采水计量设施安装率为50%认为是较差水平0.3；将地下水采水计量设施安装率为30%认为是最差水平0。然后根据已确定的最优值、及格值、较差值、最差值及其之间的关系，进一步确定其他值的大小。

地下水资源费征收率（1203）。该指标是正向指标。根据我国地下水资源费征收现状，首先将区域内地下水资源费实际征收额为地下水资源费应征总额，即地下水资源费征收率为100%认为是理想最优水平，定为最优值；将区域内地下水资源费实际征收额为地下水资源费应征总额的一半，即地下水资源费征收率为50%认为是最差水平，定为最差值0。然后再根据已确定的最优值、最差值及其之间的关系，进一步确定其他值的大小。

政务公开化程度（1204）。该指标是正向指标。根据目前我国地下水资源主管部门的政务公开和舆论监督体系完善状况，将县级及县级以上水行政主管部门都建立了完善政务公开体系，公众对政务的公开化程度表示满意认为是理想水平最优值1.0；将政务公开体系较完善，公众对政务的公开化程度较满意认为是较好值0.8；将市级或市级以上地下水行政主管部门政务公开体系基本完善，并且公众对政务的公开化程度基本满意认为是及格值0.6；将市级或市级以上政务公开体系较不完善，公众对政务的公开化程度较不满意认为是较差值0.3；将市级或市级以上政务公开体系很不完善，政务公开几乎没有体现，公众对政务的公开化程度极其不满意认为是最差水平0。然后再根据已确定的各值大小及其之间的关系，进一步确定其他值的大小。

用水户满意度（1205）。该指标是正向指标。根据国内的实际状况，首先将用水户满意度大于或等于0.95定为理想水平最优值1.0；将用水户满意度为0.8定为较好值0.8；将用水户满意度为0.6定为及格值0.6；将用水户满意度为0.3定为较差水平0.3；将用水户满意度为0定为最差水平，作为最差值0。然后再根据已确定的各值大小及其之间的关系，进一步确定其他值的大小。

公众参与度（1206）。该指标是正向指标。将区域在制定、实施地下水资源管理相关措施和手段时，通过建立良好的地下水资源管理协会、实施听证会等手段，建立了良好公众参与地下水资源管理制定，充分发挥用水户的参与和管理作用认为是理想水平最优值1.0；将建立了较完善的公众参与制度体系，能较好地发挥公众在地下水资源管理中的作用认为是较好值0.8；将建立了基本的地下水资源管理公众参与制度，在制定和实施地下水资源管理措施时，公众能起到一定的作用认为是及格值0.6；将建立地下水资源管理公众参与制度较差，在一定程度上很难实现地下水资源管理的公众参与作用认为是较差值0.3；将区域内几乎没有建立地下水资源管理公众参与制度，公众作用在地下水资源管理工作中没有体现认为是最差水平0。然后再根据已确定的最优值、最差值等各值大小及其之间的关系，进一步确定其他值的大小。

地下水宣传力度（1207）。该指标是正向指标。首先将地下水资源管理部门经常通过网站、报刊、电视媒体、现场以及在"水日"等进行地下水资源相关知识宣传活动，引起公众重视，地下水资源保护意识增强认为是最优水平1.0；将地下水资源管理部门定期通过网站、报刊、电视媒体等对公众进行地下水资源知识宣传活动，对地下水资源的保护起到一定作用认为是良好水平0.8；将地下水资源管理部门在地下水保护主要节日进行公众地下水知识宣传，如世界"水日"、中国"水周"等，认为是及格水平0.6；将地下水资源管理部门极少对公众进行地下水知识宣传，公众意识较淡薄认为是较差值0.3；将地下水资源管理部门没有对公众进行地下水知识宣传，公众几乎没有地下水资源保护意识认为是最差值0。然后再根据已确定的最优值、最差值等各值大小及其之间的关系，进一步确定其他值的大小。

（三）技术管理

地下水资源开采率（1301）。该指标是逆向指标。区域内的水资源总量、地下水资源总量以及人均水资源量的差异，势必造成区域间地下水资源开采率的不同。在同样的用水效率和用水量条件下，人均水资源量较大的地区对地下水的开发程度要比人均水资源量较小的地区小。因此，对于水资源量不同的地区，使用同一评价标准是不合理的。确定指标的评价标准如下：①一级区：将地下水资源实际开采量不大于地下水资源可开采量认为是理想水平最优值1.0；但当地下水资源实际开采量大于地下水资源可开采量时，即认为是较差水平0.3，当实际开采量大于或等于可开采量的105%认为是最差值0；当地下水资源实际开采量大于地下水资源可开采量而小于可开采量的105%时，其值在0.3与0之间插值计算。②二级区：将地下水资源实际开采量不大于地下水资源可开采量认为是理想水平最优值1.0；但当地下水资源实际开采量大于地下水资源可开采量时，即认为是较差水平0.3，当实际开采量大于或等于可开采量的110%认为是最差值0；当地下水资源实际开采量大于地下水资源可开采量而小于可开采量的110%时，其值在0.3与0之间插值计算。③三级区：将地下水资源实际开采量不大于地下水资源可开采量认为是理想水平最优值1.0；将地下水资源实际开采量为地下水资源可开采量的110%认为是较差值0.3；将地下水资源实际开采量大于或等于地下水资源可开采量的115%认为是最差值0。④四级区：将地下水资源实际开采量不大于地下水资源可开采量认为是理想水平最优值1.0；将地下水资源实际开采量为地下水资源可开采量的115%认为是较差值0.3；将地下水资源实际开采量大于或等于地下水资源可开采量的120%认为是最差值0。⑤五级区：将地下水资源实际开采量不大于地下水资源可开采量认为是理想水平最优值1.0；将地下水资源实际开采量为地下水资源可开采量的120%认为是较差值0.3；将地下水资源实际开采量大于或等于地下水资源可开采量的135%认为是最差值0。确定指标的各分区评价标准后，再根据各分区已确定的最优值、较差值、最差值及其之间的关系，进一步确定其他值的大小。

万元 GDP 用水量（1302）。该指标是正向指标。2005 年万元 GDP（当年价）用水量为 306 立方米，根据《节水型社会建设"十一五"规划》提出的"十一五"期间节水型社会建设的目标，到 2010 年，单位 GDP 用水量比 2005 年降低 20% 以上，即万元 GDP 用水量约为 245 立方米。国家"十一五"规划实施以来，我国万元 GDP 用水量下降 20% 节能减排指标按年度全部完成。但长期形成的高投入、高消耗、高污染、低产出、低效益的状况仍未根本改变，我国单方水 GDP 产出仅为世界平均水平的 1/3 立方米，工业万元产值用水量为发达国家的 5 ～ 10 倍。因此，本文将万元 GDP 用水量 245 立方米定为及格值 0.6，将万元 GDP 用水量达到 200 立方米认为是较好值 0.8；将达到世界平均水平定为最优值 1.0；将万元 GDP 用水量 306 立方米定为较差值 0.3；将万元 GDP 用水量 400 立方米，定为最差值是 0。然后再根据已确定的各值大小及其之间的关系，进一步确定其他值的大小。

地下水水价合理度（1303）。该指标是正向指标。根据地下水水价的作用和征收意义，首先将地下水水价能合理、科学地反映其价值，对地下水资源的开发利用能起到很好的调控作用，同时用水户对水价较满意，在全社会中可形成良好的节水意识认为是理想水平最优值 1.0；将地区的地下水价能较合理地反映地下水价值，对地下水资源的开发利用起到较好的调控作用，用水户认为水价较合理定为较好值 0.8；将地区的地下水价能基本反映地下水价值，对地下水的开发利用起到一定的调控作用，用水户认为地下水水价基本合理定为及格值 0.6；将地下水水价不能较好地反映其利用价值，难以有效地对地下水的开发利用起到调控作用，而用水户认为水价也不太合理定为较差值 0.3；将地区的地下水价不能反映地下水的价值，水价极其不合理定为最差值 0。然后再根据已确定的各值大小及其之间的关系，进一步确定其他值的大小。

地下水供水管网漏损率（1304）。该指标为逆向指标。依据中华人民共和国建设部公告第 59 号《城市供水管网漏损及评定标准》，城市供水企业管网基本漏损率不应大于 12%，经过单位供水量管长修正或年平均出厂压力值修正后，最大值为 15%，最小值为 10%。此外，《节水型社会建设"十一五"规划》要求，到 2010 年全国城市供水管网平均漏损率不超过 15%。因此，将地下水供水管网漏损率15%定为及格值0.6；将地下水供水管网漏损率10%定为较好值0.8；将理想最优水平0定为最优值1.0；将地下水供水管网漏损率30%定为较差值0.3；将地下水供水管网漏损率50%定为最差值0。然后再根据已确定的各值大小及其之间的关系，进一步确定其他值的大小。

四、能力建设评估指标

（一）制度建设

地方性管理法规健全度（2101）。该指标是正向指标。首先将地下水资源管理法规体系非常完善，地下水资源各种管理制度、配套法规齐全，在地下水资源管理工作中能完全做到有法可依认为是理想水平1.0；将地下水资源管理法规体系较完善，各种地下水资源管理制度、配套法规较齐全，在地下水资源管理工作中基本上能做到有法可依认为是较好水平0.8；将地下水资源管理法规体系基本完善，各种管理制度、配套法规相对齐全，在主要管理工作中能做到有法可依认为是及格值0.6；将地下水资源管理法规体系完善程度较差，各种管理制度、配套法规相对不齐全，在主要管理工作中仅能做到部分有法可依认为是较差值0.3；将地下水资源管理法规体系很不完善，各种管理制度、配套法规缺乏，在处理地下水资源管理问题时无法可依认为是最差水平0。然后根据已确定的各个值的大小及其之间的关系，进一步确定其他值的大小。

（二）队伍建设

大专以上管理人员比重（2201）。该指标是正向指标。根据我国的地下水资源管理人员结构，首先将属于国家编制的地下水资源管理人员中，大专以上管理人员比重大于或等于0.8认为是理想水平最优值1.0；将大专以上管理人员比重为0.6认为是较好值0.8；将大专以上管理人员比重为0.4认为是及格值0.6；将大专以上管理人员比重为0.2认为是较差值0.3；将大专以上管理人员比例小于或等于0.05认为是最差水平0。然后再根据已确定各值的大小及其之间的关系，进一步确定其他值的大小。

地下水业务培训率（2202）。该指标是正向指标。以5年为时间单位，首先将 5 年中能够对本地区的地下水资源管理人员实施全部业务培训，即地下水业务培训率为 100% 认为是理想水平最优值 1.0；将地下水业务培训率为 80% 定为较好值 0.8；将地下水业务培训率为 60% 定为及格值 0.6；将地下水业务培训率为 30% 定为较差值 0.3；将地下水业务培训率为 0 认为是最差水平 0。然后再根据已确定各值的大小及其之间的关系，进一步确定其他值的大小。

（三）基础设施建设

地下水管理自动化监控水平（2301）。该指标是正向指标。首先将在地下水资源管理中，很好地实现地下水工程设施控制、信息传输、收集以及监管等自动化，管理效率较高认为是理想水平最优值 1.0；将在地下水资源管理中，基本实现地下水自动化监控管理，工程设施控制、信息传输、收集等基本采用自动化，管理效率有较大幅度提高认为是较好值 0.8；将地下水资源管理重要工作基本实现自动化，部分依靠人工开展，管理工作效率能基本满足日常需要认为是及格值 0.6；将地下水资源管理自动化监控程度较差，主要依靠人工开展管理工作以及信息收集、传输等认为是较差值 0.3；将完全没有实现地下水资源管理的自动化，效率极低，且大部分管理工作由于设施不足等没有开展认为是最差水平 0。然后再根据已确定各值的大小及其之间的关系，进一步确定其他值的大小。

地下水监测网覆盖率（2302）。该指标为正向指标。根据我国的地下水监测现状，至 2007 年末，全国已建成各类水文测站 36 720 个，拍报水情测站 8 561 个，水文预报测站 1 221 个。已建成水环境监测（分）中心 265 个，水质监测基本覆盖了全国主要江河湖库。因此，首先将区域地下水动态监测网、地灾预警监测系统、地下水污染预警系统、生态预警监测系统等地下水监测网覆盖率大于或等于 95% 认为是最优水平 1.0；将地下水监测网覆盖率为 80% 认为是较好值 0.8；将地下水监测网覆盖率为 70% 认为是及格值 0.6；将地下水监测网覆盖率为 50% 认为是较差值 0.3；将地下水监测网覆盖率小于或等于 30% 认为是最差值 0。然后根据已确定各值的大小及其之间的关系，进一步确定其他各值。

地下水信息系统建设水平（2303）。该指标是正向指标。首先将能够建立完善的覆盖中央、省、市三级地下水管理信息系统，并且能与流域的地下水管理信息系统形成良好的信息共享和协作管理认为是理想水平最优值 1.0；将建立了完善的省、重要城市两级的地下水管理信息系统，可以较好地实现信息发布、共享等行为，基本实现信息化管理认为是较好值 0.8；将建立了较完善的省、重要城市两级的地下水管理信息系统，可以有效地实现信息发布、共享等行为认为是及格值 0.6；将仅建立了省级的地下水管理信息系统，在全省范围内难以实现信息的有效共享等基础功能认为是较差值 0.3；将在省级行政区内没有建立任何级别的地下水信息系统，或地下水的信息化仍处于待建阶段认为是最差水平 0。然后再根据已确定各值的大小及其之间的关系，进一步确定其他值的大小。

地下水水利投资系数（2304）。该指标为正向指标。根据目前我国对地下水方面的投资现状，首先将地下水水利投资系数大于或等于 0.2 认为是最优值 1.0；将地下水水利投资系数为 0.15 认为是较好值 0.8；将地下水水利投资系数为 0.1 认为是及格值 0.6；将地下水水利投资系数为 0.05 认为是较差值 0.3；将地下水水利投资系数为小于或等于 0.02 认为是最差值 0。然后再根据已确定的各值大小及其之间的关系，进一步确定其他值的大小。

五、成效评估指标

（一）超采治理

地下水压采率（3101）。该指标是正向指标。由于各地区人均水资源量的差异，因此，在地下水超采区的压采效果评估中，地下水压采程度的标准应有所不同。人均水资源量较大地区的治理程度、压采标准应比人均水资源量较少地区更加严格。对同一地下水压采程度，人均水资源量较少地区的压采管理要比人均水资源量较大地区更好，实施效果更加理想。因此，为更客观体现地区间差异，以人均水资源量为基础的分区标准，以五年为时间单位，对指标的评价标准实行分区制定。制定的评价标准如下：①一级区：将地下水超采区的压采量占地下水实际超采量的 50%，即地下水压采率大于或等于 50% 认为是最优值 1.0；将地下水压采率为 40% 认为是较好值 0.8；将地下水压采率为 30% 时认为是及格值 0.6；将地下水压采率为 15% 认为是较差值 0.3；将地下水压采率等于 0 或超采时认为是最差水平 0。②二级区：将地下水超采区的压采量占地下水实际超采量的 40%，即地下水压采率大于或等于 40% 认为是最优值 1.0；将地下水压采率为 30% 认为是较好值 0.8；将地下水压采率为 25% 时认为是及格值 0.6；将地下水压采率为 10% 认为是较差值 0.3；将地下水压采率为 0 或超采时认为是最差水平 0。③三级区：将地下水超采区的压采量占地下水实际超采量的 30%，即地下水压采率大于或等于 30% 认为是理想水平最优值 1.0；将压采率为 25% 认为是较好值 0.8；将压采率为 20% 认为是及格值 0.6；将压采率为 5% 认为是较差值 0.3；将地下水超采量占开采量的 5% 及其以上时认为是最差值 0。④四级区：将地下水超采区的压采量占地下水实际超采量的 25%，即地下水压采率大于或等于 25% 认为是理想水平最优值 1.0；将地下水压采率为 20% 认为是较好值 0.8；将地下水压采率为 15% 认为是及格值 0.6；将地下水压采率为 0 认为是较差值 0.3；将地下水超采量占开采量的 10% 及其以上时认为是最差值 0。⑤五级区：将地下水超采区的压采量占地下水实际超采量的 15%，即地下水压采率大于或等于 15% 认为是理想水平最优值 1.0；将地下水压采率为 10% 认为是较好值 0.8；将地下水压采率为 5% 认为是及格值 0.6；将地下水压采量为 0 认为是较差值 0.3；将地下水超采量占地下水实际开采量的 20% 认为是最差值 0。确定指标的各分区评价标准后，再根据各分区已确定的最优值、较好值、及格值、较差值、最差值及其之间的关系，进一步确定其他值的大小。

地下水水位变化率 (3102)。该指标是正向指标。同地下水压采率类似，地下水水位变化率评价标准也应存在地区差异。对于水资源富余的地区，通过治理，其地下水水位的恢复程度应该比水资源匮乏的地区要好。因此，为表现这种差异，以 5 年为时间单位，确定指标的评价标准如下。

①一级区：将地下水水位变化率不小于 30% 或达到地下水控制水位认为是最优值 1.0；将地下水水位变化率为 25% 认为是较好值 0.8；将地下水水位变化率为 20% 认为是及格值 0.6；将地下水水位变化率为 0.15 认为是较差值 0.3；将地下水水位变化率等于或小于 10% 认为是最差值 0。②二级区：将地下水水位变化率不小于 25% 或达到地下水控制水位时认为是最优值 1.0；将地下水水位变化

率为 20% 认为是较好值 0.8；将地下水水位变化率为 15% 认为是及格值 0.6；将地下水水位变化率为 10% 认为是较差值 0.3；将地下水水位变化率等于或小于 5% 时认为是最差值 0。③三级区：将地下水水位变化率不小于 20% 或达到地下水控制水位认为是最优值 1.0；将地下水水位变化率为 15% 认为是较好值 0.8；将地下水水位变化率为 10% 认为是及格值 0.6；将地下水水位变化率为 5% 认为是较差值 0.3；将地下水水位变化率等于或小于 0 认为是最差值 0。④四级区：将地下水水位变化率不小于 15% 或达到地下水控制水位时认为是最优值 1.0；将地下水水位变化率为 10% 认为是较好值 0.8；将地下水水位变化率为 7% 认为是及格值 0.6；将地下水水位变化率为 2% 认为是较差值 0.3；将地下水水位变化率等于或小于 5% 认为是最差值 0。⑤五级区：将地下水水位变化率不小于 10% 或达到地下水控制水位时认为是最优值 1.0；将地下水水位变化率为 7% 认为是较好值 0.8；将地下水水位变化率为 -5% 认为是及格值 0.6；将地下水变化率为 0 认为是较差值 0.3；将地下水水位变化率等于或小于 -10% 认为是最差值 0。确定指标的各分区评价标准后，再根据各分区已确定的最优值、较好值、及格值、较差值、最差值及其之间的关系，进一步确定其他值的大小。

地下水超采区面积变化率（3103）。该指标是逆向指标。地下水超采区面积治理效果不仅和管理措施有关，与地区的水资源概况、水文地质等也有联系。地区实际状况不同，地下水超采区面积变化率的标准也应有所不同。为体现地区间管理工作、治理效果的差异，应对指标的评价标准分区进行制定。以 5 年为时间单位，确定指标的评价标准如下。①一级区：将地下水超采区面积变化率不大于 -30% 或无地下水超采面积时认为是最优值 1.0；将地下水超采区面积变化率为 -25% 认为是较好值 0.8；将地下水超采区面积变化率为 -20% 认为是及格值 0.6；将地下水超采区面积变化率为 -15% 认为是较差值 0.3；将地下水超采区面积变化率等于或大于 -10% 认为是最差值 0。②二级区：将地下水超采区面积变化率小于或等于 -25% 认为是最优值 1.0；将地下水超采区面积变化率为 -20% 认为是较好值 0.8；将地下水超采区面积变化率为 -15% 认为是及格值 0.6；将地下水超采区面积变化率为 -10% 认为是较差值 0.3；将地下水超采区面积变化率

等于或大于 -5% 认为是最差值 0。③三级区：将地下水超采区面积变化率小于或等于 -20% 认为是最优值 1.0；将地下水超采区面积变化率为 15% 认为是较好值 0.8；将地下水超采区面积变化率为 -10% 认为是及格值 0.6；将地下水超采区面积变化率为 -5% 认为是较差值 0.3；将地下水超采区面积变化率等于或大于 0 认为是最差值 0。④四级区：将地下水超采区面积变化率小于或等于 -15% 认为是最优值 1.0；将地下水超采区面积变化率为 -10% 时认为是较好值 0.8；将地下水超采区面积变化率为 -5% 认为是及格值 0.6；将地下水超采区面积变化率为 -2% 认为是较差值 0.3；将地下水超采区面积变化率等于或大于 5% 认为是最差值 0。⑤五级区：将地下水超采区面积变化率小于或等于 -10% 认为是最优值 1.0；将地下水超采区面积变化率为 -5% 认为是较好值 0.8；将地下水超采区面积变化率为 -2% 认为是及格值 0.6；将地下水超采区面积变化率为 0 认为是较差值 0.3；将地下水超采区面积变化率等于或大于 10% 认为是最差值 0。确定指标的各分区评价标准后，再根据各分区已确定的最优值、较好值、及格值、较差值、最差值及其之间的关系，进一步确定其他值的大小。

地面沉降面积变化率（3104）。①一级区：将地面沉降面积变化率不大于 -30% 或无地面沉降面积时认为是最优值 1.0；将地面沉降面积变化率为 -25% 认为是较好值 0.8；将地面沉降面积变化率为 -20% 认为是及格值 0.6；将地面沉降面积变化率为 -15% 认为是较差值 0.3；将地面沉降面积变化率等于或大于 -10% 认为是最差水平 0。②二级区：将地面沉降面积变化率小于或等于 -25% 认为是最优值 1.0；将地面沉降面积变化率为 -20% 认为是较好值 0.8；将地面沉降面积变化率为 -15% 认为是及格值 0.6；将地面沉降面积变化率为 -10% 认为是较差值 0.3；将地面沉降面积变化率等于或大于 -5% 认为是最差值 0。③三级区：将地面沉降面积变化率小于或等于 -20% 认为是最优值 1.0；将地面沉降面积变化率为 -15% 认为是较好值 0.8；将地面沉降面积变化率为 -10% 认为是及格值 0.6；将地面沉降面积变化率为 -5% 认为是较差值 0.3；将地面沉降面积变化率等于或大于 0 认为是最差值 0。④四级区：将地面沉降面积变化率小于或等于 -15% 认为是最优值 1.0；将地面沉降面积变化率为 -10% 认为是较好值 0.8；将地面沉降面积变化率为 -5% 认为是及格值 0.6；将地面沉降面积变化率为 -2% 认为是较差值 0.3；将地面沉降面积变化率等于或大于 5% 认为是最差值 0。⑤五级区：将地面沉降面积变化率小于或等于 -10% 认为是最优值 1.0；将地面沉降面积变化率为 -5% 认为是较好值 0.8；将地面沉降面积变化率为 -2% 认为是及格值 0.6；将地面沉降面积变化率为 0 认为是较差值 0.3；将地面沉降面积变化率等于或大于 10% 认为是最差值 0。确定各分区评价标准后，再根据各分区已确定的最优值、较好值、及格值、较差值、最差值及其之间的关系，进一步确定其他值的大小。

海水入侵面积变化率（3105）。该指标是逆向指标。按以人均水资源量为基础的分区标准，以 5 年为时间单位，确定指标的评价标准如下：①一级区：将海水入侵面积变化率不大于 -30% 或无海水入侵面积认为是最优值 1.0；将海水入侵面积变化率为 -25% 认为是较好值 0.8；将海水入侵面积变化率为 -20% 认为是及格值 0.6；将海水入侵面积变化率为 -15% 认为是较差值 0.3；将海水入侵面积变化率等于或大于 -10% 认为是最差值 0。②二级区：将海水入侵面积变化率小于或等于 -25% 认为是最优值 1.0；将海水入侵面积变化率为 -20% 认为是较好值 0.8；将海水入侵面积变化率为 -15% 认为是及格值 0.6；将海水入侵面积变化率为 -10% 认为是较差值 0.3；将海水入侵面积变化率等于或大于 -5% 认为是最差值 0。③三级区：将海水入侵面积变化率小于或等于 -20% 认为是最优值 1.0；将海水入侵面积变化率为 -15% 认为是较好值 0.8；将海水入侵面积变化率为 -10% 认为是及格值 0.6；将海水入侵面积变化率为 -5% 时认为是较差值 0.3；将海水入侵面积变化率等于或大于 0 认为是最差值 0。④四级区：将海水入侵面积变化率小于或等于 -15% 认为是最优值 1.0；将海水入侵面积变化率为 -10% 认为是较好值 0.8；将海水入侵面积变化率为 -5% 认为是及格值 0.6；将海水入侵面积变化率为 -2% 认为是较差值 0.3；将海水入侵面积变化率等于或大于 5% 认为是最差值 0。⑤五级区：将海水入侵面积变化率小于或等于 -10% 认为是最优值 1.0；将海水入侵面积变化率为 -5% 认为是较好值 0.8；将海水入侵面积变化率为 -2%

认为是及格值 0.6；将海水入侵面积变化率为 0 认为是较差值 0.3；将海水入侵面积变化率等于或大于 10% 认为是最差值 0。确定各分区评价标准后，再根据各分区已确定的最优值、较好值、及格值、较差值、最差值及其之间的关系，进一步确定其他值的大小。

（二）涵养保护

地下水水源保护区建设度（3201）。该指标为正向指标。首先将区域内地下水水源地全部划定保护区，保护区内设施和水源地管理保护制度齐全，管理保护措施严格实施认为是理想最优水平 1.0；将地下水水源地保护区已划定，保护区内基础设施和管理制度较齐全，保护措施和手段实施较顺利认为是较好值 0.8；将区域内已基本划定地下水水源地保护区，基础设施和管理制度基本齐全，能保证地下水水源地日常基本管理工作认为是及格值 0.6；将区域内地下水水源地保护区仅部分划定，基础设施和管理制度建设滞后，保护措施和手段实施不力认为是较差值 0.3；将区域内地下水水源地保护区基本没有划定，基础设施和管理制度建设基本没有建立认为是最差水平 0。然后再根据已确定的各值大小及其之间的关系，进一步确定其他值的大小。

湖泊或湿地面积变化率（3202）。该指标是正向指标。主要是针对由于地下水资源开采过度，人为原因造成湖泊或湿地萎缩，影响地区生态的地区。①一级区：将湖泊或湿地面积变化率大于或等于 40%，或者恢复到原面积大小时认为是最优值 1.0；将湖泊或湿地面积变化率为 30% 认为是较好值 0.8；将湖泊或湿地面积变化率为 20% 认为是及格值 0.6；将湖泊或湿地已明显减少，经过涵养保护后湖泊或湿地面积变化率为 10% 认为是较差值 0.3；将湖泊或湿地面积变化率等于或小于 0 认为是最差水平 0。②二级区：将湖泊或湿地面积变化率大于或等于 35%，或者恢复到原面积大小认为是最优值 1.0；将湖泊或湿地面积变化率为 25% 认为是较好值 0.8；将湖泊或湿地面积变化率为 20% 认为是及格值 0.6；将经过涵养保护后湖泊或湿地面积变化率为 10% 认为是较差值 0.3；将湖泊或湿地面积变化率等于或小于 0 认为是最差水平 0。③三级区：将湖泊或湿地面积变化率大于或等于 30%，或者恢复到原面积大小时认为是最优值 1.0；将湖泊或湿地面积变化率为 20% 认为是较好值 0.8；将湖泊或湿地面积变化率为 15% 认为是及格值 0.6；将经过涵养保护后湖泊或湿地面积变化率为 5% 认为是较差值 0.3；将湖泊或湿地面积变化率等于或小于 -5% 认为是最差值 0。④四级区：将湖泊或湿地面积变化率大于或等于 25%，或者恢复到原面积大小认为是最优值 1.0；将湖泊或湿地面积变化率为 10% 认为是及格值 0.6；将经过涵养保护后湖泊或湿地面积变化率为 0 认为是较差值 0.3；将湖泊或湿地面积变化率等于或小于 -10% 认为是最差值 0。⑤五级区：将湖泊或湿地面积变化率大于或等于 20%，或者恢复到原面积大小时认为是最优值 1.0；将湖泊或湿地面积变化率为 5% 认为是及格值 0.6；将湖泊或湿地面积变化率为 -5% 认为是较差值 0.3；将湖泊或湿地面积变化率等于或小于 -20% 认为是最差值 0。确定指标的各分区评价标准后，再根据各分区已确定的最优值、较好值、及格值、较差值、最差值及其之间的关系，进一步确定其他值的大小。

沙化面积变化率（3203）。①一级区：将区域内沙化面积变化率不大于 -30% 或无沙化面积认为是最优值 1.0；将沙化面积变化率为 -25% 定为较好值 0.8；将沙化面积变化率为 -20% 定为及格值 0.6；将沙化面积变化率为 -15% 认为是较差值 0.3；将沙化面积变化率等于或大于 -10% 认为是最差值 0。②二级区：将区域内沙化面积变化率不大于 -25% 或无沙化面积时认为是最优值 1.0；将沙化面积变化率为 -20% 定为较好值 0.8；将沙化面积变化率为 -15% 定为及格值 0.6；将沙化面积变化率为 -10% 认为是较差值 0.3；将沙化面积变化率等于或大于 -5% 认为是最差值 0。③三级区：将区域内沙化面积变化率不大于 -20% 或无沙化面积认为是最优值 1.0；将沙化面积变化率为 -15% 定为较好值 0.8；将沙化面积变化率为 -10% 时定为及格值 0.6；将沙化面积变化率为 -5% 时认为是较差值 0.3；将沙化面积变化率等于或大于 0 认为是最差值 0。④四级区：将区域内沙化面积变化率不大于 -15% 或无沙化面积时认为是最优值 1.0；将沙化面积变化率为 -10% 定为较好值 0.8；将沙化面积变化率为 -5% 定为及格值 0.6；将沙化面积变化率为 -2% 认为是较差值 0.3；将沙化面积变化率等于或大于 5% 认为是最差值 0。⑤五级区：将区域内沙化面积变化率不大于 -10% 或无沙化面积认为是最优值 1.0；将沙化面积变化率为 −5% 定为较好值 0.8；将沙化面积变化率为 −2% 定为及格值 0.6；将沙化面积变化率为 0 认为是较差值 0.3；将沙化面积变化率等于或大于 10% 认为是最差值 0。确定指标的各分区评价标准后，再根据各分区已确定的最优值、较好值、及格值、较差值、最差值及其之间的关系，进一步确定其他值的大小。

盐渍化面积变化率 (3204)。该指标是逆向指标，主要是针对人为因素造成区域内土地盐渍化产生变化的地区。以 5 年为时间单位，确定指标的评价标准如下。①一级区：将区域内盐渍化面积变化率小于或等于 −30%，或者无盐渍化面积时认为是最优值 1.0；将盐渍化面积变化率为 −25% 认为是较好值 0.8；将盐渍化面积变化率为 −20% 认为是及格值 0.6；将盐渍化面积变化率为 −15% 认为是较差值 0.3；将盐渍化面积变化率等于或大于 −10% 认为是最差值 0。②二级区：将区域内盐渍化面积变化率小于或等于 −25%，或者无盐渍化面积时认为是最优值 1.0；将盐渍化面积变化率为 −20% 认为是较好值 0.8；将盐渍化面积变化率为 −15% 认为是及格值 0.6；将盐渍化面积变化率为 −10% 认为是较差值 0.3；将盐渍化面积变化率等于或大于 −5% 认为是最差值 0。③三级区：将区域内盐渍化面积变化率小于或等于 −20%，或者无盐渍化面积时认为是最优值 1.0；将盐渍化面积变化率为 −15% 认为是较好值 0.8；将盐渍化面积变化率为 −10% 认为是及格值 0.6；将盐渍化面积变化率为 −5% 认为是较差值 0.3；将盐渍化面积变化率等于或大于 0 认为是最差值 0。④四级区：将区域内盐渍化面积变化率小于或等于 −15%，或者无盐渍化面积时认为是最优值 1.0；将盐渍化面积变化率为 −10% 认为是较好值 0.8；将盐渍化面积变化率为 −5% 认为是及格值 0.6；将盐渍化面积变化率为 −2% 认为是较差值 0.3；将盐渍化面积变化率等于或大于 5% 认为是最差值 0。⑤五级区：将盐渍化面积变化率小于或等于 −10%，或者无盐渍化面积认为是最优值 1.0；将盐渍化面积变化率为 −5% 认为是较好值 0.8；将盐渍化面积变化率为 −2% 认为是及格值 0.6；将盐渍化面积变化率为 0 认为是较差值 0.3；将盐渍化面积变化率等于或大于 10% 认为是最差值 0。在确定指标的各分区评价标准后，再根据各分区已确定的最优值、较好值、及格值、较差值、最差值及其之间的关系，进一步确定其他值的大小。

（三）供水安全

供水保证率（3301）。该指标是正向指标。2005 年城市供水水源保证率为 90%。根据水利发展"十一五"规划，到 2010 年，城市供水水源保证率应不低于 95%。因此，首先将城市水源供水保证率 95% 定为及格值 0.6；将城市水源供水保证率 97% 定为较好值 0.8；将城市水源供水保证率 100% 认为是最优水平 1.0；将城市水源供水保证率 85% 定为较差值 0.3；将城市水源供水保证率 70% 及其以下水平认为是最差值 0。然后根据已确定的最优值、较好值、及格值、较差值、最差值及其之间的关系，进一步确定其他值的大小。

地下水水源地水质达标率（3302）。该指标是正向指标。2005 年，我国城市主要供水水源地水质达标率为 85%，根据水利发展"十一五"规划要求，到 2010 年，城市主要供水水源地水质达标率要提高到 90% 以上。而我国不少城市的集中水源地水质达标已达到 100%，如福州等。因此，首先将主要地下水水源地水质达标率 90% 定为及格值 0.6；将主要地下水水源地水质达标率 95% 定为较好值 0.8；将主要地下水水源地水质达标率 100% 认为是理想水平最优值 1.0；将主要地下水水源地水质达标率 80% 定为较差值 0.3；将主要地下水水源地水质达标率小于或等于 70% 认为是最差值 0。然后根据已确定的最优值、较好值、及格值、较差值、最差值及其各值之间的关系，进一步确定其他值的大小。

应急供水水平（3303）。该指标是正向指标。首先将地下水应急水源地建设良好，涵养管理制度完善，制订的地下水应急储备行动计划和供水调度方案切实可行，能很好地保证地区的应急供水认为是理想水平最优值 1.0；将地下水应急水源地基础设施和制度建设较好，地下水应急储备行动计划和供水调度方案可行，在非常时期能较好地保证地区用水认为是较好值 0.8；将地下水应急水源地设施和制度基本建立，制订的地下水应急储备行动计划和供水调度方案基本可行，在非常时期能基本保证地区的用水认为是及格值 0.6；将地下水应急水源地基础设施和制度建设较差，制订的地下水应急储备行动计划和供水调度方案难以发挥作用，在非常时期难以正常地保证地区的基本用水认为是较差值 0.3；将地下水应急水源地基础设施和制度基本没有建立，制定的地下水应急储备行动计划和供水调度方案无法实施，不能保证地区的应急供水认为是最差值 0。然后再根据已确定的最优值、及格值、较差值、最差值及其各值之间的关系，进一步确定其他值的大小。

第四节　地下水资源管理工作评价方法

对地下水资源管理工作进行评价，不仅需要建立地下水资源管理工作评价指标体系和评价标准，还需要确定地下水资源管理工作评价计算方法。该部分根据前文建立的指标体系和制定的评价标准，确定了评价计算方法及指标权重计算方法，以实现对地区地下水资源管理工作的综合评价计算。为使评价计算简单，便于操作，本文将单指标量化—多指标集成评价方法（即 SI-MI 方法）引入到地下水资源管理工作评价计算中，具体步骤如下所述。

一、评价步骤

（一）定量单指标量化方法

根据单指标量化—多指标集成评价方法，定量单指标量化将采用分段线性隶属函数量化方法。在地下水资源管理工作评价指标体系中，各指标均有一个管理工作评价指数（Evaluation index of management，简称 EIM）。为量化各定量指标的评价指数，依据前文确定的评价指标的 5 个指标特征值：最优值、较好值、及格值、较差值和最差值，采用分段线性函数插值计算获得。

（二）定性单指标量化方法

定性指标难以用函数或表达式加以表示。因此，对一些定性指标的量化，可按（0 ~ 1）范围将指标划分为若干个等级，并制定相应的等级划分细则，采用打分调查法获取定性指标值的大小。①利用对地下水资源管理情况比较熟悉的多个专家和基层工作者对指标进行评判打分,然后将分数汇总,分析其合理性,通过转换得到各定性指标值。该方法简单,但主观性较大。②如果条件允许,通过问卷调查的方式确定定性指标值。制定问卷后,发放给熟悉评价区域的地下水资源管理相关专家、管理者及区域分布比较合理的群众进行调查。在调查中,问卷回收率要大于80%,当调查人数大于30人时,所打分值与对应的人数符合正态分布,计算其加权值。若区间较小,可采用平均值;若区间较大,则对此区间内的散点再求其加权平均值;在调查群体人数小于30人时,可根据问卷所反映出来的信息选择采用平均数法、中位数法、众数法等方法,减小人为因素,确定出相对合理的指标值。该方法更能反映公众的参与程度和对现状的认可程度,以及对理想值的期望。

(三)多指标集成

在地下水资源管理工作评价中,反映地下水资源管理工作的指标很多,可采取多种方法综合量化这些指标,如模糊综合评价等。针对职责评估、能力建设评估和绩效评估这三大类指标,本文采用多指标集成方法来综合量化各指标,以定量计算地下水资源管理工作各个内容的评价指数。

(四)地下水资源管理工作评价指数集成

地下水资源管理工作评价是对地下水主管部门在地下水资源开发、利用、治理、保护等各个环节的管理工作进行的客观、全面的认识,不仅包括地下水主管部门的职责执行、实施情况,还要综合考虑其管理建设、管理效果等方面。本文采用加权集成的方法,把各模块的评价指数值集成起来得到地下水资源管理工作评价指数(EIGM),来表征所评价地区的地下水资源管理工作水平。

(五)地下水资源管理工作水平等级划分

为使地下水资源管理工作水平有一个较好的定位及便于各地区之间的对比,本文依据地下水资源管理工作评价指数的特点和大小,将地下水资源管理工作水平等级划分为6个等级。

二、权重确定

确定指标权重的方法有多种，包括层次分析法、等权重法、变权法等。在地下水资源管理工作评价计算中，各指标权重确定是否合理直接影响计算结果的合理性，但是无论采用上述方法中的哪一种方法，都存在着一定的人为性和随意性。为了减小这一缺陷带来的偏差，本文在确定地下水资源管理工作各模块内容评价指标的权重时，采用定权重与变权法相结合的方法。首先根据地下水资源管理工作评价的目的和调研结果，结合专家建议，对评价工作的各模块层赋予定量权重，使评价工作在实际中切实可行。然后针对各指标由等权重确定基础权重，再利用变权法求得最终权重。

地下水资源管理工作评价的目的是客观地对地下水主管部门的工作进行考核，监督工作的开展和实施状况，找出不足。因此，在确定权重时，认为对地下水资源管理部门的职责评估的重要程度要略大于能力建设评估和成效评估。权重具体分配如下：职责评估模块的权重为0.4，能力建设评估模块的权重为0.3，成效评估模块的权重为0.3。

等权法即在综合评判中认为每个指标的权重都为定值，不随评估值变化。而变权法在综合评估中指标权重随指标值变化而改变，是对初始权重的修正。因此，在地下水资源管理工作评价中，首先采用等权法对指标赋予基础权重，然后利用变权法对指标的权重进行修正，得到最终权重。

第五节 应用实例

河北省和江苏省地下水资源开发利用及其管理在我国非常具有代表性。河北省和江苏省的水资源都相对僵乏，人均水资源占有量较低，河北省仅为386立方米，严重低于我国人均水平。为了经济社会发展用水需要，河北省和江苏省大规模开采地下水资源来缓解用水压力，造成了地下水超采，并引发了一系列的环境地质问题，如地面沉降、地下水水位持续下降、地下漏斗等，严重影响了两省经济社会的可持续发展和人们的正常生活。针对地下水超采引发的问题，河北省和江苏省通过加强开采管理、超采治理、选取试点等不断探索地下水超采区取水管理和超采治理经验，如河北省的沧州、江苏省的苏锡常地区，在我国的超采治理中具有很强的代表性。因此，为进一步阐述地下水资源管理工作评价体系的应用，本文以河北省为例，结合具体实际，对河北省地下水资源管理工作进行综合评价。通过评价计算，认识工作中存在的不足，为提高地区管理水平和加强经验学习提供技术支持。

一、河北省基本概况

地理位置。河北省环抱首都北京，地处东经 113°27′ 至 119°50′，北纬 36°05′ 至 42°37′ 之间。总面积 18.88 万平方千米，省会石家庄市。河北省毗连并紧傍渤海，东南部、南部衔山东、河南两省，西倚太行山与山西省为邻，西北部、北部与内蒙古自治区交界，东北部与辽宁接壤。

气候。河北省属温带大陆性季风气候，大部分地区四季分明，一月平均气温在 3℃ 以下，七月平均气温 18℃ 至 27℃。年日照时数 2 500 ～ 3 100 小时，年无霜期 120 ～ 200 天，年均降水量 524.4 毫米。

水系水文。河北省省内有海河、滦河、辽河和内陆河四大水系，河流众多，长度 10 千米以上河流 300 多条，其中海、滦河流域面积占全省总面积的 91%。全省共有湖泊 100 多个，其中以白洋淀和衡水湖最为著名，坝上地区安固里淖面积最大。河流径流年内分配集中，80% 的径流量都集中在 7 ～ 10 月。河流含沙量大，海河干支流的含沙量在全国各大河中仅次于黄河。

社会经济概况。截至 2006 年年末，河北省实有耕地总资源 631.53 万公顷，人口为 6 897.8 万人。近年来，河北省经济增长较快，2006 年，全省生产总值 11 660.43 亿元，比上年增长了 13.4%。其中，第一产业、第二产业、第三产业增加值分别达到了 1 606.48 亿元、6 115.01 亿元和 3 938.94 亿元。人均生产总值达到 16 962 元。

二、河北省地下水资源概况

河北省地下水资源量为 150 亿立方米，其中平原区水资源量为 90.5 亿立方米，山区 74.3 亿立方米，平原与山区重复计算量为 15.1 亿立方米。全省可利用的地下水淡水资源允许开采量为 120.08 亿立方米 / 年，其中河北平原 91.68 亿立方米 / 年，山区 28.40 亿立方米 / 年。此外，河北平原还有矿化度 2 ～ 3 克 / 升可利用的微咸水 15.36 亿立方米 / 年。由于受地形地貌、水文气象、地质及水文地质条件的综合影响，河北省地下水资源的区域分布差别较大。山区地下水的分布自北向南逐渐增加，地下水资源模数在 5 ～ 10 万立方米 / 年。西北及燕山腹地发育着众多盆地，储存着较丰富的地下水，水资源模数在 1 020 万立方米 / 年；首先是坝上地区，因降水少，含水层薄，模数一般小于 5 万立方米 / 年。平原区地下水含水层较厚，是全省最重要的水源地。全淡水区地下水主要接受大气降水和地表水体的补给，其次是山区河床潜水和基岩裂隙水及山前边缘地带第四系下伏碳酸盐类岩溶裂隙水补给。浅层地下水主要的补给源为大气降水和地表水体，主要的排泄方式为人工开采、河道排泄、潜水蒸发等；深层水的补给来源为上游侧向径流补给及垂向越流补给，排泄方式为人工开采和向下游的侧向流出。

三、河北省地下水资源开发利用及管理概况

地下水资源在保障河北省社会经济发展用水方面起到了重要作用。自 1949 年以来，河北省地下水开发利用大致分为 4 个阶段。

第一阶段为初期阶段。成井工艺简单，主要井型是土砖井、大口井。第二阶段为发展阶段。20 世纪 50 年代末到 60 年代末，主要开采浅层地下水，到 1969 年，全省有机井 18.6 万眼，地下水灌溉面积 160.77 万平方米。第三阶段为大力发展阶段。20 世纪 70 年代初至 70 年代末，机电井建设速度加快，对机井实行统一规划，实行浅、中、深相结合分层开采，1979 年河北省有机电井 57.3 万眼，井灌面积 260 万公顷，地下水成为河北省城乡经济发展的主要供水水源。第四阶段为超采阶段。20 世纪 80 年代至今，工农业发展迅速，水资源供需矛盾日益突出。1984—1993 年 10 年间，平均每年超采地下水 30 多亿立方米，浅层地下水

超采区面积已达 3 万多公顷，深层地下水超采区面积已达 4 万多平方千米，1993 年全省拥有机电井近 80 万眼，开采地下水 15 亿立方米。到 2005 年，机井数量已达 92 万眼，地下水开采量达到 162.72 亿立方米，占总供水量的 81.2%，微咸水开采量 2.69 亿立方米。

河北省是一个资源型缺水、灾害频发和过度开发形成的生态脆弱区，地下水问题相当突出。据统计，全省平原区浅层地下水水位埋深由 1980 年的 5.5 米增加到 2005 年的 14.8 米，深层地下水位则以每年 1～2 米的速度下降；平原区地面沉降大于 100 毫米的面积达 3.6 万平方千米，大于 600 毫米的有 5 000 多平方千米，部分地区还引发了地面变形、塌陷、地裂缝、海（咸）水入侵等地质灾害。近年来，为遏制地下水超采，加强地下水保护，河北省采取了一系列的措施，并取得了一定的效果：①加强了地下水资源开发利用规划工作。1998 年，河北省编制完成了《河北省地下水资源开发利用规划报告》，对全省的地下水资源量、可开采量和现状开采情况进行了调查分析和评价，划分了地下水超采区和未超采区。并结合国民经济和社会发展计划与目标进行了 2010 年需水量和可供水量预测，进行了水资源供需平衡分析，提出了地下水开发利用规划方案。2008 年，配合流域综合规划修编，又进一步编制了《河北省地下水利用与保护规划》。②加强了地下水超采区治理工作。2002 年，河北省政府印发了《关于公布河北省平原区地下水超采区和严重超采区划定范围，进一步加强地下水资源管理的通知》，共划定了平原区深、浅层地下水超采区面积 45 037 平方千米，深、浅层地下水严重超采区面积 32 933 平方千米，并对进一步加强地下水资源开发利用、监督管理，合理开采地下水做出了规定。同时，编制完成了《河北省南水北调受水区地下水压采方案》，开展了沧州市地下水压采政策研究、邯郸市地下水位管理和石家庄市地下水回灌等专题研究工作。③加强取水许可和水资源论证工作，优化配置和合理调度水资源。严格履行取水许可管理办法，制定了《河北省水利钻井队技术考核等级实施办法》，要求各级井队严格执行《河北省取水许可制度管理办法》，规范凿井队伍和行为。2005 年，河北省政府印发了《关于开展城市自备井关停与地下水限采工作的通知》，要求各级水行政主管部门根据上级要求和城市自备井关停与地下水限采计划方案，有计划地开展城市自备井关停与地下水限采工作。目前，全省共关停自备井近2 000眼，沧州、邢台、邯郸等地的地下水水位都有不同程度的回升。④完善地下水动态监测站网建设。2000年编制了《河北省水文行业发展规划》，着手地下水监测站网建设。⑤规范地下水取水计量和监督管理。积极推行以智能水表安装使用为代表的科学计量工作，到2006年10月，全省共安装智能水表44 900多块，其中石家庄市万方以上取水户的取水计量设施安装率达100%。

四、河北省地下水资源管理工作评价计算

①评价指标体系的选取及指标值的确定。根据河北省实际情况，本文以建立的地下水资源管理工作评价指标体系为基础，选取了适宜的地下水资源管理工作评价指标体系，对河北省实施评价。并参考河北省水资源公报、水利简报、地下水通报、水利厅网站、水文资源信息网和相关文献等资料，结合实地调研，确定选取的评价指标值。其中，定量指标值参照上文计算得到，定性指标值以上文评价标准为依据，利用专家打分法确定。②地下水资源管理工作评价指标值的量化。河北省人均水资源量为386立方米，根据分区标准，河北省为五级区。③权重确定。根据权重确定方法，职责评估模块权重为0.4，能力建设评估模块权重为0.3，成效评估模块权重为0.3；地下水资源管理工作各评价指标权重由等权法和变权法相结合确定。首先，对地下水资源管理工作各模块下指标权重进行计算。指标的基础权重采用等权重法进行分配。然后，再利用变权法确定最终权重。

通过计算得到河北省地下水资源管理工作评价指数EIGM为0.769，根据本文制定的评价地区地下水资源管理工作等级划分标准可知，河北省地下水资源管理工作水平较好。从地下水资源管理工作评价计算来看，随着河北省对地下水资源管理的重视和投入，职责工作和能力建设都有很好的加强，在超采治理、供水安全等方面也取得了较好的成绩，对地区地下水资源的可持续开发起到了

重要的作用。但从评价中也可以看出，管理工作中也存在问题和薄弱环节，如基础设施建设、队伍建设和地下水开采管理方面还需加强，特别是地下水资源的开采管理。尽管河北省的水资源相对匮乏，但依靠超采地下水资源来满足供水要求是难以持续的。因此，河北省在地下水资源管理中，应进一步加强基础设施建设，加大投入，推进节水型社会建设，加强地下水和地表水的联合利用，合理调控地下水的开采。同时加强地下水宣传，提高公众保护地下水意识，实现地下水资源的合理开发。

第三章 基于环境质量的水资源可持续利用管理

第一节 水资源的现状与问题

一、世界水资源现状

水是人类赖以生存和发展的物质基础。联合国水资源大会多次警告：缺水将制约全球经济和社会的持续发展，水资源短缺将引发一场深刻的社会危机。从世界范围看，水资源短缺主要表现在水量和水质两个方面。

二、我国水资源利用问题及成因分析

（一）我国水资源特点

①水资源总量丰富，居世界第六位，但人均占有量少。实际可利用的水量仅有 8 000 亿立方米，人均占有水量仅 2 300 立方米，只相当于世界人均的 1/4，居世界第 109 位，被列为世界人均水资源 13 个贫水国家之一。②水资源在地区和时间上分布不均匀。总的来说，东南多，西北少；沿海多，内陆少；山区多，平原少；一般夏多冬少。

（二）我国水资源利用问题及成因分析

①有效利用程度低，水资源浪费严重。工业生产工艺落后，节水意识差。工业万元产值耗水量为 200 立方米，而发达国家仅为 20～30 立方米。在城市生活用水方面，由于节水观念薄弱或经济原因，城市供水浪费现象十分严重。根据对 408 个城市的统计，2002 年自来水的管网漏损率平均达 21.5%，每年损失近100 亿立方米。农田灌溉仍采用落后的"漫灌"方式，有效率仅为 40% 左右，与发达国家滴灌、喷灌 70% 的有效率相比，水资源浪费严重。我国每公斤粮食的耗水量是发达国家的 2～3 倍。②水资源污染严重。由于全国 70% 左右的污水未经处理直接排入水域，造成约 41% 的河段、90% 的城市水域受到污染，118 座大城市中的 115 座城市浅层地下水受到污染，水质达不到生产、生活用水标准，已造成水质性缺水。③污水处理能力有待进一步提高，水环境安全仍面临威胁。2008年我国城市污水处理率为 63%，与欧美发达国家 80% 以上的处理率相比存在着明显差距，污水处理能力有待进一步提高。虽然我国水污染治理取得了显著成效，但重点流域水污染防治规划总体进展缓慢，在全国七大水系中，劣 V 类水质的断面超过 1/5，突发水污染事件时有发生。

（三）地下水超采引起生态环境恶化

随着水资源开发利用的数量上升，由此引起的环境生态问题日益严重。我国北方和一些沿海城市，因地表水资源严重不足已把目标转入地下，盲目开采地下水。北方有 9 个省市出现严重超采地下水问题，一些地区地下水位每年下降 1 米以上，北京、上海、天津等大中城市由于地下水超采均不同程度地产生地面沉降、裂缝和塌陷，带来地质灾害。沿海地区超采引起海水入侵，造成水源地水质碱化，饮用水源出现问题。

（四）我国水资源管理问题及成因分析

20 世纪 80 年代以来，以《水法》颁布为标志，各级政府加大了水资源管理的力度。但是由于自然、气候的影响，思想观念和认识水平的限制，传统水资源管理体制的束缚，科技能力和经济发展水平的制约，使得我国在可持续发展水资源管理体制、法律建设与执法状况上，都存在着许多亟待解决的问题。

社会福利的传统水资源分配观念阻碍水资源可持续发展观的建立。传统观念认为水资源"取之不竭，用之不尽"，并且是一种必须满足的社会福利。片面注重对水资源的开发和利用，忽视对水资源的节约和水环境的保护，导致对水资源的过度开发和浪费，造成水环境的恶化和水资源的短缺。

分割管理的传统水资源管理体制制约着水资源可持续发展。我国传统的水资源管理体制将城市与农村、地表水与地下水、水量与水质等进行分割管理。水资源由水利部门管理，而水环境由环保部门监督管理。两部门难以协调水量与水质问题上的矛盾，重工程建设、轻生态保护，重开发利用、轻水源保护，重水量的调剂、轻水质的变化，重水量的供给、轻水需求的控制，造成了水资源管理的片面性和不完整性。许多经济发展部门也涉及一定的水资源管理职能，形成了"政出多门"的局面，使水资源的循环规律和完整性被人为地隔离，各类用水难以统筹规划。由于水资源管理的责、权、利界定不清，水资源过度开发和企业超标排污，水资源短缺和水资源浪费并存，水市场难以建立，水资源不能得到高效率使用。

水价偏低，阻碍、削弱水资源管理，背离水价值。水资源的所有权、经营权和行政权集于国家一身，由国家统一开发，把水当作一种由政府部门供给的公共物品而不是经济物资。用水福利观念普遍存在，水资源价格无法显化。水价低使人们无节制用水，节水工作缺乏动力，水污染治理工作难以开展，投入不足更加大了供需失衡程度，难以实现水资源的可持续发展。

水资源管理的法律体系不健全，执法不严问题突出。近年来，我国颁布了《水法》《水污染防治法》等相关法律文件，但还需要与之配套的水行政法规。在水资源执法管理工作中有法不依、执法不严、违法不究、滥用职权，以及为谋取部门和地区利益而违法的现象比较突出，加剧了水资源的破坏和浪费。对水资源管理面临的新问题重视不够、研究滞后。

由于严峻的水资源形势，需要解决的现实问题不断增加。例如，水环境承载状况定量评价技术、水权管理及水市场理论的建立，亟待新理论新技术的研究与应用加以解决。无法满足人们不断增长的对供水服务、水质健康的新要求。

由于调蓄、处理、分配和处置水的工作过分依赖政府，服务集中在少数官办的公司，缺乏竞争机制，不可能为用户提供高质量的服务。同时各水资源管理部门和机构缺乏沟通，集中统一管理不足，水质保护工作滞后，与水污染有关疾病日渐增多，饮水安全受到严重威胁。

第二节　水资源可持续利用管理

资源的开发利用与水环境的保护是水资源可持续利用的两个核心因素。尽管水资源可再生循环使用，但水资源所依存的环境是不可再生的，必须加以保护。

一、水资源可持续利用管理的内涵

1996 年联合国教科文组织（UNESCO）国际水文计划工作组将水资源可持续利用管理定义为：维持从现在到未来经济、环境和社会福利而不破坏水资源可持续性赖以存在的水文循环或生态系统的水资源管理与使用。

二、水资源可持续利用管理的目标和原则

现代水资源可持续利用管理的目标是在可持续发展思想的指导下，共同建设节水防污型社会，实现水资源的可持续利用，保障流域内经济、社会和水资源的协调发展。水资源管理的重点在于提供优质足量的水资源来满足社会的广泛需求。面向可持续发展的水资源管理根本原则就是以流域为单元对水资源实行整体管理。为此，水资源可持续利用管理必须遵循以下基本原则。

①可持续发展原则：要综合兼顾当代环境质量和后代发展是其中最重要的两点。②生态质量原则：在水资源开发管理的过程中，必须考虑水资源系统变化对自然生态系统的影响，包括环境质量和生态变化。③整体性原则：包含两个方面。一方面，水质和水量及水环境生态质量要统一管理，即水资源利用与保护并重；另一方面，要求在考虑水环境流域性的基础上，进一步重视水循环的全球性

等宏观系统的影响。④动态性原则：要求在水资源管理中考虑自然的变迁、生态变化和社会经济发展。水资源可持续管理要求考虑未来可能发生变化的影响，以适时调整管理策略。

三、水资源可持续利用管理的研究进展

20世纪90年代初国际上才开始研究可持续的水资源管理。1992—1999年，国际上每年都召开一系列专题研讨会。2001年，国际水文科学协会（IAHS）在荷兰召开了"区域水资源管理研讨会"。主要包括三大部分内容：过去管理实践中的经验和教训、面对挑战的区域可持续水资源管理、水资源管理的研究方法，焦点问题是关于不同尺度建模方法的发展和水资源管理的各种模型的应用。2002年，在北京召开了"变化环境下水资源脆弱性国际学术研讨会"，主要围绕五大方面进行讨论和交流：变化环境下的水文水循环、黄河流域水资源的时空演变态势、水资源的可再生性、水资源的脆弱性评价的理论和方法、无资料地区水文模拟与预测。几乎与国际上关于水资源可持续利用及其管理研究同步，我国在20世纪90年代初即开展了水资源生态、经济、社会复合系统研究和水资源可持续利用研究。1995年有关学者对水资源持续利用经济评价问题进行了探讨，内容涉及水资源系统的产权理论和价值理论，水资源系统持续发展评价理论，水资源管理的制度安排等问题。1998年王丽萍等研究了与水资源持续利用有关的水资源承载能力分析、水资源宏观配置模型、微观优化配置模型及水资源配置中的效率和公平性问题。1999年傅春等讨论了面向可持续发展的水资源产权理论。2003年张仁田研究了水资源的价值、分配机制以及区域水资源的管理体制，提出了水资源实现可持续利用的战略措施。2004年冯保平等研究了区域水资源的水质和水量的合理配置，以及水资源可持续利用的预警系统管理，丰富了水资源管理的内容。目前，针对可持续水资源管理的评价准则及技术规范仍缺乏量化标准。

第三节　水资源可持续利用评价及管理方法研究进展

一、水中污染物对人体健康影响的风险评价方法

日常生活污水、工业废水和农业污水等未经无害化处理就向水体排放，使得一些水体的污染负荷超过了水体的净化能力，达到了危害人体健康的水平。除人为因素外，自然因素如特殊的地质化学成分的影响也可引起水质某些成分的改变，危害人体健康。

（一）水体污染引起的主要疾病及健康问题

①水体中化学性污染对人体健康的影响。化学污染物对人体健康产生以下不良影响：致命的剧毒，导致贫血，影响肝、肾、消化系统、大脑以及生殖和发育，刺激皮肤和眼睛，对神经和免疫系统有毒害作用，导致细胞变异和内分泌失调，提高患肿瘤风险等。②水体中生物性污染对人体健康的影响。水质标准中微生物指标是衡量水质是否安全的首要指标。病原微生物的控制是供水水质安全保障的最基础和最敏感问题。由于饮用水被病原微生物污染所引起的介水传染病，具有影响范围广、传播速度快、爆发性强和危害性大等特点，因此介水传染病的控制是城镇供水水质安全的重点。③水体中优先污染物对人体健康的危害。环境优先污染物即经过优先选择的污染物，对人体健康的危害特别大。一般水中这类有机物是微量的，甚至是痕量的，要从人体健康上反映，需要有个长期的过程（20～30 年）。目前在水中检测出的有机化学污染物在 2 221 种以上，而我们能够研究其对人体健康影响的不过数百种，这些污染物大都来源于工业污染。

下面以二恶英为例，详细介绍对人体健康产生的危害：二恶英在水中的溶解度为0.2微克/升，具有高脂溶性而非水溶性，可在脂肪组织中生物积累，浓度比周围的空气、土壤和沉淀物的含量高出几百万倍。二恶英的产生源主要是：城市垃圾、工业废弃物不充分燃烧；除草剂、杀虫剂、脱叶剂等含氯化学物质的加工和使用；造纸制浆和漂白；森林大火和火山活动等。1994年美国环保局发布的"二恶英再评估"报告指出：长期低剂量二恶英暴露能导致雄性个体生殖器官萎缩，甚至出现雌性化行为；雌性个体卵巢功能下降甚至消失；婴儿发育迟缓，出现智力和行为能力缺陷及性别发育异常等。生物化学研究认为二恶英具有类似人体激素的作用，称为"环境激素""毒素传递素"，非常小的剂量就可以影响和危害正常人体系统，如内分泌、免疫、神经系统等。

（二）我国与世界重要饮用水水质标准的比较

目前，国际上最具有权威性和代表性的饮用水水质标准有三部，即世界卫生组织（WHO）的《饮用水水质准则》、欧盟（EC）的《饮用水水质指令》以及美国环保局（USEPA）的《国家饮用水水质标准》。其他国家或地区的饮用水标准大都以这三种标准为基础。我国现行饮用水水质标准是在2006年颁布实施的《生活饮用水卫生标准》（GB 5749-2006），这是对我国21年未变的国家标准进行的第一次全面修订和完善。修订的新标准主要变化有：水质检测指标由原来的35项增至106项，修订8项，增加71项，其中水质常规指标为38项，消毒剂常规指标为4项，非常规指标为64项。

目前，我国实施的新生活饮用水卫生标准与国外饮用水水质标准项目相比，从指标数量看基本与世界接轨，表明我国的饮用水卫生标准向前迈出了一大步；从检测项目看，增加了大量有机污染物的毒理学指标，某些指标值的修订更加严格，这与国际上水质标准的总体发展趋势相一致。我国修订后的标准总体上克服了以前标准中有毒有害项目偏少、指标值不严、对感官项目重视不够、微生物项目尤其是致病原生动物检测指标过于简单的缺点，已与国际标准较为接近，缩小了我国饮用水水质标准与国际标准的差距。但个别指标是否符合国情还有待验证，标准的贯彻实施尚需做大量工作。

（三）健康风险评价的目的和作用

健康风险评价是把水环境污染与人体健康联系起来的一种新的评价方法，是有效控制优先污染物污染，保障人们健康的技术依据，其目的在于估计特定环境条件下的化学或物理因子对人体、动物或生态系统造成损害的可能性及其程度大小。为了使化学品的各项控制措施得以实施，需管理部门建立一系列法规和控制标准，有一个尺度加以衡量。这些问题的解决都需以化学品的健康风险评价所提供的科学依据为基础。在对有毒化学物质制定用于保护人群健康的法规标准和进行风险管理时，要考虑到许多因素，健康风险评价只是法规决策中诸多因素中的一项。

我国人体健康风险评定工作目前仍处于引进、消化和普及阶段，实际应用还有待进一步发展。近年来，一些学者应用健康风险评定方法对严重危害人体健康的环境化学物质的危害进行了定量评估，得出了污染物危害的优先次序，为政府有关部门的决策提供了可靠的科学依据。

（四）健康风险评价方法

风险是指"遭受损害、损失的可能性"，或者定义为"不良结果或不期望事件发生的机率"，风险评价是对不良结果或不期望事件发生的机率进行描述及定量的过程，可定义为对化学物质和病原微生物通过各种暴露途径进入人群和环境所造成的不良影响发生的机率、程度、时间或性质进行定量描述的系统过程。

健康风险评价方法介绍：风险评价兴起于20世纪70年代几个工业发达国家。进入80年代后，随着毒理学及相关学科研究的深入，对化学物质危害的评定逐渐由定性向定量发展。在众多环境健康风险评价方法中使用最普遍的是美国科学院（NAS，1983）提出的由四个部分组成的风险评价，称为风险评价的四步法。

（1）风险（危害）鉴别。在广泛收集病理学、毒理学数据的基础上，对有害物质即风险源进行识别。通过分析化验，检测对人体健康有害的有毒物质，重点检测有机物、致病微生物和重金属。鉴别特定污染物是否产生危害与风险，是致癌性效应还是非致癌性效应等。在健康风险评价的过程中只对化学致癌物质和非致癌物质进行风险评价。但是水体中微量有机物和病原有机物对人体的健康危

害影响也不可忽视。

（2）暴露评价。暴露评价的目的，是确定暴露的来源、类型、程度和持续时间等。因此人群的暴露评价是风险评价的关键步骤，是整个风险评价工作中不确定因素较集中的一个领域。暴露评价重点研究人体（或其他生物）暴露于某种化学物质或物理因子条件下，对暴露量的大小、暴露频度、暴露的持续时间和暴露途径等进行测量、估算或预测的过程，是进行风险评价的定量依据。暴露评价必须考虑过去、当前和将来的暴露情况，对每一时期采用不同的评估方法。最后，根据环境介质中污染物的浓度和分布、人群活动参数、生物检测数据等，利用适当的模型，就可以估算不同人群在不同时期的总暴露量。在致癌风险评估中通常计算人的终生暴露量。

（3）剂量—反应评价。剂量—反应评价是对有害因子暴露水平与暴露人群中不良健康反应发生率之间的关系进行定量估算的过程。剂量反应的评分方法包括阈限值和非阈限值两种方法。前者用于非致癌效应终点的剂量—反应评定，后者是用来评定化学物质致癌的剂量—反应关系。所有的方法区别在于风险评价的致癌和非致癌。这种差别缺乏最低限度的概念，在剂量—反应中对于致癌物是根据最初假设所有的致癌物质都是诱变剂为前提。一种突变或 DNA 损坏的结果被认为足以成为导致癌症发展的开始。同时假定有一个非致癌效果极限，对于非致癌的剂量不会产生不利影响，实际上就是"安全"剂量。

（4）风险表征。风险表征是风险评价的最后一个环节，它必须把前面的资料和分析结果加以综合，以确定有害结果发生的概率、可接受的风险水平及评价结果的不确定性等。同时，风险表征也是连接风险评价和风险管理的桥梁。评价者要为风险管理者提供详细而准确的风险评价结果，为风险决策和采取必要的防范及减缓风险发生的措施提供科学依据。

在健康风险评价中，风险表征对风险进行定量表达有两种方式：对于致癌效应用风险度表示，即根据暴露水平的数据和特定化学物质的剂量—反应关系，估算个体终生暴露所产生的癌症概率。非致癌效应以风险指数表示。

定量结构—活性相关法与四步法的关系。四步法，需要很多类型丰富的数据（如物理化学数据、毒理学数据、人类健康影响数据等），需要建立一些模型（如人类暴露模型、机理模型等），需开展流行病学研究。因在暴露和影响上缺少充足数据而阻碍了该方法的应用。与四步法相比，定量结构—活性相关法（Quantitativ Structure-Activity Relationship, QSAR）提供了快速、有效、可靠的方法获得暴露评估和效果评价所需数据。QSAR法能够建立有机化学物质分子结构与理化性质或生物毒性之间的相关关系，从而对有机污染物的环境行为和生态效应进行预测、筛选和初步评价。在QSAR研究中所用的描述参数很多，纯粹应用理论计算或经验计算而不使用实验参数是比较方便的。此法与美国科学院公布的四步法相比，既可节省因实验而需要花费的资金和时间，也可以对因缺乏实验条件而无法进行实验测定的化合物进行研究。

QSAR是一个数学模型，它把分子的生物活性（如毒性等）与它们的化学结构和相应的化学性质、物理化学性质关联起来。化学结构的改变可以影响它们生物作用的类型和效果。通过利用确定的统计分析工具，如回归分析，可以用一个QSAR模型来预测获得相关化学物质或污染物缺少的相应数据，以填充数据空白。

应用QSAR模型，需要做以下几项工作。数据组的选择，根据确定的化学或统计学的选择标准，将从数据库中选择化合物（如毒性数据库或性质数据库）作为计算组；对于组里的化合物，从科学文献、实验室研究以及其他数据库得出毒性和分子性质数据；分子描述的收集，包括来自数据库和分子描述计算；利用确定的统计分析方法形成QSAR模型，如多元回归分析、计算机神经网络等；模型评估和确认，包括模型的合理性评价、模型预测和健康评价、模型使用范围和限度的定义，以及开发改良模型；模型在预测中的应用。

二、污水处理技术和评价方法

（一）城市污水处理技术及工艺

水体污染是指水体因某些物质的介入，使水质的感观性状（色、嗅、味、浊）、物理化学性能（温度、酸碱度、电导度、氧化还原电位、放射性）、化学成分（无机、有机）、生物组成（种类、数量、形态、品质）及底质情况等发生恶化，影响生物健康和生存的水质状态。严重的水污染，难于自净和恢复到良好状态，从而妨碍了水质正常的功能。所以本文将水处理分为污水处理、给水处理和自然净化三部分进行论述。为了方便讨论，本文将工业废水和农业污水及生活污水统称为污水。

污水按其来源可分为生活污水、农业污水和工业废水。城市污水一般是由生活污水和工业废水两者混合组成的。

城市污水处理方法：污水中的污染物质是多种多样的，往往不可能用一种处理单元就能够把所有的污染物质去除干净。一般一种污水往往需要通过由几种方法和几个处理单元组成的处理系统处理后，才能够达到排放要求。

现代污水处理技术根据不同的角度，有不同的分类方法：根据所用技术的原理分类：物理处理法是通过物理作用分离、回收污水中不溶解的悬浮状态污染物（包括油膜和油珠）的方法，可分为重力分离法、离心分离法和筛滤截留法、蒸发、气浮、结晶等。化学处理法是通过化学反应和传质作用来分离，去除污水中呈溶解、胶体状态的污染物或将其转化为无害物质的方法。在化学处理法中，以投加药剂产生化学反应为基础的处理单元有混凝、中和、氧化、还原等；以传质作用为基础的处理单元则有萃取、汽提、吹脱、吸附、离子交换等；而电渗析和反渗透处理单元使用的是膜分离技术，被称为物理化学处理法。化学处理法多用于处理各种工业污水。生物处理法是通过微生物的代谢作用，使污水中呈溶解、胶体及微细悬浮状态的有机污染物转化为稳定、无害的物质的方法。根据作用微生物的不同，生物处理法又分为两种类型：好氧生物处理法和厌氧生物处理法。

根据污水处理工艺流程分类：一级处理主要采用物理方法，分离水中的悬浮固体物、胶状物、浮油或重油等。二级处理主要采用生化处理，大幅度地去除废水中呈胶体和溶解状态的有机污染物。根据三级处理出水的具体去向，其处理流程和组成单元是不同的。完善的三级处理由除磷、除氮、除有机物（主要是难以生物降解的有机物）、除病毒和病原菌、除悬浮物和除矿物质单元过程组成。如果为防止受纳水体富营养化，则采用除磷和除氮的三级处理；如果为保护下游饮用水源或浴场不受污染，则应采用除磷、除氮、除毒物、除病菌和病原菌等三级处理；如直接作为城市饮用水以外的生活用水，如洗衣、清扫、冲洗厕所、喷洒街道和绿化地带等用水，其出水水质要求接近饮用水标准。亦可处理至工业循环冷却水和锅炉补给水的标准。一般以一级处理为预处理，以二级处理为主体，必要时再进行三级处理，使污水达到排放标准或补充工业用水和部分城市供水。

城市污水处理组合工艺：

物理、化学处理工艺。近年来，随着许多新型、高效、廉价的混凝剂的出现和自动化技术的广泛应用，混凝法与污水生物处理法相比具有了较强的竞争力。混凝沉淀强化法目前主要应用于给水处理和部分工业废水处理。由于需要投加大量的混凝剂且污水水质常常急剧变化，限制了其在城市污水处理领域中的应用，一般仅应用于城市污水的深度处理中。

化学强化一级处理。化学强化一级处理是给水处理一直采用的工艺，也可以把它用在污水处理上。它比传统污水处理中的初沉池效率有显著提高，但药耗高得多。对于浓度低的污水，出水水质（N，P除外）接近排放标准。新的国家标准规定非重点控制流域和非水源保护区的建制镇的污水处理厂，根据经济条件和水污染控制要求，可采用化学强化一级处理，但必须预留二级处理设施的位置，分期达到二级标准。气浮法。利用高度分散的微气泡作为载体，粘附废水中的悬浮物并上浮到水面实现固液分离。按气泡产生方式可分为：电解气浮法、分散空气气浮法、溶气气浮法。如与其他方法的结合可构成新的组合方法，如涡凹气浮—混凝沉淀法、旁滤—气浮法、生物—气浮—过滤法。与沉淀法相比，占地少，可去除沉淀法难以去除的藻类及浮游生物，所需药剂量少，可以回收有用物质。气浮法的研究重点是开发高效、稳定的适合于细粒浮选的气浮设备。

生物处理工艺：当前国外主要以生物处理为核心单元进行污水处理，要求出水水质指标较高时，物化技术给以辅助。根据微生物呼吸方式不同，生物处理可分为：厌氧、缺氧、好氧三种处理技术，而好氧技术又是污水治理的核心。为了把这三种技术在实践中工程化，出现了多种工艺路线，其主要以几何形状、运行参数及微生物状态不同而加以区分。工艺优化组合是生物降解技术发展的一大趋势，不同的工艺通过组合可克服个体技术的不足，实现优势互补，如好氧与厌氧技术的组合。好氧处理的难点是有机负荷小与脱氮除磷效率低，而厌氧技术存在的问题是耗时与出水水质较差。厌氧与缺氧水解酸化工艺可将难降解的复杂有机物转化为简单小分子，降低有机物浓度水平，提高废水的可生化性，因此 A/O 工艺被广泛应用于焦化、油田、炼油废水及印染、造纸废水的处理中。又如复合式活性污泥生物膜反应器和序批式生物膜反应器等。生物降解与其他技术组合这方面成功的事例很多，如采用序批间歇式活性污泥法（Sequencing Batch Reactor，SBR）+臭氧氧化工艺和物化气浮—接触氧化处理印染废水，采用混凝—气浮—厌氧—好氧处理该废水、油田和炼油废水等。活性污泥法是废水生物化学处理中的主要处理方法，运行方式多种多样，如传统活性污泥法、逐步曝气法、吸附再生法、完全混合法等。近年来，由于环境污染的富营养化问题越来越严重，对氮、磷的处理提出了更高的要求。经过对传统活性污泥法进行改造，形成了厌氧—好氧、缺氧—好氧、厌氧—缺氧—好氧的水处理工艺；由于处理单元多，管理复杂，要求具有较强的技术管理水平，加上占地多，建设投资大，只有当污水处理量在 10 万立方米以上的污水处理厂才采用这种工艺。传统的 SBR 法即间歇活性污泥法，其特点为结构简单，运转灵活，产生的污泥量少，但自动控制要求高。而 CASS（Cyclic Activated Sludge System）工艺是 SBR 的改良技术，具有操作简便、灵活和可靠的特点，它主要由生物选择器和可调容积式反应器两部分组成，在同一构筑物内完成生物降解、除磷脱氮、固液分离过程。

MSBR（Modified Sequencing Batch Reactor）工艺是 20 世纪 80 年代初期发展起来的污水处理工艺，目前最新的工艺是第三代工艺。结合了传统活性污泥法和 SBR 技术的优点，不但无需间断流量，还省去了多池工艺所需要的更多的连接管、泵和阀门。A/B 工艺即吸附生物降解法，由于具有一些独特的特点，越来越受到污水处理界的青睐。但 A/B 法也存在污泥量大、构筑物及设备较多、运行管理复杂的缺点。UNITANK 工艺是在 SBR 的基础上进行改进提出的一体化污水处理工艺。它吸收了 SBR 的优点，将污水连续式生化处理和间歇式生化处理结合起来。因其集经济性、科学性和实用性于一体，在未来的中小城镇污水处理工艺的发展和应用领域中将占有重要的地位。DAT-IAT（Demand Aeration Tank-Intermittent

Aeration Tank）工艺是一种 SBR 法的变形工艺，特点是运行稳定、处理效率高、出水质量好、处理构筑物少、处理流程简化、建设费用少、自动化程度高、操作运行简单、调度灵活、节省占地面积，可达到脱磷脱氮的目的。百乐克工艺是一种高效的生化处理系统，出水水质好且稳定，能耗低，脱氮效果好，投资低，操作简单，土地利用紧凑，广泛适用于市政废水和工业废水的处理。A/O(A2/O)工艺是为污水生物除磷脱氮而开发的污水处理技术。A/O 工艺的特点是出水水质好，脱氮效率高，能实现连续进水出水，占地面积小，能耗低，但抗冲击负荷的能力不如 SBR 工艺及氧化沟工艺，且由于该法的工艺设备数量多，维护管理要求高。为了达到同时除磷脱氮的目的，在 A/O 工艺基础上形成了 A2/O 工艺。A2/O 工艺除了具有 A/O 工艺的基本特点外，还可以同时除磷，处理深度高于 A/O 工艺，适用于要求脱氮除磷的大中型城市污水厂，但基建费和运行费均高于普通活性污泥法，运行管理要求高。UCT(University of CapeTown) 工艺是对普通 A2/O 改进后的工艺，只适用于 C/N.C/P 比不是特别高的污水，只有在这种条件下，UCT 工艺的脱氮效率才不受影响。氧化沟工艺是活性污泥法的一种变形，主要有卡鲁塞尔（Carrouse1）型、奥贝尔（Orbel）型、双沟（D 型）及三沟（T 型）氧化沟。奥贝尔氧化沟工艺具有以下特点：流程简单，运行稳定；出水水质好；对难降解有机物去除率高，出水水质稳定；剩余污泥量小；脱氮能力较强，但生物除磷相对较弱，能耗大。

深度处理工艺：常规三级处理工艺是在生物处理之后增加混凝、过滤、消毒等常规处理过程，有砂滤、膜滤、反渗透、消毒等。这些处理方式的单位水处理成本比较低，在经济上比较可行。MBR 技术又称为膜生物反应器技术，利用了膜分离的选择性和高效性，同时又利用了生物处理工程的有效性和彻底性，可将水中的有害物质最大限度地除去。MBR 工艺的特点是用膜分离系统代替普通活性污泥法中的二沉池，减少了传统工艺大部分的处理单元，节省了大量投资，基本解决了传统活性污泥的突出问题。膜生物反应器有多种变形，如将膜组件放于反应器内，形成一体化膜生物反应器，萃取膜生物反应器，淹没复合式膜生物反应技术。膜生物反应器（MBR）技术在深度处理中氮脱除领域起重要的作用，它可通过膜的截留将生长缓慢的硝化菌完全截留至反应器内，实现污泥停留时间和水力停留时间的分离，使反应器中能够维持较高的污泥浓度。膜生物反应器作为一种新型的水处理技术，日益受到各国研究者的关注。目前 MBR 脱氮工艺多是建立在传统硝化—反硝化机理上的两级或单级脱氮工艺，短程硝化—反硝化现象在 MBR 中体现得较少。结合 MBR 和生物强化的特点，构建膜生物反应器和填料床生物膜反应器的短程硝化—反硝化工艺，用以去除高氮低碳废水。该工艺设计为两级好氧—厌氧工艺，短程硝化装置在前，反硝化装置在后。一方面，该工艺可使好氧自养型的短程硝化菌和缺氧异养型反硝化菌在两个反应器内同时发挥各自优势，互不干扰；另一方面，MBR 作为短程硝化装置可实现水力停留时间和污泥停留时间的完全独立，有效地截留住世代时间长、絮凝性差的短程硝化功能菌，将产物向下游输送。该工艺与 A/O 工艺相比，无需回流混合液和回流污泥，节省大量动力能耗，且反硝化可利用短程硝化过程中由微生物代谢产生的有机物，可降低外加有机碳源的供应量。LM(Living Machine) 深度处理工艺是一种全新的生态处理工艺，在厌氧池加好氧池的基础上加入了改进的曝气氧化塘和高效湿地两个深度处理单元，使出水水质达到了生活杂用水的标准。该工艺的特点是剩余污泥少、运行费用低、管理方便，还具有美化景观的功能。该方法和其他水处理工艺相比比较经济。

生态处理技术：污水生态处理技术是指运用生态学原理，采用工程学方法使污水无害化、资源化的处理方法，是污染物治理与水资源利用相结合的方法，是生态学四大基本原理在水资源领域的具体运用，是污水土地处理系统的进一步演化和发展。该技术以土壤介质的净化功能为核心，在技术上特别强调处理过程中修复植物微生物体系与处理环境或介质（如土壤）的相互关系，特别注意对环境因子的优化与调控。

慢渗生态处理系统是以表面布水或高压喷洒的方式将污水投配到修复植物的土壤表面，污水在流经地表土壤植物系统时得到充分净化的处理工艺。工程设计时需要考虑很多的场地工艺参数。目前，慢渗生态处理系统已发展成为替代三级深度处理的重要水处理技术之一。快渗生态处理系统是将污水有控制地投配到具有良好渗滤性能的土壤表面,污水在重力作用下向下渗滤过程中通过生物氧化、硝化、反硝化、过滤、沉淀、还原等一系列作用而得到净化的污水处理工艺。该法对 BODS, SS 和大肠杆菌等具有很高的处理效率,对植物类型没有严格要求,在没有植物覆盖的情况下也能保证出水水质。结合适当的化学强化处理,该工艺在北方地区于严寒的冬天条件也能正常运行,并可有效地缓解干旱地区水资源严重缺乏的问题。地表漫流生态处理系统是以表面布水或低压、高压喷洒的形式将污水有控制地投配到坡度较缓、土地渗透性能低的生长多年生牧草的坡面上,使污水在地表沿坡面缓慢流动过程中得以充分净化的污水处理工艺。污水湿地生态处理系统是将污水有控制地投配到土壤—植物—微生物复合生态系统,并使土壤经常处于饱和状态,污水在沿一定方向流动过程中在耐湿植物和土壤相互联合作用下得到充分净化的处理工艺。按照生态单元,WETS 可分为自然、人工和构造这三大基本类型。研究表明,对于有机污水的处理,构造 WETS 的使用寿命大约为 20 年。当前在人工湿地方面,人们研究的重点主要是开发新型填料和解决湿地系统堵塞及填料再生问题。地下渗滤生态处理系统是将污水投配到具有一定构造和良好扩散性能的地下土层中,污水在经毛管浸润和土壤渗滤作用向周围和向下运动过程中达到处理的污水处理工艺。该处理系统主要应用于分散的小规模污水处理。由于全部处理过程均在地下,是一项终年运行的工程,特别适用于在北方缺水地区推广应用。

典型工业废水处理工艺:与城市污水不同,工业废水种类繁多,均具有有机物浓度高、生物毒性大、排放量大等特点,有些工业废水还含有高浓度的无机盐,会对生物的活性产生抑制作用。因此,工业废水的处理工艺种类繁多,而生物法以其处理彻底、无二次污染等特点仍然是使用最为广泛的方法。高效菌剂、耐盐菌、生物强化等技术的开发和利用使生物法的适用性日益广泛,已经可以用于多种工业废水的处理。下面以一种常见的工业废水——偶氮染料废水为例,介绍染料废水的特点及处理工艺。染料是人工合成的大分子化合物,品种繁多,结构复杂,生物难以降解。染料行业通常具有小批量、多品种的特点,其工艺操作过程往往是间歇式的,因此产生了间断性排放的废水,这使得该类废水的水质及水量极不稳定，会随着时间发生变化。在染料合成工业中，染料的生产流程长，产品收率相对较低，常含有高浓度有机物及色度（$CODcr$ 高达 1 000 毫克 / 升），其中包括未被回收的染料、合成原料以及大量残留的反应中间体等；而在印染行业中，由于染料的利用率往往较低，因此在废水中也残留高浓度的染料及有机助剂，同时还含有高浓度的无机盐。随着染料产品种类日益繁多，并朝着抗光解、抗氧化、抗生物氧化等方向发展，使染料废水处理难度加大，因而印染废水的净化已成为有待于解决的难题之一。

染料大多是难以生物降解的芳香族化合物，就结构而言可分为偶氮、蒽酮、三苯甲烷、杂环等。其中，偶氮染料的数量比例在 50% 以上，因而对这类染料的降解研究备受关注。偶氮染料是人工合成的偶氮化合物，其分子中有两个氮结在一起的结构（–N=N–）。目前，印染行业广泛应用的一些直接染料、活性染料、酸性染料、分散染料和金属络合染料等都属于偶氮染料。美国年产量约为 9 万吨，其 200 多吨排放到河川中。

偶氮染料是芳香胺化合物经重氮化反应后，再与酚类、芳香胺类以及具有活性的亚甲基化合物偶合而成的，化学性质稳定。自 20 世纪 90 年代以来，随着国民经济的持续高速发展，染料工业取得了长足的进步。我国当前的染料产量已达每年 42 万吨，约占世界总产量的 45%，位列世界第一，而其中 50% 以上是偶氮染料。目前，市场上已经有大约有 2 000 余种偶氮染料广泛应用于纺织、食品、化妆品、印刷等各种行业，特别是在纺织品、服装等印染工艺中应用最广泛的一类合成染料，用于多种天然及合成纤维的染色和印花，也用于油漆、塑料、橡胶等的着色。

偶氮染料在有氧的状态下，不易分解矿化，在厌氧状态下，则很容易被微生物分解还原为原有之芳香胺和其他产物，此作用称为偶氮还原。

偶氮染料可能在环境中蓄积，但一般对鱼类或哺乳类动物生存的直接影响有限，少数报告提到对水中微生物的生长有抑制作用。由于水源、食物等的污染，偶氮染料可能经口进入人体。水溶性的偶氮染料会被肠道菌分解成芳香胺；非水溶性的偶氮染料则会被肝脏吸收，而后被肝内的酶分解还原成芳香胺。一些芳香胺具有致诱变和致癌作用，以及其他生物毒性。由此可见，偶氮染料对人体及其他生物体的毒性主要表现为其还原中间产物——芳香胺化合物的毒性。

含较高浓度偶氮染料的工业废水主要来自印染行业，同时，还有一些来自食品、造纸和化妆品等行业。在印染行业中，偶氮染料的生产和使用过程中，约有15%的产品随废水排放出去，是公认的难处理高浓度有机工业废水。因此，研究偶氮染料废水的处理方法对于解决整个印染行业废水的净化处理具有重要的意义。

物理法和化学法受外界条件影响较小，能够适应较为复杂的废水成分，但同时也具有处理效果不彻底、能耗大等较为明显的缺点，使其在实际应用过程中受到了较大的限制。相比较而言，生物法是一种节能、高效、处理效果更彻底的方法，并且具有环境友好的特点，因此能够满足实际生产过程中的诸多要求。虽然单一的生物处理单元具有稳定性及适应性较差的特点，但经过有机的组合及合理的驯化，并辅以物理、化学法，便能够很好地克服上述缺点。可见，生物法是目前最为常用的处理方法。

微生物是生物处理方法的基础，具有偶氮脱色能力的微生物称为偶氮脱色菌，由于偶氮染料脱色的过程实际上是偶氮键的还原断裂过程，因此偶氮脱色微生物又称偶氮还原微生物。目前，人们所知的具有偶氮还原能力的微生物主要有细菌、真菌和藻类，其中细菌的种类最多，分布也最为广泛，同时还具有生命力强、处理效率高等特点，因此得到了最为广泛的研究及应用。世界上最早的关于偶氮还原菌的报道见于20世纪70年代，Horitsu首次分离出可以降解偶氮染料的细菌Bacillus subtilis。目前已发现的偶氮还原细菌主要分布于鞘氨醇单胞菌属、假单胞菌属、芽孢杆菌属、大肠杆菌属、梭菌属等，同时还有许多其他属中的偶氮还原菌，如气单胞菌能够降解多种偶氮染料；Hong等人还分离出一株Shewanelladecolorationis S12（脱色希瓦氏菌）能够以偶氮染料作为唯一电子受体对其进行脱色。偶氮染料废水经厌氧生物脱色后，经好氧生物过程即可实现矿化，即需要利用厌氧—好氧联合工艺对偶氮染料废水进行处理，而一些成分较为复杂、难降解的偶氮染料废水，还需根据实际情况增设生物处理单元，或者物

理、化学处理单元。

（二）城市污水处理技术评价

为保障人体健康，要求水处理在技术和经济允许的情况下，尽可能提高水质标准。由于污水处理厂运行费用高，所以污水处理程度的确定、污水处理技术的选择和技术经济分析更为现实。本节以污水处理技术为研究对象，探讨水处理技术的选择和评价方法。

本文从经济合理性、技术先进性和社会接纳性三个方面选择水处理技术评价因子。

1. 经济合理性

（1）费用因子。费用因子是决定经济合理性的一个重要方面，包括固定费用和变动费用。对于固定费用，我们可以方便地预算出来，而对于变动费用而言，其中有一部分是比较难计算的，这给费用因子的量化带来了困难。

（2）收益因子。收益也是评价一项技术的经济性时必须要考虑的因素，只有在收益因子的数值大于费用因子时这项技术才是可行的。在应用时重点考虑时间因素的影响。有关预期价格可以到相关部门查找，或者运用经济学方面的净现值折算，可以得到很好的量化结果。

（3）能量因子。能量可以被量化，一项技术对能量的消耗分配应该合理。

2. 技术先进性

（1）被处理水的污染程度因子，是水处理技术评价中特有的指示因子。城市污水受到哪些物质的污染、污染到什么程度等直接影响到我们对一项水处理技术的评价。

（2）目标水的质量要求因子，是水处理技术评价中特有的指示因子，不同目标水的质量，对处理技术选择都有相应的要求，同样也将影响到对相关技术的评价。

3. 社会接纳性

（1）环境因子。考查水处理的过程中是否对环境造成二次污染。

（2）社会文化因子。一种技术是否具有实用性，能否被社会和文化所接受是衡量一项技术最基本的标准之一。社会文化因子中要考虑三个主要因素：制度需求、接纳程度、专业知识。因为难被量化，因此常不被提及。2000 年国家三部委（局）联合颁布了《城市污水处理及污染防治技术政策》（以下简称《技术政策》），为各地建设城市污水处理提供了决策技术依据。刘育等根据《技术政策》的指导，建立了一套评价城市污水处理工艺系统的指标体系。

对于不同候选方案，以上不确定性指标的级别由多名专家评价完成，以形成对特定工艺的较为一致的看法。例如，对"操作管理难易程度"指标评价标准如下。优：全部自动化，只需很简单的人工管理；良：自动化程度较高，但少量机械设备需由人工管理；中：半自动化运行，人工管理机械设备较多，操作不方便；差：自动化程度较低，机械设备操作占多半工作量；劣：全部机械化运行，操作极为复杂。技术评价方法：虽然水处理技术发展得较完善，但水处理技术评价方法到现在为止研究得还不是很成熟。大体上可分为单一标准和多标准的技术评价方法。

1. 单一标准的水处理技术评价方法。

（1）经济评价法。经济评价法主要是用对人最敏感的金钱来衡量处理技术，利于决策者作出决策。考虑的因子比较单一，发展也还不够完善，但在实际中的应用是最广泛的。理论上，它应该包含的因子有：费用因子、收益因子、环境因子、社会文化因子。由于前两个因子比较好量化，在计算中常被考虑，后两个因子较难量化，常不被计算在内。在比较某种技术在不同时期的费用、效益和净效益时，需要对未来的费用、效益和净效益打个折扣，并采用一定的贴现率作为折扣的量度。即把费用、效益和净效益都转化为同水平年的现值，使它们在整个时间段上具有可比性。曾北危等首先应用环境费用—效益分析的原理和方法，对湘江流域环境经济损益作了初步分析。沈光范等对我国城市排水设施的费用和效益进行了分析，得到我国排水设施效费比为 3.34:1。通过费用—效益分析得到浙江黄岩精细化工基地污水集中处理项目的消费比 1.803:1。杨永泰等对佛山市城市污水净化的环境效益和环境影响进行了分析。

（2）能量评估法。只用一个单一的、可以量化的指标，即能量来进行评价。

这一点使得能量评价方法很容易进行。实际中也可作为某一种评价方法的补充方法使用。

2. 多标准的水处理技术评价方法。

（1）可持续性评价方法。它是一个比较综合的评价方法，几乎涉及所有上述提到的指示因子。这个方法主要分为三个步骤：目标和范围的确定、目录分析和最优化。

（2）生命周期评价法（LCA）。它是评价一项技术从"摇篮到坟墓"的全过程总体环境影响的手段，从区域、国家乃至全球的广度，及其可持续发展的高度来观察问题。它也是一个综合性的组合评判方法，涉及上面提到的所有因子。LCA 一般分为四个阶段：确定分析的目标和范围；建立盘查清单；定量和定性地分析清单中各个重要项目的潜在环境影响；对分析结果进行综合，并取得评价的最终结论，就可能在同一个高度上选择出最佳实用的技术。

（3）层次分析模糊决策法。它是采用层次分析法进行系统建模，并结合模糊综合决策法。采用的评价准则、解题方法进行分析，建立指标评定值模糊矩阵、指标重要程度模糊子集，利用加权平均模型完成方案的决策优选。张建峰等结合陕西省关中地区的实际情况，对于拟采用的 3 种污水处理方案，利用该法进行计算、评价，最后给出最优的决策。层次分析法虽然比较简便，但由于它考虑的因子相对来说较少，较简单，权重的确定较主观，所以也存在一定的局限。

（4）模糊综合评判方法。此法考虑了多种因素的影响，出于某种目的对某事物作出的综合决断或决策。用单因素隶属函数来表示某个因素对评判对象的影响，然后利用加权方法综合各个因素对评判对象的影响，最终得到关于该评判对象的综合评判。从而为决策提供可以进行比较和判别的依据，提高决策的科学性和正确性。

李如忠运用多层次模糊综合评判模型对城市污水厂工艺方案进行了分析、评价，选出了相对较理想的处理工艺，这种定量化和定性化相结合的模糊综合评判模型是目前污水厂工艺方案的一种理想方法，但是权重的确定较主观。

（5）模糊灰色关联分析法。灰色系统理论创建于 20 世纪 80 年代，是由模糊数学派生出来的新学科。关联分析方法是灰色理论提出的一种新的因素分析方法。它是用关联度的大小来描述事物之间、因素之间关联程度或亲疏关系的一种定量化方法。城市污水处理厂工艺方案的决策过程也是因素分析过程，该过程在建立因素（指标）评价体系的基础上，通过各备选方案与理想方案的关联分析来进行方案优劣比较，其中关联度大的备选方案与理想方案最接近。灰色关联的多目标决策模型的分析方法与步骤如下：第一，确定指标特征量矩阵；第二，理想方案的确定；第三，特征量矩阵的规范化；第四，指标权重的确定；第五，关联系数的计算；第六，关联度的计算；最后，结果分析。

王浙明等将灰色关联分析法与工程优化的多目标决策思想相结合，建立了灰色关联多目标决策模型，并对模型中的评价指标引入了权重的概念，把该模型应用于钱塘江流域某城市污水处理厂工程方案的优化选择，取得了较为满意的效果。蒋茹等将层次分析法与灰色关联分析法相结合，提出了工艺方案选择的多层次模糊灰色耦合模型，用于实际方案的辅助决策工具，并进行了实例研究。

（6）PROMETHEE(Preference Ranking Organization Method for Enrichment Evalu-ations)决策法。该法可综合分析各项指标而得到最优化评价。这种方法具体包括 PROMETHEE I 和 PROMETHEE II 两种评价方法，其中 PROMETHEE II 为完全比较，不存在两种或多种方法之间不具有可比性的情况，这样就克服了 ELECTRE 法无法完全排序的缺点，又不会出现分析层级程序法中存在的评分标度不妥的现象，是比较理想的多目标决策方法。

PROMETHEE 法作为一种较全面的评价方法已被用于很多环境问题的研究。在核废物管理中用到 PROMETHEE 和 GAIA 方法；Al-Rashdan 等将 PROMETHEE 用于约旦的环境项目排序；Komaragiri 在印度 Chaliyer 河的流域规划中采用 5 种方法来选择最佳的水库定位，其中有 PROMETHEE 法。蒋艳等用此法对城市污水处理厂建设项目进行排序，并对排序结果进行分析，确定了最优的项目建设顺序。Al-Shemmeri 等应用三种算法对各种针对水利资源开发工程的决策方法进行系统化的比较分析，最终得出 PROMETHEE 方法最适于解决该类问题。

（三）水处理技术的选择

水处理技术选择的步骤：技术选择首先应从国民经济整体效益出发，符合城市和工业区的总体建设规划；其次在技术上应满足工程目标，安全可靠，管理方便，运转成本低，环境效益好；最后充分利用当地的地形、地质等自然条件，合理使用水资源和水体的自净能力，节约用地，节省劳动力和工程造价。在水处理工程设计中，水处理技术选择是最重要的一个环节。在整个设计中，技术选择、设备选型、工艺计算、设备布置等工作都与选择的技术和工艺流程有直接的关系，只有处理技术确定后，才能开展其他工作。在实际操作中，需要处理的污染物千差万别，处理技术也有差异。对于几种不同的处理方法，逐个进行分析研究，从中筛选出一种最佳的处理方法，作为下一步处理工艺流程设计的依据。第一步，收集资料，调查研究。根据水中污染物种类、数量和规模，有计划、有目的地收集国内外同类污染物处理的有关资料，包括处理技术的特点、工艺参数、运行费用、消耗材料、处理效果等。第二步，设备、设施及仪器的落实。对各种处理技术所涉及的设备、设施及仪器，须分清国内已有的定型产品、需要进口及需要重新设计的三种类型，并对相关单位的技术能力加以了解。第三步，全面比较。比较各处理技术在国内外应用的状况及发展趋势、处理效果、用材及能耗、投资及运行成本等。第四步，处理技术的最终选择。在以上的基础上，综合各种处理技术的优缺点，根据技术可行、经济合理的要求最终确定处理技术。

水处理技术的经济技术分析：最佳技术的选择，主要有以下三个标准。第一是先进适用的标准，这是评选工艺技术最基本的标准。从理论上说，项目采用的工艺越先进越好，但是世界上最先进的工艺，往往对原材料要求过高，国内设备配不上套或技术不易掌握等原因而不适合。一般来说，拟采用的工艺要适合国情，因地制宜，不一定追求世界最先进水平。

第二是经济合理的标准。将污染防治类比为一种商品的生产，并将达到某种环境要求（换算成污染物去除总量）所要付出的费用和所获得的收益，以及总费用、总收益等曲线列于图上，即可运用边际分析法进行费用和效益分析。令 $B=f_1(Q)$（收益曲线），$C=f_2(Q)$（费用曲线），则在最佳的污染物去除量（对应于最佳环境质量），边际去除费用等于边际去除收益，即 $dB/dQ=dC/dQ$ 时，净效益最大。

第三是科学确定处理程度的标准。从水资源循环系统整体考虑，充分利用环境自净能力，满足供水处理和污水处理总费用最低的最佳处理程度的工艺。即供水处理费用 C_1+ 自净处理 C_2+ 污水处理 C_3- 费用最少。

在第一段（相当于废水的一级处理）费用与效果关系极为明显，只需花费很少的处理费用就可使环境质量有很大的改善。处理程度愈高，污染物的去除率愈高，污染所造成的经济损失（即污染费用）就愈低。但是继续增加费用，在第二段（相当于二级处理），环境质量改善的程度对效果比第一段就小了。而第三段（相当于三级处理）则要花费巨额资金，而增加的环境效果却不明显。因此，必须根据费用效益分析来确定最佳的环境质量要求，以求净效益最大。

处理技术的选择：处理技术选择的基本目的是在满足水质要求的前提下，寻求经济上、技术上、能源上可行的组合处理工艺。在选用处理技术过程中应考虑的因素有：①环境目标与处理要求；②当地可提供的资金；③建厂地址基本资料；④经济发展规；⑤当地的设备制造能力；⑥可利用的处理工艺；⑦可收集到的数据的数量与质量；⑧当地的运用与管理能力；⑨当地的能源、资源可利用量；⑩当地的环境背景、容量与生态特点及水文、气象、地理条件。

三、水资源的可持续利用评价方法研究

（一）水资源可持续利用

可持续发展的概念和思想在各个领域产生了广泛而深刻的影响。人类社会存在于一定的社会空间，而又需要一定的资源为其服务。水资源可持续利用研究面对的是一个社会、经济、生态环境和水资源在内的纷繁复杂的系统，三大系统相互作用，相互影响，形成闭合的环状结构。任何一个系统出现问题都会危及另外两个系统的发展，而且会通过反馈作用加以放大和扩展，最终导致复合大系统的衰退，从而将阻碍社会经济的发展，同时必然会减少环境治理和水利部门的投资，使生态环境问题和水资源问题得不到解决。并将会随着人口和排污的增加变

得更加严重，进一步影响到社会经济的发展，造成恶性循环。

影响水资源可持续利用的因素主要有以下几方面：①水资源的数量、质量及开发利用程度；②不同历史时期或同一历史时期不同地区的生产力水平；③不同的社会消费水平与结构；④科学技术对提高水资源利用效率产生的重要影响；⑤人口与劳动力与水资源利用具有相互影响的关系；⑥其他资源潜力，综合各方面的因素才能发挥水资源的潜在效率；⑦政策、法规、市场、宗教、传统、心理等因素影响水资源利用的方式和效率。

（二）水资源可持续利用评价指标体系的建立

可持续发展是协调发展，因此，建立一套全面而实用的水资源可持续利用评价指标体系和科学的评价方法，将对区域水资源可持续利用战略的实施具有重要的指导意义。

（1）建立指标体系的原则。科学性原则：科学界定指标及体系的概念和计算方法。系统性和层次性原则：既要反映社会、经济、人口，又要反映生态、环境、资源等的发展和协调程度，并有层次地加以区分。动态性与静态性相结合原则：既要反映系统的发展状态，又要反映其发展过程。定性与定量相结合原则：尽量选择可量化的指标，难量化的指标采用定性描述。可比性原则：指标尽可能采用标准的名称、概念、计算方法，做到与国际指标的可比性，评判标准的选择必须考虑不同评价区域和等级的比较关系。可行性原则：指标体系要充分考虑到基础资料的来源和现实可能性，又易于量化，指标的设置既要保证全面，又要尽可能简洁、避免繁杂。协调性原则：可持续必须强调经济、社会与资源、环境的协调发展。差异性原则：必须根据各地实际情况设置指标。

（2）建立指标体系的流程。建立一套有限的水资源可持续利用评价指标体系是一项复杂的系统工程，目前仍未形成一套公认的、应用效果很好的指标体系。主要问题在于现有的指标基本上限于水资源可持续利用的现状评价，缺乏指标体系的趋势、稳定性和综合评价，所以我们采用以下的四个量度来设计指标体系，以反映水资源的可持续利用程度：首要量度是区域内经济、环境和社会的协调发展。第二个量度是近期与远期的协调发展。第三个量度是不同区域之间的协调发展。第四个量度是发展效益或资源利用效益在社会各阶层中的公平分配。

（3）建立指标体系的总体思路及研究进展：通过系统分析，建立城市水资源可持续利用评价指标体系的层次结构模型，经过指标筛选，得出一套评价城市水资源可持续利用水平的指标体系，对照国际惯例和我国的具体情况，提出衡量城市水资源可持续利用评价指标的评价标准，而后运用数学模型，计算城市水资源可持续利用综合评价指数来度量城市水资源可持续利用水平。朱玉仙等构建了能够表征水资源、社会、经济、环境协调发展状况的指标体系，由总量指标、比例指标、强度指标三部分组成。左东启等提出了包括自然、人文、经济、管理等方面的 47 个指标，根据各指标的隶属关系及每个指标的类型，将各个指标划分为不同的层次，组成可持续评价指标体系。冯耀龙等建立的区域水资源系统可持续发展评价的指标体系，由一个目标层（可持续发展满意度）、一个准则层（发展度、发展持续度、公平度）和两个指标层构成。卞建民等建立了包含水资源的可供给性、开发技术水平和管理水平及综合效益的可持续利用评价的指标体系。岳亮等提出了景观水资源综合评价标准，包括自然评价和人文评价两方面。温淑瑶等建立的区域湖泊水资源可持续发展评价指标体系包括工业生产、农业生产、居民、资源等对水的满意度、水环境可恢复度等 49 个指标，并采用层次分析法确定指标权重。到目前为止，还没有较好的区域水资源可持续利用评价模式和方法，更没有统一的评价指标体系。目前关于区域水资源可持续利用问题的讨论大体集中在两个方面，其一是区域水资源可持续利用的理论与概念，其二是区域水资源实现可持续利用的途径和手段，而区域水资源可持续利用评价是联系上述两个方面的纽带。

（三）区域水资源的可持续利用指标体系的设计和筛选

区域水资源可持续利用是一个复杂的开放系统，它是由许多同一层次、不同作用与特点的功能团，以及复杂程度不同、作用程度不一的功能团所构成的。区域水资源可持续利用的本质就是要求在各种约束条件下，所有功能团能持久、有序、稳定和协调地发展，即区域水资源可持续利用就是该层次结构模型的目标层。

　　一般指标体系的建立：根据特定区域水环境系统构成、特征及其与可持续发展的关系；考虑水资源可持续利用的影响因素和指标设计的原则；基于水资源与社会经济、环境的关系分析；根据水资源可持续利用指标体系研究，提出区域水资源可持续利用的评价指标体系，其中区域水资源的可持续利用度为总目标层，主要体现区域水资源复合系统发展对整个系统的发展水平，系统内水资源系统与社会、经济、环境系统之间的协调状况及复合系统可持续发展能力的满意程度。包括下列 140 个有关指标。

　　（1）水资源系统发展准则层包括：水资源总量、人均水资源量、水资源开发利用程度、水资源开发的潜力、地表水开发程度、地下水超采程度、工业区供水率、人均年供水量、单位农田灌溉面积用水量、节水灌溉面积比例、城市人均自来水供水量、自来水综合生产能力、全年供水总量、生产用水量年降水量、人均用水量、当地地表水供水量、外调供水量、供水量、地下水供水量、地表水水质等级、回用水供水量、人均缺水量、单位供水成本、单位水 GDP、水资源开发利用年投资、可利用水量模数、丰水年供需平衡率、平水年供需平衡率、枯水年供需平衡率、农村解决饮水困难程度等。

　　（2）水与社会协调发展准则层包括：城市化水平、城市人均拥有道路面积、万人拥有病床数、万人卫生技术人员数、每百人拥有电话机数、万人拥有标准公交运营车辆数、人均保险额、社会保险综合参保率、城镇失业率、总人口、人口自然增长率、人口密度、城镇居民年人均实际收入、农村居民年实际收入、城市人口增长率、水资源政策可接受性、水资源相关法规健全性、城镇居民人均居住面积、流动人口的比重、科技教育投资占 GDP 的比例、城镇人均日生活用水量、万人拥有科技人员数、万人拥有大学生人数、自来水普及率、平均受教育的年数、水利工程完好率、水污染事故发生数、生活污水排放量、排水管道密度、排水管道普及率、群众节水意识普及率、水资源教育普及率、水利科技人员占科技人员比例、万人拥有水利科技人员比例、水利信息化程度。

　　（3）水资源与经济协调发展准则层包括：国内生产总值 GDP、年人均 GDP、人均财政收入、人均财政支出、财政收入占 GDP 的比重、经济持续增长率、GDP

年增长率、工业总产值、农业总产值、第三产业产值占 GDP 比重、三产比重、农业占 GDP 的比重、工业占 GDP 的比重、人均粮食产量、单位 GDP 用水量、工业用水重复利用率、人均年工业固定资产原值、人均年末工业固定资产净值、全社会固定资产投资总额、工业劳动生产率、地方财政收入、实际利用外资、经济密度、产业结构指数、产值利税率、资金利税率、经济效益系数、土地产出率、高新技术产业产值、供水投资、排水投资、供排水投资占 GDP 的比重、人均社会消费品零售额、城镇居民恩格尔系数、城镇居民人均可支配收入、人均水费支出、城市居民年人均水费占 GDP 的比例、年末人均储蓄存款余额、人均粮产、人均耕地、灌溉水综合利用系数。

（4）水资源与生态环境指标包括：天然植被面积、人工植被面积、水土流失面积比率、水土流失侵蚀模数、多年平均河道输沙量、人均生态环境用水量、城市水功能区水质达标率、城市人均污水排放量、工业污水处理率、城市污水处理率、环境保护投资指数、城市气化率、自然保护区覆盖率、建成区绿化覆盖率、万元工业产值废水排放系数、酸雨频率、污水年排放量、污水年处理量、城市污水处理厂投资、城市污水处理厂运行费、工业废气处理率、工业固废处理率、工业废水废气固废排放达标率、饮用水水源达标率、水土流失的治理率、村镇饮用水卫生合格率、秸秆综合利用率、畜禽类综合利用率、化肥使用强度、农用薄膜回收率、农药使用强度。

指标的筛选：把总目标分解为具体准则后，在选择指标时要特别注意选择那些具有重要控制性意义，显示变量间相互关系，具有时间和空间动态特性的指标。选择指标的方法有频度统计法、理论分析法、专家咨询法等。本文采用频度统计和理论分析相结合的方法来筛选指标，以满足科学性和完备性原则。频度统计法是指对目前有关于水的可持续发展评价研究的报告、论文进行频度统计，选择那些使用频率较高的指标。

独立性分析：指标独立性的高低取决于指标间的相关程度，指标间的相关系数越大，指标的独立性越低。当指标相关时，选择具有统计资料和易获取的指标。根据河海大学博士论文《城市水资源可持续利用研究》的研究结果表明：供水量的年增长率和人均年供水量正相关较强，人均日生活用水量与人均生活污水排放量强线性相关。根据盱眙县的具体数据，我们选用人均年供水量、人均日生活用水量和污水处理率为相关指标。

（四）指标体系分级评价标准的确定

目前国内外所开展的有关可持续发展指标体系的评价研究，绝大部分没有确定相应的评价标准。也就是说，其指标值都是相对值，并不能反映研究可持续发展的绝对水平。本文试图提出一整套接近真实状态下指标体系的评价标准，来衡量区域水资源可持续利用水平。

（五）水资源可持续利用的评价方法

评价目标及方法：①评价目标。通过水资源可持续利用评价、研究城市水资源可持续利用发展轨迹，找出影响水资源可持续利用的瓶颈因素，科学地确定水资源可持续利用状态和需优先考虑的问题。②评价方法。目前国内外建立可持续发展指标体系的研究正处于起步阶段。到目前为止，用于可持续发展评价的方法有层次分析法（AHP）、灰联法、模糊综合评判法等。层次分析法比较简便，但选取因子少，过于简单，权重的确定较主观，有一定的局限性。灰联法是一种较新的评价方法，但步骤较多，计算烦琐。模糊综合评判是对受多种因素影响的事物作出全面评价的一种简单易行又十分有效的多因素决策方法。因此，本论文采用此方法对水资源的可持续发展进行评价。模糊综合评判的数学模型可分为一级模型和多级模型。一般讲，等级划分本身具有中间过渡不分明性，或者说相邻等级之间的界限具有模糊性，再加上评价指标体系本身是多级的，故评价时采用模糊多级综合评判模型。

水资源可持续利用的评判：水资源利用是一个动态的不断发展的过程，不同地区由于社会经济发展水平不同，所处的开发利用程度也是不同的。参照其他可持续发展评价模式，将区域（或流域）水资源可持续利用度划分成5级。①一级综合水资源可持续利用好（基本未开发），综合指数为0.8～1.0；②二级综合水资源可持续利用较好（可持续），综合指数为0.6～0.8；③三级综合水资源可持续利用一般（基本可持续），综合指数为 0.4 ～ 0.6；④四级综合水资源可持续利用较差（维持可持续利用困难），综合指数 0.2 ～ 0.4；⑤五级综合水资源不能可持续发展（不能持续利用），综合指数为 0 ～ 0.20。

四、水资源可持续利用管理研究

（一）水资源管理的概述

水资源管理是依据水资源环境承载能力，运用行政、法律、经济、技术和教育等手段，对水资源开发、利用和保护进行组织、协调、监督和调度。

（二）水资源优化配置研究

近年来，可持续发展的理念渗透到各行各业。基于这种思想，在水资源配置领域，肖文等提出了水资源优化配置理论，运用系统分析理论与优化技术，综合分析水资源开发利用对生态环境的影响，将有限水资源在各子区、各用水部门间进行最优化分配。可以说，我国水资源优化配置是在水资源出现严重短缺和水污染不断加重的背景下提出来的，并逐步应用到水资源的规划与管理之中。水资源优化配置是需水管理的核心之一，是区域水资源系统可持续发展的关键，也是可持续发展观在水资源利用上的具体体现。

水资源优化配置理论介绍：水资源优化配置的本质，就是按照自然规律和经济规律，对区域水循环及影响水循环的自然与社会因素进行整体优化。传统的水资源分配模式的理念是水资源"取之不竭，用之不尽"，水资源是一种必须满足的社会福利。这种分配理念导致水资源集中计划分配，并按全社会福利（效益）最大化的原则在各个用水户之间分配水资源，导致需水量的大量增加和用水大量浪费。同时，由于社会经济的发展、人口增长，使有限的水资源不能满足人们对水需求的增长，水资源不可避免地出现短缺。只有将水资源看作是一种经济品而不是完全的福利品，按经济规律配置水资源，方能解决水资源的短缺问题。水资源优化配置，在需水方面通过调整产业结构、调整生产力布局，积极发展高效节水产业抑制需水增长势头，以减少水资源供给。在供水方面则是协调各单位竞争性用水，加强管理，并通过工程措施改变水资源天然时空分布与生产力布局不相适应的被动局面。目前我国关于可持续发展的研究还没有摆脱理论探讨多、实践应用少的局面，并且理论探讨多集中在可持续发展指标体系的构筑、区域可持续发展的判别方法和应用等方面。对于水资源可持续利用的模型建立，大多还是一些概念模型，真正能用于实际操作的并不多见，而在这些模型中主要侧重于"时间序列"（如当代与后代，人类未来等）上的认识，对于"空间分布"上的认识（如区域资源的随机分布、环境格局的不均衡、发达地区和落后地区社会经济状况的差异等）基本上没有涉及，这也是目前对于可持续发展理解的一个误区。理想的可持续发展模型应是"时间和空间的有机耦合"。

水资源优化配置的原则：可持续发展的水资源优化配置，是遵循人口、资源、环境和经济协调发展的战略原则，在保护生态环境的同时，促进经济增长和社会繁荣。①有效性和公平性原则。追求社会经济环境意义上的有效性，并考察目标之间的竞争性和协调发展程度，满足真正意义上的有效性原则。同时在满足不同区域间和社会各阶层间的各方利益的基础上进行资源的合理分配的公平性原则。②可持续性原则。可持续性原则可以理解为代际间的资源分配公平性原则，它是一定时期内全社会消耗的资源总量与后代能获得的资源量相比的合理性。可持续原则反映水资源利用在度过其开发利用阶段、保护管理阶段后，步入的可持续利用阶段中最基本的原则，也是水资源优化配置的最终原则。③因地制宜原则。水资源的优化配置必须从我国国情出发，并与地区社会经济发展状况和自然条件相适应，因地制宜。应按地区发展计划，有条件地分阶段配置水资源，以利于环境、经济、社会的协调持续发展。④节流优先、治污为本、多渠道开源的原则。这是经历了"开源为主、提倡节水""开源与节流并重""开源、节流与治污并重"几个时期后，人们认识提高的必然选择。

（三）国外水资源管理实践及经验

各国的管水实践和所实行的水资源管理体制、运作机制和实施办法都对我国水资源管理具有很好的借鉴作用。

健全法律制度，保障水资源管理健康有序。制度化是当前国际水资源管理活动的趋势之一，制度建设是水资源管理活动健康发展的基本保障条件。美国有关水资源方面的法规几乎涵盖了水资源开发、利用、保护、管理的全过程。日本的水资源法律体系也非常健全,以《水资源开发促进法》为龙头,制定了多项法律。

以流域为单元统一水资源管理得到普遍认同。随着人类对环境整体特性认识的发展,以流域为单元的水管理模式也在许多发达国家受到重视。例如,法国将全国分成6个流域,分别设置流域水管理局和流域委员会,由政府官员和专家代表、地方行政当局的代表和企业与农民利益的用户代表组成,三方代表各占1/3。

加强机构建设,保证管理到位。英国在这方面有非常成功的经验。英国的水资源管理机构包括国家级机构、区域级机构和地方级机构,国家没有专管水利的国家级行政部门,水利由环境运输及区域部、国家环境署和水服务办公室组成。每个水务局全面负责本流域与水有关的事务,统一管理,逐步实现了水的良性循环,促进流域经济和社会的繁荣发展,被称为英国水管理的"现代革命"。

通过开展水资源教育活动,树立水资源保护和可持续发展理念。美国利用正规和非正规教育两种途径进行水资源教育。正规教育指在小学、中学及大学设置环境和水资源课程,许多中小学生受教育后影响父母亲也加入保护环境的活动中。非正规教育指利用电视、报纸、广播、节目、聚会、讲座、传单等形式向公众讲授水资源保护的重要性。

公众参与提高决策的科学民主。由于流域管理的广泛性和社会性,国外还相当重视公众参与,并将其作为流域管理的关键因素。在英国,每一个区域都有消费者协会,由地方行政人员和一般民众代表组成,对供水公司提供的服务进行监督,并提出意见和建议,消费者协会的存在实际上相当于地方民众参与水管理。

(四)我国水资源管理的对策

水资源管理的内容涉及水资源的开发、利用、保护和防治水害等各个方面活动的管理。要实现水资源可持续利用管理应特别注重解决好以下几个方面的问题。一是以流域为空间区域,以区域内社会经济发展目标为指南,对水资源进行合理开发和利用,满足社会经济发展和人民生活水平提高对用水的需求。二是既要考虑当代人的需求和利益,又必须兼顾下一代人发展的需要,合理开发利用水资源。三是提高水资源开发利用综合效率，对水环境实施必要的治理和保护。四是加强水资源供需管理，运用水价经济杠杆调节水资源的供需矛盾和水资源的配置，实现对水资源消耗的合理补偿。五是水资源可持续开发利用的最终目标是要达到空间上的公平和时间上的永续开发利用。具体包括：转变水资源管理理念。首先，必须突破传统的水资源观念。水资源已从天然的、无价值的自然资源转变为约束国民经济发展的一种生产要素。其次，水资源管理理念要从"工程水利"向"现代水利""资源水利""可持续发展水利"转变，这是新时期适应国民经济和社会发展要求的管理理念的创新。"资源水利"这种理念的提出，就是要强调资源管理，强调人与自然和谐相处。最后，以构筑支撑社会可持续发展的水系统为着眼点，以实现代际间用水权的平等为目标。

明确水资源产权。只有对水资源实行资产化管理，实行水资源的有偿使用，才能使国家作为水资源的所有者的经济利益得到体现，消除国家作为水资源所有者的所有权虚化现象。

健全水资源管理的法律体系。水资源管理的法制建设包括水的立法、水的行政执法和水的行政司法三个方面。目前我国的水资源法律体系建设明显落后于水资源管理的现状，急需制定并在不断的实践中进行完善。这已成为新时期水管理工作的迫切需要。此外，对水资源使用权的管理也急需法律、法规加以规范。建立一支自上而下的、专职与兼职相结合的专门负责处置水资源违法行为的"水政检察"队伍，与公检法部门配合，承担起纠正各种违法行为，依法追究违法者的责任，维护水资源管理秩序，保卫水资源开发利用建设成果的任务。

引入市场机制，适当开展水贸易。水资源使用权分配的优先原则：一是水源地优先原则；二是粮食安全优先原则；三是用水效益优先原则；四是投资能力优先原则，也就是处理好水资源的闲置与开发的关系；五是用水现状优先原则，同时要注意现实的水资源开发程度。根据水资源使用权分配的优先原则，通过引入市场机制，开展水贸易，使水资源得到合理分配。建立一个良好的水资源使用权交易市场十分必要，但水市场又不是一个完全意义上的市场，而是一个"准市场"。

加强技术的管理。从技术层面加强"节流—治污—开源"的系统性综合管理，主要表现在以下几个方面。一是建设节水型社会。节流是根据我国水资源紧缺情况所应采取的基本国策，也是为了降低供水投资、减少污水排放、提高水资源利用效率的最合理选择，这已经是世界各发达国家城市工业用水的发展方向。我国工业节水有很大的潜力。1978—1984 年，北京、天津两城市的工业生产由于提高了水的重复利用率从而降低了万元产值耗水量。积极推广清洁生产，逐步淘汰高污染、高消耗的行业，提高循环用水次数，生活用水也要采用节水器具，创建节水经济新城市。农业节水潜力巨大，必须把传统的粗放型灌溉农业和旱地雨养型农业转变为高效节水的现代灌溉农业和旱地农业。科学研究数据表明，节水灌溉的喷灌和滴灌用水量分别只有地面灌溉的 50% 和 30%。按此比例，如果把华北地区现有的地面灌溉方式改为喷灌和滴灌，则每年可以节水 500 ～ 800 亿立方米，相当于上 1 ～ 2 个南水北调工程水量。节水农业是我国农业发展的必由之路，因此必须建设节水高效的现代农业。二是控制和治理水污染。城市要大力兴建污水处理厂，城乡的一切工业污水要做到达标排放，提高城乡工业废水和城市污水处理率，采取有效措施遏制水污染的蔓延趋势，修复已被污染的水环境，保护城乡供水水源。三是多渠道开发水源。除了合理开发地表水和地下水外，还应大力提倡开发利用雨水、微咸水、海水和处理后的污水等非传统的水资源。

强化流域水资源的统一管理。大江大河流域本身是一个完整的生态系统，同时又存在着众多的利益相关者，这些利益相关者围绕水资源的利用和保护需要在很多方面进行利益的协调，以流域为单元的水资源统一管理模式已被世界各国所公认。首先，由目前的条块分割管理方式逐步过渡到以流域为单元的水资源统一管理体制，把行政区划管理转变为以流域为单元的综合防治和管理，建立流域的水资源利用和保护统一管理的权威机构。着眼于"水资源的系统性"，在此基础上进行决策，并控制系统运行以达到决策目标。其次，制定科学的流域综合规划。我国目前的流域水资源管理是以各部门利益为中心的部门目标规划管理，缺乏统一的规划，忽视对环境影响的分析，公众参与机制不健全。统一流域规划是流域水资源统一管理的基础，应赋予流域规划法律效力，违反流域规划应负法律责任。最后，要建立流域的信息支持系统。流域是一个结构复杂、因素众多、作用方式错综复杂的系统，流域水资源管理中蕴含着巨大的信息流动。这些信息充分、及时地传播、交流和判读是流域管理行为有效性、及时性、灵敏性的保证。

建立合作协调机制。流域管理机构与地方水行政管理部门均应建设合作协调机制，共商流域水资源统一管理大事，处理行政区域水资源管理中的具体问题。有了好的机制，管理体制和管理制度就能具体化、可操作化。

建立有效的公众参与机制。公众参与和有关各方从一开始就共同探讨问题，共同确定可行的解决方案，这一过程为最终决策提供了更多的公众支持和更广泛的政府支持，使有关各方都有机会及早提出看法、意见和方案，形成交互式规划和公开决策。另外，公众参与还表现在公众对水管理机构和水服务企业的监督上，使管理部门和供水企业及时、周到服务于大众。

第四章　基于集对分析的水资源系统预测方法

第一节　水资源系统的构成

迄今为止，人类对水资源的开发利用主要来自两部分：地表水资源和地下水资源，作为唯一可被人为控制、水量分配调度和科学管理的水资源形式，把具有相互联系的这两类水资源视为一个有机整体——水资源系统。

一、水资源系统的特点

水资源系统有随机性、模糊性、灰色性、未确知性四大特点：①随机性。从水资源系统的输入与输出关系来看，系统环境的变化通常会影响系统功能的变化，这种变化常常表现为随机性。例如，由于人类活动对流域下垫面产生了影响，使得降雨产生的径流量发生了改变。由于水资源系统的复杂性，使得人们对水文规律的认识和参数的获得往往是依靠以往的经验。这也是随机性的一种表现。②模糊性。水资源系统作为一个复杂的系统存在很多界限不分明的概念。例如，"丰水期"与"枯水期""恒定流"与"非恒定流""均匀流"与"非均匀流"等，这些都属于模糊概念。③灰色性。人们对水资源系统的认识永远是灰色的，这是由水资源系统的内部结构决定的。从人们已经构建的系统模型来看，由于受限于人类认知能力和科学技术发展的不足，使得我们获取的资料或精度不高或残缺不全，因此，在这种条件下建立的系统模型也是灰色的。由于人们对系统的结构、内部状态以及边界都不可能完全清楚，因此，对系统功能的了解和认识也不可能完全正确。例如，对径流状态的划分中，对于径流量大小处于边界位置的径流，很难将其严格界定为具体的一类，因此我们所得到的结论往往是灰色的。④未确知性。水资源系统作为一个复杂庞大的系统，对其系统的内部结构了解，我们既不可能完全清楚也不需要完全清楚。例如，对"含水层"和"隔水层"的了解，含水层在哪些情况下可以转化为隔水层，两者相互转化时是否存在导水通道，导水通道又在什么地方等。虽然这一判断可能对研究水资源系统很有帮助，但如果想要明确两者的不同和相互转化的条件，必然要耗费很大的人力、物力。从某种程度来说，我们可以做得到。然而，在实际的研究过程当中我们并不需要全面了解，只需要通过某些手段作出准确的估计或判断即可。

二、国内外研究现状

水资源系统是指在一定区域内由可被人类利用的各种形态的水所构成的统一体。它可以由径流系统、用水系统、需水系统等组成。水资源作为一个动态多变的复杂系统，其预测问题常常表现出高维、多峰、非线性、不连续等复杂特征。传统的预测方法已不能解决复杂的水资源问题，尤其是在不确定性方面。作为水资源系统的重要组成部分——径流系统和用水系统，对两者进行预测，对于实现区域水资源的优化配置和充分发挥水资源的综合利用效益这两方面显然有着重要意义。

随着人口的持续增长和经济的迅猛发展，各国用水量急剧上升，水资源供需矛盾日渐尖锐，水资源危机渐趋深化。为了适应高速发展的经济和满足不断增长的用水需求，许多发达国家开始重视水资源预测的研究工作：1975 年，美国对全国水资源站进行了新一轮的预测，其预测目标综合考虑到水资源量和废水处理等因素；1984 年，日本对其全国范围内的水资源开发利用与保护现状展开了调研与评价工作；1992 年，在里约热内卢举行了联合国环境与发展大会，会议提出了对水资源开发、治理和利用的具体途径，并强调了水资源的稀缺性及其合理利用的必要性。国内外专家和学者不仅注重对水资源预测理论的探讨，同时也积极地将预测方法的研究应用于实践，并取得了一系列的成果。

20 世纪 70 年代，Box 等提出 AR、MA 类（AR、MA、ARIMA）模型，并逐步应用于中长期水文预测。1998 年，Jayawardena 等对香港的日降水和径流序列的混沌性做了分析和预测。Shamseldin 等将简单平均、加权平均以及 ANN 这三种方法组合起来对 11 个流域的降雨径流进行了预报。2001 年，Jain 等依据城市需水量的趋势性、季节性、随机性等特点，通过建立人工神经网络预测模型，完成了对城市需水量的预测。2002 年，Memahon 等提出了时间序列模型，并将日需水量模型与时用水量模型进行了对比。Levi 等将逐步回归方法应用于用水量预测，通过实例表明此方法预测精度较高。2003 年，Josephall 等考虑了国民收入、用水效率以及降雨天数等因素的影响，成功地预测了生活需水量和工农业生产需水量。2007 年，Ishmatel 等利用多层感知器和径向基处理了大量的非线性数据，并建立模型进行需水量的预测。2010 年，Aysha 等通过恒率模型预测未来年内的需水量，对往年的历史数据进行处理以提高预测的准确性。

2001 年，刘俊良等运用神经网络预测模型对城市需水量进行了预测。原萍等把齐次马尔柯夫链仿真应用于城市年用水量预测。2006 年，王红芳等将集对分析方法运用于长江寸滩站年径流量定量预测上，取得了较好的预测效果。2009 年，王文圣等将秩次集对预测模型应用于岷江紫坪铺站进行预测，取得了不错的预测效果。2009 年，金菊良等提出了集对分析相似预测模型，预测精度高，在历史样本丰富、代表性高的水文时间序列预测中具有应用价值。2009 年，金菊良等提出基于集对分析的区域需水量组合预测模型，并将其应用于北京市需水量预测，结果表明该模型的预测效果良好。2012 年，何菡丹等将小波消噪与秩次集对分析进行耦合，并运用该模型对黄河花园口站的年径流量进行了预测，预测结果精度较高，验证了该模型的实用性。

2013 年，金菊良等建立了基于近邻估计的年径流预测动态联系数回归模型，通过对实例研究表明，该方法预测精度较高。2014 年，李红霞等提出了基于耦合相似指标的最近邻法，并对宜昌水文站和唐乃亥水文站的年径流预测，效果良好。2015年，李深奇等将 G-SPA 的年径流预测模型应用于沱江三皇庙水文站的年径流预测中，结果表明该模型有较好的预测精度。2015年，金菊良等将多智能体应用于城镇家庭用水量模拟，通过对家庭用水量变化趋势及其影响因素的分析，完成了城镇家庭用水量的预测。2015年，汪明武等将联系隶属度概念应用于城市需水量预测模型中，通过对上海市历年需水量数据的分析研究，完成了对上海市未来需水量的预测。2016年，覃光华等在集对分析基本理论的基础上提出了基于率定量化标准系数的 SPA 年径流预测方法，并将其应用于长江宜昌站，结果表明该方法预测精度高。

第二节　基于改进的 SPA 与 BP 神经网络耦合的年径流预测

一、概述

　　径流预报方法和模型一直是水库调度领域的研究重点，其预报结果是支撑水库科学调度的重要信息。中长期径流预报尤其是年径流预报对制订兴利调度计划及充分发挥水利工程的经济效益方面都有着重要意义。中长期径流预报受自然环境、人类活动等因素的影响较大，再加上自身预见期长，想要对其进行精确的预测有着相当大的难度。当前，国内外中长期径流预测大多从两方面入手：多因素和单因素。多因素预报是从影响预测目标的外界因素着手，分析预测目标与影响因子之间的关系，然后运用数理统计等相关方法进行综合预报，主要方法有逐步回归、聚类分析等。单因素预报是依据预测对象自身的时序变化规律，利用其历史数据对预测对象未来可能出现的数值进行预测，常用方法有时间序列法、小波分析、BP 神经网络等方法。随着对中长期径流研究的进一步加深，以集对分析法为理论基础的年径流预测模型引起人们的重视，因为该模型不仅简单易理解，而且预测精度高，为中长期径流预报提供了一种新思路。

由赵克勤提出的不确定性关系理论—集对分析 (Set Pair Analysis, SPA) 丰富了现有的水文预报方法，在以该方法为理论框架的基础上，已取得了重大研究进展。王延亭等考虑到秩次集对分析方法在年径流预测中存在的不足，通过利用其历史集合中的各元素所在位置与后续值的位置之间的间隔，赋予了不同的影响权重，建立了基于加权秩次集对分析的年径流预报模型，经过实例验证了该模型精确有效。朱兵等运用集对分析方法分析洪峰和洪量关系，通过计算紫坪铺站年最大洪峰流量和各时段洪量，结果表明，虽然两种方法得到的结论一样，但集对分析法计算方法简单，使用方便，尤其是能直观反映两者的关系结构。

运用集对分析方法对径流进行预报时，第一步应对径流进行级别上的划分，然后构造历史集合与当前径流集合，通过计算两者的联系度，进一步选取联系度较大的历史相似样本的后续值作为预测结果。上述步骤的关键是如何根据历史相似样本的后续值进行最终的预测结果，而目前对于这一问题还没有较为完善的方法，针对此问题，本文基于集对分析和人工神经网络的特点，将这两种方法进行耦合，从而形成一种新的预测模型，该模型既拥有集对分析挖掘信息全面、计算直观简单、物理意义明确的优点，又发挥了 BP 神经网络非线性逼近的能力，同时弥补了人工神经网络模型参数物理意义模糊、难以对计算结果进行解释的不足。经过实例计算证明，该耦合模型预测精确度高，可靠性良好。

二、建模步骤

①已知年径流序列 1，2，…，nxxx，历史集合 1，2，…，npAAA 和当前集合 B 及其对应的后续值 1，21，…，ppnnxxxx。考虑到年径流序列的弱相依性，p 一般取 4～6。②将径流分为 3 个等级：枯、平、丰。并将径流元素进行符号化处理，分别用"1""2""3"来表示。由此可以看出，在集对分析中分类对元素量化处理有非常重要的作用。③将量化处理过的当前集合 B 与前 n-p 个历史集合 kA 逐一进行对比，统计每一组中 0-4 的差异度个数，差异度的标识符分别记为 012i，i，i，分别代表同、异、反，并计算各个集对的联系度。④对 i 和 j 取值，计算集合 kA 与 B 集合的联系数，找到联系数 0.5kAB 对应的径流集合及其

后续值。⑤根据所找到的径流集合的个数 k，作为 BP 网络 A 层各节点的输入值，与当前径流集合最接近的 k 个径流集合的后续值 iy 作为理想输出值。然后再输入当前集合，根据前面 BP 神经网络的函数拟合作用，从而得到最终的预测结果。

三、实例分析

1936 年国家一级水文站长江寸滩水文站成立，由于该水文站成立时间较早，因此具有相当完整且连续的测量资料。作为拥有长江上游 60% 以上水量的水文站，它不仅是长江上游重要的水沙控制站，同时也是三峡水库干流入库的控制站。由于三峡库区蓄水和长江上游水库的运行对径流具有一定的影响，本文对寸滩水文站的径流进行丰枯分类并预测，对洪水预报、流域水资源调节和有效利用具有十分重要的意义。想要做好径流预报，其关键在于要给出正确的预报值和预见期，其准确性的高低取决于水文气象数据的正确性与全面性，并在此基础上选择合适的预报模型。为了确保预测结果精确，在使用资料之前，已对原始资料进行可靠性、一致性、代表性审查：①可靠性。所采用的数据资料皆来源于 1939 年以后寸滩水文站实际观测资料，且水尺位置、零点高程、水准基面均未变动，因此，满足可靠性要求。②一致性。气候条件基本可满足一致性要求；上游已建水利工程和上游用水对水文站径流均有一定影响，且在 65 年期间，下垫面条件不断改变，无法满足一致性要求。考虑到这一点，本文并未对系列进行还原计算。③代表性。使用流量资料总年数为 65 年，远大于要求连续实测数据最小年数 20 年，包括了大、中、小等各种洪水年份，并有寸滩建站以来最大洪水（1981 年），说明资料具有较好的代表性。

具有代表性的历史集合选取：从 56 个历史样本中选取与 B 最相似（$iAB \geqslant 0.5$）的 12 个历史样本，取最相似历史样本数 $K=12$，并找出其对应的后续值。将最相似历史集合样本作为 BP 神经网络的输入值，其后续值作为 BP 神经网络的理想输出值。分析计算以寸滩水文站 1939—1998 年共 60 年的年平均入库流量资料为基础，采用 1939—1998 年共 60 年的流量资料建模。经试算优化可知，该径流集合的维数 P 为 4，个数 K 为 12，隐含层节点数为 4，输出层节点数为 1。将当前集合再次输入已调试好的 BP 神经网络中，得到预测年 1999 年的预测值。

BP 神经网络输入输出数据的选择及处理：本次所用的所有数据都来源于长江寸滩水文站 1939—1998 年间共计 60 年的数据，其中与当前集合最相似的历史集合 K（即联系数 0.5）作为输入值，其相对应的后续值作为理想输出值，其中 $K=12$。对构建好的 BP 神经网络进行训练和测试之后，网络不仅可以记忆输入值与输出值之间的"函数"关系，并且具有很强的模拟能力，即当向它输入学习时没有见过的非样本数据集时，该网络也能输出合适映射，所以可以用它来对寸滩水文站进行预测。根据水文预报方案评定标准，当年径流量预测值与实测值的相对误差的绝对值低于 20% 时，就可以认为该次预测合格。检验合格率是指合格预测次数与预测总次数的比值。

本文将 SPA 与 BP 神经网络模型相结合，对寸滩水文站 1999—2003 年的年径流进行预测，取得了良好的预测结果。今后，在水资源管理中可推广使用该模型定量地预测年径流，同时结合传统方法，进而使水资源规划更科学、更具有指导性。

第三节　基于 SPA 与模糊集合理论的年径流预测

一、概述

对未来河川径流量进行准确的预估是未来水资源开发利用的必然趋势。由于年径流量受气候、下垫面条件及人类活动等因素的影响，其变化的复杂程度难以想象，加大了对其的预测难度。经过长期研究和不断实践，学者们已经找出不少方法，主要由传统方法和现代方法两大类组成。传统方法主要是根据径流自身变化特性来开展研究，如时间序列法和水文统计法。现代方法是依靠人工智能的发展而开辟出来的新途径，目前普遍采用的现代方法有人工神经网络方法、模糊方法、灰色理论等。由于使用其中的某一种方法往往难以取得令人满意的效果，所以不同方法的组合预测成为未来径流预测的研究趋势。

集对分析（SPA）是由我国学者赵克勤提出的一种利用联系数来处理系统不确定性的理论和方法。SPA 预测模型的理念是以过去的径流状态直接预测未来的径流状态。而预测的关键在于如何通过历史集合中径流元素的状态来判断确定当前集合中径流元素状态相似的集合。因此，对历史集合中径流元素状态的划分至关重要。丁小玲等提出了糊化径流分级标准，该方法能更好地反映径流大小及年内分配的影响，分类更为客观全面。该方法将径流状态划分为 5 个等级，在利用集对分析得到的分类结果中超过半数以上的径流状态被划分为第三等级，这与引用集对分析中联系度的计算相关，针对该点存在的不足，本文引进模糊数学中贴近度的概念，运用模糊识别的方法对径流集合中的各元素进行分类，通过比较贴近度的大小进行最终判断。在此基础上，将改进的径流分类方法应用于集对分析径流预测中，从而提高径流预测精度。

二、模糊数学理论

1965 年，美国柏克莱加州大学 LA.Zadeh 教授提出了模糊数学的基本理论，模糊集合的基本定义是：给定论域 U，U 到 $[0，1]$ 闭区间的任一映射 μA：$U \rightarrow [0，1]$。其中，$\mu A(X)$ 为论域 U 的一个模糊集，A 称为模糊集合 A 的隶属函数，反映了模糊集合中的元素属于该集合的程度。μA 称为属于 A 的隶属度，$\mu A(X)$ 的取值范围为闭区间 $[0，1]$。从隶属函数的模糊分布来看，有偏小型、中间型和偏大型三种，常用的隶属度函数有区间形、三角形、梯形、抛物形等。贴近度是由我国学者汪培庄教授首先提出来的，它描述了模糊集之间彼此贴近程度，并给出了格贴近度的计算公式。而模糊模式识别则是通过择近原则来判别所选取的对象，即通过计算待识别对象和已知模式的贴近度，哪个贴近度最大，待识别对象就属于哪个模式。

三、实例分析

本文收集了长江上游寸滩水文站 1939—2003 年历史同期径流资料。该资料具有比较好的代表性和可靠性。经分析本文 t 取 5，为充分利用资料信息，每次仅预测一年，如要预测 1999 年的年径流，用 1939—1998 年的资料。现将

1939—1998 年资料作为径流分类资料，对径流进行分类。按照上面的分类方法对长江寸滩水文站 1939—1998 共 60 年的平均月径流进行分类，序号记为 1～60。现以平均值—均方差法求取各个时段的 4 个区间的基本节点，记某时段径流序列的平均值和标准差为 Avg，向各个节点两边取 0.2 的模糊区间，采用梯形隶属度函数来确定各时段的模糊分级。

结果表明，经模糊数学理论量化后误差较小。进一步在表明运用集对分析方法对径流进行预测时，对径流进行等级划分的必要性。取得较好预测效果的原因在于不仅考虑到径流状态划分的模糊性，同时也考虑到月平均径流量对年平均径流量的影响。目前针对基于集对分析方法对年径流预测的研究主要集中于两点：一，区别于传统径流分级方法——均值标准差法中直接将标准差前面的系数确定为 ±0.5 的情况，在确保该系数处于这一区间的前提下，通过对量化标准系数的确定，进而对径流进行等级划分，进而完成未来径流量的预测。二，从几何角度出发，在判别历史集合与当前集合相似性的问题上，区别于以前仅根据径流大小来判断两者的相似程度，用几何形式来表示集对，通过计算两向量之间的夹角、相关系数、欧氏距离、模这四个指标来判断与历史集合相似的当前集合。这两种方法对改进集对分析对年径流的预测精度上确实有很大帮助。但随着人们对径流研究的进一步加深，径流等级划分方法逐步完善。通过将不同的分类方法引入集对分析预测中，将会丰富集对分析年径流预测的理论依据。

第四节　基于 SPA 和灰色关联分析的用水量预测

一、概述

水资源是人类生存、社会经济发展的基础。随着我国经济的高速发展，城市人口的持续增长和生活水平的不断提高，城市用水需求量也随之大幅度增长，导致城市水资源供需矛盾日益加剧，城市缺水问题已成为城市化建设面临的难题，故合理准确预测城市用水量是水资源战略制定的关键基础资料，且直接影响到给水系统调度决策的可靠性和实用性，以及城市水资源的可持续利用和社会经济的可持续发展。然而，由于受到城市规模和社会经济发展水平等诸多不确定因素的影响与控制，城市用水量预测是一个复杂的系统预测难题。从1950年开始，许多学者对影响城市用水量的因素进行了研究和分析。余翔等通过建立日用水量贝叶斯概率预测模型来预测日用水量；刘洪波等通过人工鱼群神经网络算法对时用水量进行了预测；陈磊等采用最小二乘支持向量机模型预测了时用水量。冯天梅等在运用灰色关联性分析法确定用水量变化的主要影响因素的基础上，建立了基于马尔柯夫链修正的组合灰色神经网络模型，并将该模型应用于包头市2009年和2010年的用水量预测，结果表明该预测模型精度更高。袁伟等针对日用水量变化的趋势性和周期性特点，提出了基于GA-BP神经网络与支持向量机的组合预测模型，并与传统组合模型进行了对比分析，结果表明该组合模型具有更高的精度和泛化能力。与单项预测模型相比，该组合预测模型具有更高的精度和更好的适应性，且预测结果更加可靠。由于我国目前收集到的用水量数据有限，可靠程度有限，加上一些预测方法本身具有局限性，导致目前城市用水量中长期预测的方法较少。

二、基本原理

（一）灰色关联分析

灰色关联分析是灰色系统理论中十分活跃的一个分支，其基本思想是根据序列曲线几何形状来判断不同序列之间的联系是否紧密。灰色关联度描述了各因子在系统发展过程中大小、方向、速度之间的相对变化，如果两个因子的变化趋势具有相似性或一致性，这两个因子之间的关联程度就越高；反之，则两者的关联度就相对较低。早期的灰色关联模型是由邓聚龙教授提出的，邓氏灰色关联分析模型以灰色关联四公理为基础，根据序列对应点之间的距离测度系统因素变化趋势的相似性，对于$0000X(x(1)，x(2)，\cdots，x(n))$为系统行为特征序列。

（二）城市用水量常见的预测方法

城市用水量的预测方法有很多种，现在介绍以下几种方法：一是时间序列分析法。通过收集过去和现在的城市用水量数据，按照时间顺序将这些数据排列起来，同时简化外部因子的影响作用，分析数据及其模式，找出它们随时间的变化规律，并将这种趋势延展开来，从而完成对未来用水状况的预测。自回归法、移动平均法、指数平滑法以及生长曲线法均属于时间序列法。二是指数平滑法。指数平滑法只利用过去的历史资料进行预报，通过"修匀"历史数据来区别基本数据模式和随机变动，从而获得时间序列的"平滑值"。该方法是在加权平均法的基础上发展起来的，也是移动平均法的修正，所以又称"指数修匀法"，它包括一次指数平滑法、二次指数平滑法和三次指数平滑法。

第五章　基于可持续利用的水资源资产化管理体制

第一节　国内外相关研究现状

《中国 21 世纪议程》指出："水资源的持续利用是所有自然资源保护与可持续利用中最重要的一个问题。"随着水资源危机的日渐突出和全球可持续发展目标的逐步确立和实施，关于水资源可持续利用的管理问题的研究与实践，在国际组织及各国政府的推动下，正逐步走向深入。

一、国外水资源资产化管理体制研究现状综述

在国外，资源资产又称为自然资产，关于水资源资产及其资产化管理方面的理论著述还不是很多。但把水资源作为一种资产来管理和经营的实际运作却俯拾皆是。由于各国的政治体制、经济发展水平和水资源条件不同，各国的水资源资产管理的情况也不尽相同。按照水资源管理体制，大体可以分为三类：一是以州（省）行政区域管理为基础的水资源管理体制（多出现在联邦制国家，以美国、澳大利亚为代表）；二是以欧共体国家为代表的按水系建立流域机构、以自然流域管理为基础的管理体制（以英国、法国为代表）；三是按专向职能分部门进行管理的管理体制（以日本为代表）。按照水资源管理体制的类型，下面主要介绍几个具有代表性的国家的水资源管理情况。

（一）美国的水资源管理体制

美国是联邦制国家，各州都有相当大的立法权，州政府与联邦政府的关系相对比较松散，水资源管理的权力主要集中在各州政府，实行的是以州行政区域管理为主的管理体制。美国联邦一级没有专门的水资源行政主管部门，有关水资源管理的工作分散在各个部门进行，各部门间相互协调配合。为协调各部门之间的关系，根据 1965 年的《水资源规划法》联邦政府设立水资源委员会，其职责是组织全国水资源评价，研究水资源开发利用的现状、存在的问题和发展趋势，为国会和总统制定、审议水政策和计划提出建议，监督联邦和各州的水利拨款，设立各种流域委员会或进行州际协调。

美国在水资源管理方面目前尚无全国统一的法典性的水法，各州都有自己的水法。大多数州设有州水资源管理局为当地的水主管部门，行使政府权力。其任务是通过州议会立法、执法，进行水权分配和水资源评价等。

美国的水权制度是美国水资源管理和水资源开发利用的基础，其水权制度建立在私有制的基础上，作为公民的私有财产，受到法律的保护。其水权制度的类型大致有三种：在中西部其水权制度是按开发利用的先后来确定的，即对同一水源的不同用户，谁先用，谁拥有较大的用水权。在水源丰富的东部，则按土地离水源的距离来确定水权的大小，即水权与土地的私有制紧密相连。美国水权作为私有财产，可以自由转让，但在转让程序上类似于不动产的转让，一般需要有一个公告期。为了更为合理有效地利用水资源，西部出现了水银行（Water Bank）的水权交易体系，将每年的水量按照水权分成若干份，以股份制形式对水权进行管理，方便了水权交易程序，使得水资源的经济价值得以更充分的体现。在市场经济体制高度发达的美国，这无疑是水资源管理制度的一个新的尝试。此外，美国有不少调水工程，对于调水工程的用水户，一般允许其对所拥有的水权进行有偿转让，节约用水者把省出的水在满足其他用水户需要时还能得到合理补偿，如洛杉矶市与伊姆皮里灌区于 1985 年签订了为期 35 年的协议，协议的主要内容是：伊姆皮里灌区将通过节水措施节约用水，把省出的水有偿转让给洛杉矶市。由于美国的水资源管理制度与其整个社会的市场经济制度融合在一起，其水的定价遵循了市场规律，供水及水的管理部门依据市场的规律进行运作，是否为了促进经济发展而采取低价供水完全取决于政府是否给予补贴或其他经济支持，以保证供水部门正常运作为前提。

（二）英国和法国的水资源管理体制

英国、法国水资源管理主要是以流域管理为主。水资源管理与开发的权限主要集中在流域管理一级，实行流域自治，表现在流域水管理与开发决策的自治和流域财政的自治。但两国水资源管理体制又有区别，英国实行的是中央对水资源按流域统一管理和水务私有化相结合的管理体制；法国则采用"议会"式的流域委员会及其执行机构——流域水管局来统一管理流域水资源，城市水务并不像英国那样搞全面私有化，而是将其资产所有权转让给私营企业，实行有计划的委托管理。

英国的水资源管理体制：20 世纪，英国水资源经历了从地方分散管理到流域统一管理的历史演变，目前定型于中央对水资源按流域统一管理与水务私有化相结合的管理体制。中央依法对水资源进行政府宏观调控，通过环境署发放取水许可证和排污许可证，实行水权分配、取水量管理、污水排放和河流水质控制；通过水服务办公室颁布费率标准，确定水价；通过饮用水监督委员会制定生活水质标准、实施水质监督。私营供水公司在分配到水权与水量的基础上，在政府和社会有关部门的指导和监督下，在服务范围内实行水务一体化经营和管理。

英国水资源资产管理的特点：①以流域为基础的水资源统一管理。这一层次主要是政府行为。英国政府通过国家环境署推行流域取水管理战略（CAMS），按流域分析水的供需平衡、环境平衡、水资源的优化配置、跨流域调水的必要性和可行性、工程布局及其成本、社会"成本—效益"。政府通过批准和发放取水许可证实现对水权和水量的分配，平衡流域内地表水和地下水的开采量。通过批准和发放排污许可证，提出对污水治理的要求，实现对河流水质的控制，保护水资源生态平衡。英国的国家环境署下设 8 个派出分支机构，在水资源管理上有些类似于我国的流域机构，但管理手段（包括政策法规和经济手段）上要比我们的流域机构强得多。②以私有企业为主体的水务一体化经营与管理。这主要是市场行为。英国水务一体化的基础是水权，供水公司在获得水权的基础上，在政府的监督指导下把水作为资产来经营和管理，转换成水服务商品。水务一体化载体是市场，供水公司通过提供水商品服务（供水、污水处理等），自主经营、自负盈亏，并可以在金融和资本市场融资，获得自身发展。目前，英国的供排水基础设施建设主要由供水公司在市场上融资进行。水务一体化的对象是市场中的直接用户，包括家庭、工商企业、社会团体等，服务者与被服务者之间发生的是直接的经济关系。③公民参与水管理机制的完善。每一个区域都有消费者协会，由地方行政人员和一般民众代表组成，对供水公司提供的服务进行监督，提出意见和建议。消费者协会的存在实际上相当于地方参与水管理。④政府水资源管理的资金充裕，来源稳定。国家环境署每年都按预算安排管理、服务等项目，当年收入是下一年预算的基础。近年环境署每年收入均在 6 亿英镑以上，资金的 45% 来源于取水、排污及环保收费等。

法国的水资源管理体制：法国的水权制度在欧洲独树一帜，管理层次分为国家级、流域级、地区级、地方级，强调按流域对水量、水质统一管理。法国的水资源管理活动以流域为主体，其水管理体制分为国家、流域、支流域或次流域 3 级。国家级水资源管理机构主要包括国家水务委员会和部际水资源管理委员会。1964 年以后法国将全国按水系分成六大流域，各自的流域委员会和流域管理局负责本流域内水资源的统一规划，统一管理，目标是既满足用户的用水需求，又满足环境保护的需求。1992 年新的《水法》进一步加强了这一管理体制。①国家级的政府机构主要有环境部、农业部、设备部（建设、交通、居住部）等。主要负责拟定水法规、水政策并监督执行，监测和分析水污染情况，制定与水有关的国家标准，协调各类水事关系，参与流域水资源规划的制定等。②流域级水资源管理。根据法律授权，流域委员会是一个流域水行政管理的权力机构。其职能主要包括制定发布水管理政策、批准流域规划、审查工程投资预算、监督项目的实施等。③市政级水务管理。法国的水务管理是在市镇范围内实现的。法国法律规定供水和污水处理是地方政府的责任。

法国的流域委员会或流域水管局，既是一个权力机构，像一个"议会"，

141

由各方利益的代表组成，通过协商，确定流域水资源管理的大政方针；又像一个"银行"，提供赠款和贷款，投资地方工程，实现流域的治理，同时可以获得利息回报；它还是一个技术服务机构，提供各种技术咨询，举行各类专业知识培训，提高流域的技术与管理水平。在水资源开发、利用、保护过程中，它采取了以水养水的政策，通过法律手段，确定流域委员会稳定和充足的资金来源，使流域委员会有财力对流域全面规划、统筹兼顾、综合治理。流域委员会制定的规划很有操作性，每5年制定一次，有战略目标，有建设重点，有实现规划目标的具体项目和投资估算，有保证项目有序实施的财政政策。所以，它能够真正起到指导流域水资源可持续利用、流域社会经济可持续发展的重要作用。

法国的城市水务管理没有全面实行私有化，将城市水务资产所有权转让给私营企业，而是实行有计划的委托管理，只是将经营权"租让"或"特许"给私营企业。20世纪90年代之后，由于私有化进程，水务的直接管理不到25%，委托管理占75%以上。政府直接管理的大都分布在偏僻地区或用户较分散的地区，其经济效益相对较差。委托管理又分两种情况。一种是租让，根据合同，经营者只承担资产的运营与管理，不承担固定资产的投资，不参与水价的制定，租让合同期限一般为12年。另一种是特许，这种合同下经营者不仅负责资产的运营与管理，而且要承担固定资产再投入。在"租让"模式中，由于水价由政府决定，居民有较强的安全感，但基础设施的改造或建设还得由市政承担，融资范围受到限制。"特许"模式可以激励经营者的投资热情，使经营者能有较长远的打算，但政府需要加强对经营者的监管，保护居民利益。

英法两国流域水资源管理和城市水务管理的区别：英国与法国水资源统一管理，具体是通过流域水资源统一管理和城市水务一体化两个主要层面实现的。然而，两个管理层面的内涵和手段具有很大区别，主要有以下三个不同：一是管理目的不同。流域水资源统一管理，是协调和平衡流域内与水相关的各利益方面的不同目的，包括社会的、经济的、人文的、生态的，最终实现流域水资源可持续利用和社会可持续发展；而城市水务一体化管理的目的是协调城市供水与污水排放之间的关系，使市政水务在保障供水安全和减少城市水环境污染的前提下，尽可能降低成本，取得较大经济效益。二是服务对象不同。流域水资源管理的服务对象是各个利益集团，主要指区域和行业，服务与被服务之间的关系是政府与政府之间、行业与行业之间的协调关系；城市水务的服务对象是水的直接用户，如城市居民、工商企业、社会团体等，服务与被服务之间的关系是通过水费连接起来的直接的经济关系。三是管理性质和手段不同。流域水资源管理属资源管理，以法律的、行政的管理手段为主，如制定流域规划、水资源的配置、水权的确定、收取水资源税（费）、发放取水和排放污水许可证、检测和控制河流水质标准、保护生态系统等，以经济手段为辅。城市水务属资产管理，以经济管理手段为主，流域分配的水量（水权）在水务管理中转变为资产，与其他生产资料结合生产出水商品——城市生活和生产用水，因此城市水务管理应满足资产管理中的成本原则和效益原则。

（三）日本的水资源管理体制

日本国家的水资源管理也有自己的独特之处。日本对水资源管理是分部门进行的，建设省管理防洪和河道整治，通商产业省负责发电和工业用水，农林水产省负责灌溉和农业开发，厚生省主管生活供水，环境厅负责水资源保护。在这些机构之上，国土厅负责综合协调功能。日本虽然是按部门进行水的管理，但在水权管理上是统一的，即利用多目标大坝发电、供水或灌溉，必须向河道主管机关申请取水权，建设多目标大坝堤还必须建设申请大坝的使用权。在流域管理上，日本虽然没有按流域设立正式的流域机构，但并不是不存在流域管理。日本河流众多，但具有流程短、面积小的特点，他们按河流水系划分等级，分级建立河道管理机关。为进一步加强河流水系的统一管理与开发，保证流域规划的实现，日本颁布的《河流法》规定对一级管理都道府县知事的任命，须经建设大臣的认可。1961 年颁布了《水资源综合利用促进法》，进一步明确了以流域水系为单位的综合开发利用原则，并在总理府设置了水资源开发审议会，调查审议流域水系的综合开发计划。

二、国内水资源资产化管理体制研究现状综述

在国内，对水资源资产经济属性的认识及其可持续利用管理体制问题的研究正在不断深化。它是在 20 世纪 80 年代以来，全球性水资源短缺、生态环境恶化和生存危机等严重的发展问题的基础上人们进行理性思考的结果，也是对我国长期高度集中的计划经济体制下以行政手段配置水资源而导致的一系列问题的深刻反思的结果。

国内最先提出"资源资产"概念的是著名环境经济学家李金昌教授。他的《资源经济新论》一书可谓是资源资产研究的开山之作。在该书第二篇"资源资产论"中，对资源资产作了系统的阐述，但没有对水资源资产进行专门的论述。我国对水资源资产做出专门系统研究的当首推姜文来研究员，他的代表作是《水资源价值论》和《资源资产论》。在《资源资产论》一书的第九章"水资源资产论"中对有关资源资产的问题作了较深入的研究和论述。

至于水资源资产化管理体制方面的研究，在国内才刚刚起步，但已经引起有关方面的高度重视。江泽民总书记 1999 年在中央人口、资源、环境座谈会上指出："积极推进资源管理方式的转变，建立适应发展社会主义市场经济要求的集中统一、精干高效、依法行政、具有权威的资源管理新体制，以加强对全国资源的规划、管理、保护和合理利用。"水利部 2004 年工作重点中将"水资源资产化管理"列为应研究的重大问题之一。部长汪恕诚在全国水利厅局长会议上的讲话中再次强调"探索以水权为核心的水资源资产监督管理制度和方式"，加快改革水资源分割管理的传统体制，建立与现代水利相适应的水务统一管理新体制。

目前，国内学术界对于水资源资产化管理的研究还比较少，而且基本上都还只是侧重于概念或水资源资产化管理某一具体方面的研究，缺乏系统性。杨美丽等就水资源所具有的收益性、经济性、权属性、有偿性等基本特性，论证了水资源的资产属性和把水资源纳入资产化管理的合理性，并从宏观与微观两个层面对水资源进行资产化管理的相关问题作了探讨。董文虎研究了水资源与水资源资产之间的关系，提出要运用"两权论"的观点研究水资源资产，提出要借鉴马克思"地租"理论研究水资源收费标准的制定。于晓川等针对水资源管理所面临的问题，

提出应把水资源作为一种特殊商品实行资产化管理，以保持经济社会的可持续发展。作为水行政主管部门的水利部也正积极进行理论研究，2004 年 8 月 2 日，水利部经济调节司在北京举行专家咨询会，就水资源资产化管理研究大纲的编制工作第二次征询专家意见，该大纲初稿分为我国水资源管理体制及其存在的问题、水资源资产化管理的概念和必要性、理论基础和政策依据、目标定位和改革设想 5 个部分，试图从我国森林、土地、矿产等其他自然资源资产化管理的实践中得到启示。水资源资产的管理应该借鉴土地等其他自然资源的管理体制，同时借鉴国外水资源资产化管理模式和经验，充分利用价格的市场机制，实现水资源的优化配置，以最大限度地发挥水资源的利用效率和效益。

这些论文中的大多数观点重复性很强，创新性差，这从一个侧面表明我国水资源资产理论与水资源资产化管理体制方面的研究还很薄弱，研究的内容还不够深入。

综上所述，无论是国内还是国外，关于水资源资产理论与可持续利用的资产化管理体制问题，对策建议多，理论研究少；从某一角度切入研究多，而全面系统研究少。也就是说，理论研究深度、广度和创新度都不够，更没有形成完整的水资源资产化管理理论体系。所以，站在资产经济理论的高度，对国内外已有的研究成果和实践经验进行理论概括和归纳总结，加深对水资源资产理论和可持续利用的资产化管理体制的研究，从理论上更进一步地深入系统探索和创新研究，建设系统的基于可持续利用的水资源资产理论体系，进而为建立适合我国水资源可持续利用的资产化管理体制提出对策和建议是十分必要的。

第二节　我国水资源概况及其管理综述

一、我国水资源概况

我国是一个水资源短缺、水旱灾害频繁的国家，如果按水资源总量考虑，水资源总量居世界第六位，但是我国人口众多，若按人均水资源量计算，人均占有量只有2 500立方米，约为世界人均水量的1/4，在世界排第110位（按149个国家统计，统一采用联合国1990年人口统计结果），已经被联合国列为13个贫水国家之一。水资源地区分布不平衡，南方多北方少，东部多西部少，富水区与贫水区差异极大，与人口、耕地、矿产等资源分布极不匹配。长江及其以南水系的流域面积占全国国土总面积的36.5%，其水资源量却占全国的82%以上，而长江以北的水资源不到18%却负担着64%的耕地面积，其中最缺水的黄、淮、海三大流域，耕地面积占全国的40%，而水资源只占6.1%。

我国各流域由于面积不同，加之自然地理条件的差异，水资源禀赋差别很大。2004年我国大部分地区降水量比常年值（多年平均值，下同）偏少，全国平均降水量601毫米，折合降水总量为56 876亿立方米；全国地表水资源量23 126亿立方米，折合径流深244毫米，比常年值减少13.4%。北方六区地表水资源量比常年值偏少15.2%，南方四区比常年值偏少13.0%。2004年，从国外流入我国境内的水量为179亿立方米，从国内流出国境的水量为6 094亿立方米，流入国际界河的水量为970亿立方米，入海水量为12 921亿立方米；地下水资源量为7 436亿立方米，平原区地下水资源量为1 642亿立方米，加上井灌回归补给量后的总补给量为1 704亿立方米。北方六区平原地下水总补给量为1 379亿立方米，占全国平原区总补给量的81%，其中降水入渗补给量、地表水体入渗补给量、山前侧渗补给量和井灌回归补给量分别占51.2%、36.3%、8.0%和4.5%；地下水资源量大部分与地表水资源量重复，不重复量仅1 003亿立方米。全国水资源总量（地表水资源量与不重复量之和）为24 130亿立方米，其中北方六区水资源总量4 589亿立方米，占全国的19%，南方四区水资源总量19 541亿立方米，占全国的81.0%。

我国水资源的水质日益恶化，水环境污染严重。由于人口剧增和掠夺式的经济开发，大量工业废水和生活污水直接排入水体，使地表水和地下水受到不同程度的污染。据相关资料统计，目前我国工业和城市污水排放量为584亿立方米，经过集中处理达标的只占23%，处理后回用率更低。全国监测的河段有一半水质不符合饮用水标准，全国90%以上的城市水域受到污染。此外，滥用化肥、农药，使流域内土质、植被、地质成分及其他化学性质发生了变化，引起湖泊萎缩、草原退化、土地沙化、湿地干涸、灌区次生盐渍化、部分地区地下水超量开采等问题，造成生态环境失调，不少地方大面积的开垦陡坡，滥伐森林，破坏植被，造成了严重的水土流失。目前全国水土流失面积356万平方千米，沙化土地面积174.3万平方千米，荒漠化面积262.2万平方千米，分别占国土面积的37%、18.2%和27.3%。尤其是西北地区自然生态环境脆弱，加之不合理的人类活动，水土流失严重，导致下游河道断流、河湖萎缩、水库淤积、水污染严重、工程效益衰减，加剧了洪涝干旱和风沙灾害，造成土地和草场退化、荒漠化加剧、沙尘暴增加、生物多样性受到威胁等一系列生态环境问题。水污染和水土流失局面的日益严重已成为我国许多地区水资源可持续发展的巨大障碍。

二、我国水资源管理现状及存在的问题

（一）我国水资源管理制度的历史沿革

纵观中国历史，水资源的开发利用和防水治水一直是历代统治者安邦定国的大事。中国水资源管理的历史悠久，大致可以划分为古代水资源管理、近代水资源管理和现代水资源管理三个阶段。

（1）古代水资源管理：我国古代水资源管理一般包括用水管理、水资源开发利用的管理和城市供水管理。对于用水管理，在唐《水部式》中明确规定，大型灌区渠系分水工程都由官府统一核定和分配；在元代径渠管理制度中规定，由渠司安排开斗和闭斗的时刻，并颁发用水凭证，按证用水，不许多浇和迟浇。在水资源开发利用的管理方面，凡是出财出力兴办水利的人，官家按功劳大小给予奖励或录用，不按规定开修的，官吏要督促并罚款。国家对水利资源的开发根据下级向上级报请的方式进行开发利用。在中国古代的城市供水管理很严格，一般不允许私自饮用。

（2）近代水资源管理：新中国成立后，水管理工作才走上正常轨道。1949年傅作义部长在解放区水利联席会议的总结中强调指出："我们认为任何一个河

流的用水，必须统一分配，统筹管理，才能充分利用水资源。统一水利行政的原则，在于集中掌握河流的水政管理，水权的核准，水利事业计划的核定，水利事业的检察及多目标水利事业的兴办。"在水权核准方面，所有河流湖沼均为国家资源，为人民公有，应由水利部及各级水利行政机关统一管理。此后，成立了长江委员会、黄河水利委员会、治淮委员会、珠江流域规划办公室。

1981年12月国务院召开的第一次治淮会议指出，总结30多年治淮的正反两方面经验和对现状调查分析，认为必须按水系统一治理，才能达到目的。要实现按水系统一治理，必须按水系统一规划、统一管理和统一政策，要在统一规划下充分发挥地方积极性。这里统一管理的内容包括洪涝水系统一调度、水资源综合利用、行蓄洪区的管理、水资源的开发利用、河道堤防水库及枢纽工程的管理和综合经营、边界水利矛盾等。这是对我国流域水管理的重新认识和经验总结。之后又先后成立了海河水利委员会、松辽水利委员会、珠江水利委员会以及太湖流域管理局等共七大江河流域机构。

这一时期的水资源管理主要是以行政管理手段为主。水资源管理的概念还很淡薄，从而形成了水资源开发、利用、保护和管理等工作分别由水利、电力、建设、交通、农牧渔业和地矿、环保等相关部门管理的多龙治水局面。水资源管理政策五花八门，这对我国水资源总量本来就不多、时空分布又不均的状况更是雪上加霜，加剧了我国的水资源短缺。水污染状况日趋严重，水资源开发利用中的问题也日趋复杂突出，"多龙治水，政出多门"的水资源管理体制已无法适应当今社会化大生产的需求。因此，到20世纪70年代末才将如何加强对水资源的统一管理提到重要日程。

（3）现代水资源管理：随着1988年1月《水法》的颁布，对水管理体制和基本制度作了进一步的确立和规定。《水法》的制定和实施，结束了中国长期依靠行政手段治水的被动局面，开创了中国依法开发、利用、保护和管理水资源的新局面。《水法》的颁布、施行是中国水资源管理从近代管理走向现代管理的重要标志。

为了解决我国水资源的分散管理体制，逐步实现由多龙治水走向统一管理的目标，在《水法》中关于水管理体制确立的内容应该包含以下几个主要方面：明确重新组建的水利部（即 1988 年 3 月水利电力部再度分立）为国务院的水行政主管部门，负责全国水资源的统一管理和省级水行政的主管部门；成立全国水资源与水土保持工作领导小组（由主管副总理任组长，由国务院有关 11 个部委负责人组成），负责审核大江大河流域综合规划和水土保持的重要方针政策，处理部门间、省际间有关水资源综合规划的重大水事矛盾；明确流域机构职能，按部门授权协同执行水法，负责协助处理流域内有关河流治理与防洪安全，统筹流域水资源综合开发、利用和保护，协调水事矛盾等；制定各级水行政部门实施水资源统一管理目标，统一管理地表水、地下水、水量与水质，江河、湖、库、水域和岸边，统一实行水法，调查评价、规划、水量分配，制订水的长期供求计划，实施取水许可证制度及其他水行政管理，促进水资源开发利用，并对开发利用与保护实行统一监察管理，组织各地区各行业的水事活动，协调水事矛盾，监督节约用水，推进流域管理与地区管理相结合的制度，对社会各用水行业进行全面服务。

因此，在 1988 年国务院机构体制改革中，国家决定重新组建水利部作为国务院的水行政主管部门，并授权其负责水资源的统一管理和保护，促进水资源的综合开发和利用，负责大江大河的综合治理和开发，并负责全国水利行业管理。各省、市、县也相继明确各自的水利部门为本地水资源主管部门。中央政府设立水利部，而农田水利、水力发电、内河航运和城市供水分别由农业部、燃料工业部、交通部和建设部负责管理，水行政管理并不统一。后几经变革，农田水利和水土保持工作归水利部主持，水利部与电力工业部两次合并又分开，现在水力发电、内河航运和城市供水还是由分局有关的部门管理，而水利部则为全国水资源的综合管理部门，掌管全民所有的水资源产权和执行水法等工作。地方各级的水利行政机构不断健全和加强，分为三级：省（自治区、直辖市）设厅（局）；地（自治州、盟）设局（处）；县设局（科），县下的区乡级设水利管理站，由专职或兼职的水利员司水利业务。

我国目前对水资源实行统一管理与分级、分部门管理相结合的制度，除中央统一管理水资源的部门外，各省、自治区、直辖市也建立了水资源管理办公室，许多省、市、县成立了水资源办公室或水资源局，开展水资源管理工作。在全国七大流域的管理委员会中建立了健全的管理机构，积极推进流域管理和区域管理相结合的管理制度。

（二）我国水资源管理中存在的问题

目前，国家对自然资源的管理，仍是在产品经济条件下形成的管理机制，造成了自然资源的极大破坏和浪费，给我国人民和政府的生活、经济发展等各方面都形成了极大的压力。水资源作为自然资源的重要组成部分，传统的水资源管理机制对水资源产生了极其严重的后果，水资源管理中存在的主要问题如下。

（1）我国目前的水资源管理体制存在很多弊端。水资源的开发利用及其管理分属于不同部门，出现"多龙管水，多龙治水，多头抢水"的局面。这种管理体制造成管水量的不管水质、管水源的不管供水、管供水的不管排水、管排水的不管治污，不仅违背了水资源的自然规律，而且无法按照市场经济原则建立合理的价格体系和经济调节机制，各部门为了各自的利益，进行的单位目标规划管理必然与全局规划相矛盾，无法实现水资源管理的最优化，既不利于我国水资源的综合开发、利用与水资源的环境保护，也影响经济社会的可持续发展。

（2）产权不清。水资源产权主要是指水资源的所有权、使用权和转让权。我国《水法》规定，水资源为国家所有，农业集体经济组织的水塘、水库中的水为集体所有。水资源的产权归国家所有，任何单位和个人开发利用水资源都是指水资源使用权的转让。但在实际中，国家所有权受到条块分割，国家对于产权的所有者地位模糊，产权形同虚设。各种产权关系缺乏明确的界定，各个利益主体之间的经济关系缺乏协调，造成的权益纠纷迭起。水资源管理的权、责、利不分，造成多个部门管水，各部门之间、地区之间、中央与地方之间各自为政、相互制约，水资源的利用效率较低。作为水资源的管理者和经营者，各部门为了追求本单位、本地区眼前的利益，过度开发利用水资源和超标准排放污水，一方面造成水资源短缺，另一方面造成资源的严重浪费，形成恶性循环。

（3）长期对水资源的重采重用而轻保护和管理，导致水环境严重恶化。我国的水资源利用单位，大部分都重视开采和利用水资源，但对水资源的保护则认为不是本单位、本部门的事。据相关资料统计，我国水土流失严重的面积就近200万平方公里，每年投入到水土保护的资金仅有3 000万元，远远不能起到保护水土资源的作用。据测定，水污染已经遍及七大江河，并危及全国1/3的水域，特别是随着乡镇企业的兴起，污染正由城市和工矿企业区向农村的小河沟面上扩散，不仅造成重大的经济损失，而且还严重危害人民的健康，靠单纯的超标罚款形成污染合法化，已经无法杜绝水污染。

（4）对水资源的无偿使用，导致综合利用的效果差，经济效益不佳，使水资源的发展受到严重的影响。每年国家投入水资源业的资金数量很大，但由于管理机制的问题，使得水资源业至今没有形成独立的产业，不能形成以水养水、以库养库的良性循环。如建国以来，国家对水利工程投资近2 000亿元人民币，如此巨大的投入没有完全转变为国有资产，而是把投入形成的各种财富转成了部门、单位或个人的财富。由于没有形成水资源的良性循环，使得水资源的相关企业大部分处于亏损状态，水资源的综合利用效果极差。

（5）保护、综合利用资源的工作难以实现。由于没有引入经济管理机制和竞争机制，对水资源资产管理难度越来越大，不少禁令屡禁不止，保护和合理利用水资源的工作难以实现。例如，地下水超采现象非常严重。我国每年的地下水开采量为760亿立方米，北方17个省（区、市）的地下水开采量为660亿立方米，占全国地下水开采量的87%，超采率达30～40%。由于地下水的严重开采，已造成大面积的地下水降落漏斗，并引起地面沉降、地面塌陷、咸水入侵、水质恶化等一系列的问题：如上海、北京、西安等城市出现的地面下降；北京地下水硬度升高等。采取地下水的许可证制度则难以真正推进。这从另一个角度说明，利用行政手段解决水资源管理已经不能适应社会经济发展的需要，只能运用经济手段进行管理，才能走出困境。

（6）水利工程的建设和维护困难。由于国家对水资源的所有权在经济上得不到实现，使得水资源工程的建设和维护难以实现，造成每年都发生不同程度的灾害。在水资源治理时，往往由于资金的不足，使得治理工程一方面达不到设计要求，另一方面因需要治理的工程多而顾此失彼，不能全面综合治理。例如，我国的水利工程大都是以前建设的，现在这些水利工程大部分都已经老化失修，效益逐年衰减，再加上人为破坏严重，水利工程设施的维护十分困难。我国水利工程的调节径流能力仍然很低，跨流域的饮水工程更是不足。因此，必须对我国现行的水资源管理体制进行改革，使之符合自然资源的规律和经济规律。

（7）水资源管理的法律体系不健全。在十一届三中全会以后，宪法中的"国家保护环境和自然资源，防止污染和公害"的条款，成为我国自然资源保护法制建设的基础。国家陆续颁布了《水土保持法》《水污染防治法》《水法》《取水许可制度实施办法》等一系列重要的水法规。但是，这些法律法规不能完全满足实际需要，无法适应社会主义市场经济的要求。例如，有的水法规是在计划经济的背景下产生的，无法适应当前加强水资源统一管理的要求。此外，现有的水法规体系忽略了水资源与其他资源之间的联系，有待于完善。由于地表水和地下水是一个整体，共处于自然系统之中，应尽快制定有关地表水和地下水的统一法律，以弥补这方面的不足。

第三节　水资源资产化管理概论

一、水资源资产的内涵及其基本特征

（一）水资源资产的内涵

为了更清晰准确地理解水资源资产，首先要深刻理解什么是资产和资源资产。目前，国内外对于资产的定义有很多种，有的从经济资源角度定义资产，有的从经济利益角度界定资产，有的则从费用的侧面来阐释资产，或者综合上述三个加以厘定，它们各有利弊。在此给出三个具有代表性的定义：《辞海》给出的定义是：资产是指"一个单位所拥有的各种财产、债权和其他将会带来经济利益的权利"；国际会计准则委员会（IASC）发表的《编制和呈报财务报表的结构》定义"资产是作为过去事项的结果而由企业控制并且可以期望向企业流入未来经济利益的一种资源";我国新颁布的 2001 年 1 月 1 日开始实施的《企业财务会计报告条例》中,定义资产为"过去的交易事项形成的由企业拥有和控制的资源,该资源预期会给企业带来经济利益"。

从上述的多个定义可以看出,无论是从经济资源、费用角度还是从经济利益角度来定义,都包含了同一个共性的问题,即资产的实质在于它是一种具有所有权主体、能够带来预期收益的经济资源。因此,资产就不可避免地具有收益性、经济性、权属性和有偿性。资源资产是指"国家、企业或个人所拥有的,具有市场价值或潜在交换价值的,以自然形式存在的有形资产"(《中国资源科学百科全书》)。资源资产与其他有形资产相比,具有 4 个基本特点:①具有战略意义,是战略性资产;②不因时间推移而被贬值或折旧,可以恒定保值和不断增值;③是其他有形资产创造财富的条件和自然物质基础;④兼有固定资产和流动资产的成分和性质。

从资产角度看,水资源符合资产的条件:①水资源大部分归国家所有,少部分归集体所有,但都具有所有权主体;②水资源已经为开发利用者、所有者产生了巨大经济利益,并正在产生更大的经济利益;③水资源是指自然水中可被利用的水体,在被利用的过程中,通过一定手段能够"控制可预期的未来经济利益"。不像阳光、气温、风、微生物、某些动植物等一些自然资源那样,目前还没有能够控制其未来可预期的经济利益的手段。可见,水资源具有资产属性。

从资源资产角度看:①水资源为国家所有并以自然形式存在;②水资源是一切有形资产创造财富的必需条件和必不可少且不可替代的自然物资基础,最具战略性,是最典型的战略性资产;③水资源具有市场价值和潜在交换价值,并伴随水资源数量的短缺和经济的发展,不仅可以实现恒定保值,还将不断增值;④水资源一方面以存贮方式而存在,另一方面又以流动方式来转移,同时具有固定资产和流动资产的双重性质和成分。所以,从资源资产角度分析,水资源也具有资产属性。因此,必须把水资源看作是一种资产来进行管理和开发利用。

对于水资源资产的概念,人们往往会将它与水资源概念相混淆。自然界中的水资源并不一定都是水资源资产,水资源资产的范畴略小于水资源的范畴,只是水资源的一部分。只有满足以下条件才能称其为水资源资产：①水资源能在合理调配下为人们所使用，即要处于使用状态或将能为人们所利用；②水资源资产具有价值并且能够用货币衡量；③能够为用水户带来经济效益。

（二）水资源资产的基本特征

水资源作为资源资产的重要组成部分，除了具有普通资源资产的性质之外，它还具有自己的特点。

（1）经济性。商品同时具有使用价值和价值两个特征。水资源资产具有商品的特征，同时具有使用价值和价值，因此水资源资产是一种商品，具有非常显著的经济特性。水资源在开发利用的过程中，包含了大量的人类劳动，如河道疏浚、水土保持、水利工程的建设、商品水的开发等。所以会产生价值，其根源在于水的多元使用价值：饮用价值、灌溉价值、养殖价值、工业利用价值、生态环保价值等。但由于长期以来人们不承认水资源资产作为生产要素加入生产过程包含着人类劳动；不承认水资源资产需要予以补偿；不承认价值规律对水资源有保护、开发、利用的巨大作用，对重要的自然资源不作价、无偿供给或定价很低，致使水资源浪费严重、肆意开采，造成今日水资源短缺和污染严重的问题。这就是因为未注意到水资源的经济性使然。

（2）稀缺性。由于水资源量的有限性决定水资源资产数量的有限性。尽管水资源是一种再生资源，可以循环利用，但水资源的再生要受到其生长规律的制约。地表水必须经过大气循环，经过水气上升、冷凝、重新又下降到地球表面得以再生，与地下水的再生相比较时间短，而地下水的再生则需要成千上万年才能恢复。由于我国水资源资产地区分布不均衡，水资源资产的稀缺可以分为两类：一类是水资源的绝对数量极其丰富，可以满足人类长期的需求，但由于获得水资源需要投入大量的生产成本，获取的水资源数量是有限的，这种情况的稀缺性称为经济稀缺性；另一类是由于缺水地区自身的水资源绝对数量有限，不能满足人们的需求，这种情况的稀缺性称为物质稀缺性。正是由于水资源稀缺性的存在，决定了水资源是有价值的，是一种特殊的商品，通过水资源价格来体现出其所具有的价值。

（3）循环性。因为水循环是一个庞大的天然水资源系统，循环往复，使地表水和地下水都处于水循环系统之中，可以不断地供给人类利用和满足生态环境平衡的需要。正是因为水具有循环性，地表水和地下水二者可以相互交叉，相互转化。所以水资源的循环性决定了水资源资产的循环性。

（4）多功能性和不可替代性。水资源资产在国民经济的各行各业中占有重要地位，没有水，各项建设事业就无法进行，它是推动人类进步和社会发展不可替代的资源。水资源一般可以分为生态功能和资源功能两类。生态功能是指水资源是一切生命赖以生存的基本条件，如果缺水，地球上的一切生命将无法生存，在这方面水是绝对不可替代的；水的资源功能是指水资源是一个国家或地区经济建设和社会发展的一项重要的自然资源和物质基础。其资源功能的大部分内容是不可替代的重要生产要素，如农业灌溉、工业、造纸和钢铁等行业都必须用水；而有些部分则是可以替代的，如工业冷却用水、水力发电等。但这种替代涉及技术经济、环境等方面的因素，在经济上的成本较高。从环境经济学分析，这种替代往往要付出更大的生态环境成本。因此，水资源资产是不可替代的。

（5）重复利用性。水资源资产的使用可分为消耗性和非消耗性。在其水质能满足各用水户要求前提下可重复使用。例如，发电尾水可用于通航、灌溉等，用于通航的水资源同样可用于养殖、旅游等，工业用水可以循环使用，如此等，具有重复利用性。

二、水资源资产化管理的内涵及其必要性

（一）水资源资产化管理的内涵

水资源资产化管理是指把水资源作为资产，从开发利用到生产再生产全过程，遵循自然规律和经济规律，进行投入产出管理，促进水资源的有效配置和合理利用。其主要内容是：对水资源实行有偿开发利用、有偿使用制度，充分认识水资源的价值，把开发利用权逐步推向市场，再将收益投入于水资源的各项事业；建立水资源的核算制度、规划制度、补偿制度和监督制度，逐步形成以水养水、以库养库、以堤养堤的局面，最终达到水资源的良性循环，为经济社会提供良好

的经济效益和生态效益。水资源资产化管理的目的是有偿使用水资源，通过投入产出管理，确保所有者权益不受损害，增加水资源产权的可交易性，促进水资源价值补偿和价值实现。

水资源资产化管理，简单地说就是将水资源作为生产资料构成的资产来管理。它包含三个特征：确保所有者权益、自我积累增值性和产权的可流动性。

（1）确保所有者权益。我国宪法明确规定，水资源等自然资源的所有权为全民所有，即为国家所有。任何组织和个人不得以任何手段侵占其所有权。作为经济资源，所有权主要是指从这种经济资源的利用中获取合法的经济利益。我国宪法规定的所有权为国家所有，其目的是强调国家开发利用水资源经济利益的所有权。但是，目前我国水资源开发利用中产生的"谁发现、谁开发、谁所有、谁受益"的现象，就是忽视和无视国家所有权经济性要求的结果。

（2）自我积累增值性。水资源开发利用中自我补偿、增值、积累，主要指的是价值运动。这就要求对水资源，无论是附加了人类劳动的，还是未附加人类劳动的，都要进行合理、科学的经济评价，确定它们的经济价值。但目前，我国水资源开发利用中的自我补偿等能力很差，表面上看是水资源价格过低，实质上是由于不承认稀缺的水资源具有特别的经济价值，对这种经济价值评估不合理以及在产权和市场管理机制上严重滞后市场经济体制等多方面原因造成的。

（3）产权的可流动性。市场经济实践证明，如果生产要素（即要素产权没有流动性）没有流转性，那么其资源配置的合理性就很难形成。水资源资产作为一种重要的生产要素，要想对其实现资产化管理，必须要求水资源产权具有流动性。从我国的实践看，由于客观上存在着水资源所有权、经营权和使用权的分离，导致水资源产权的模糊，同时由于市场经济还不完善，水资源的产权还不具备流动性。经济学家认为，水资源产权制度的完善与改革对水资源的开发利用和保护管理具有不可替代的作用。

（二）水资源资产化管理的必要性

（1）资源资产化管理是中国可持续发展的要求。"可持续发展"是在生态环境恶化、人口激增、资源承载力下降、经济发展失调的背景下产生的。其核心是自然资源的可持续利用，与人类生存和发展息息相关的生态系统保持平衡，并得到保护和改善，使之适应和促进人类生存和发展的需要。水作为一种重要的自然资源，是实现可持续发展的物质，水资源的可持续利用是可持续发展的基础和核心。没有可持续利用的水资源，就谈不上社会经济的可持续发展，水资源的供需不平衡甚至可能会导致一个国家社会和经济的波动和危机。反之，如果社会经济的可持续发展没有水资源持续利用的支持，则会反作用于水资源系统，甚至影响、破坏水资源开发利用的可持续性。

只有对水资源实行资产化管理，明确水资源是一种资产，重新确认水资源的真正价值，解决水资源的产权关系，才能理顺国家、地区、企业和个人诸多方面的经济关系。建立完善的管理制度，利用价格机制和经济手段，落实资产经营的责任，通过需求管理、供给管理有效促进水资源的优化配置和合理利用，才能保证实现水资源的可持续利用。

（2）水资源资产化管理是社会主义市场经济体制的必然要求。随着社会主义市场经济的逐步建立和完善，水资源的开发、利用与管理也要与社会主义市场经济发展规律相适应。水资源是一种在自然过程中可以恢复再生的自然资源，对水资源进行资产化管理的重要目的就是要使水资源这种资产保值增值，而不是完全靠消耗这种资产来获得收益。但是由于长期受资源无价和低价思想的影响，在粗放型经营方式指导下，常常出现水资源等自然资源的超采或滥采，又由于经营者、使用者不承担水资源衰减所造成的损失，因而缺乏有效保护自然水资源、节约水资源的激励机制，使水资源质量下降、数量减少。因此，计划经济体制下所形成的以行政手段进行水资源管理的模式，其所有权、经营权、使用权模糊不清，造成了对水资源无偿占用和开发利用，产生了一系列问题。传统的水资源管理方式已经不适应社会主义市场经济的需要，必须进行改革，明确水资源所有者和经营者的权利和义务，使产权清晰明确，并通过市场价格机制的自动调节作用，使水资源得到合理配置和有效利用。

（3）水资源资产化管理是实现水资源价值充分反映和有效补偿，也是保证水资源资产保值增值的需要。由于我国水利工程主要靠国家拨款的形式来建造，资金有限，使水利工程的建设跟不上需水的要求。正是由于资金缺乏，使工程的保养、修理及管理等费用不到位，很多工程都不能在设计状态下工作，甚至是带病工作。同时，由于没有对污水的排放进行很好的管理，使各种工业、农业和生活废水肆意排放，造成水环境的破坏和严重恶化，而有限的污水处理厂有些也因为资金问题而不能正常运作。这种对水资源的无序管理，使水资源被大量消耗，效益低下，价值得不到应有的补偿，造成了水资源管理的经济危困、水资源危机。因此，需要一种新的水资源管理方式，即水资源资产化管理模式来从根本上改变目前这种无序状态。

（4）水资源资产化管理是适应我国整个资源管理体制改革和经济增长方式转变的需要。通过水资源资产化管理，采用符合市场经济规则的经济手段，形成强有力的约束机制和激励机制，提高水资源的利用效率，并最终实现水资源最优配置。同时，通过水资源资产化管理实现水资源管理观念和管理方式的改变，对于深化我国整个资源管理体制的改革和经济增长方式的转变，都具有重要的意义。

（5）水资源资产化管理是实现水资源良性发展的必要途径。通过对水资源进行资产化管理，使水资源的利用、保护和发展走上良性轨道，形成良性循环，才能使水资源的经济效益、生态效益和社会效益得到协调发展。生态环境是人类生存发展的基础，水是生态环境不可缺少的要素，在开发利用和保护水资源的过程中，应该把维护生态环境的良性循环放到突出的位置上，才可能为实施水资源可持续利用、保障人类和经济社会实现可持续发展战略，奠定基础和创造条件。通过水资源资产化管理，规范水事行为，扭转对水土资源的不合理开发和利用，逐步减少和消除影响水资源持续利用的生活、生产行为和消费方式，遵循水的自然规律和经济规律，协调人与水、经济与水、社会与水、发展与水的关系，科学合理地开发利用水资源，维护生态环境及水资源环境安全。

三、水资源资产化管理的原则

为了实现水资源资产可持续利用的发展目标，必须确立水资源资产化管理的原则。

（一）可持续利用原则

1980年3月5日，联合国大会向世界发出了"必须研究自然的、社会的、生态的、经济的以及利用自然资源过程中的基本关系，确保全球的可持续发展"的呼吁。此后，国际社会把可持续发展视为新的发展模式，使可持续发展成为当今世界经济发展的主要潮流，也是资源开发利用的主导思想之一。可持续发展的内涵是指发展不仅要满足当代人的需要，而且又要保障后代人的发展不受影响。它包含三个方面的含义：①可持续性（Sustainability）。②可持续发展（Sustainable Development）。③可持续利用（Sustainable Utilization），它包括两个方面的涵义：一方面是指可再生资源的利用要保持在它的可更新的限度之内，这样才可永远地持续利用下去；另一方面是指对于非再生资源只能提高使用效率和使消耗降低到最低程度，或使用代用品延长其使用"寿命"。

根据水资源的特性，冯尚友先生对水资源持续利用进行了界定：在维持水的持续性和生态系统整体性的条件下，支持人口、资源、环境与经济协调发展和满足代内和代际用水需要的全部过程。水资源持续利用的目标是根据可持续发展理论，依托于生态、经济系统之中，支持和维护自然 —社会的持续发展，其中心任务是开发利用水资源、保护环境、发展经济，永续地满足当代人和后代人发展用水的需要。从水资源的可持续发展来看，既要保证水资源开发利用的连续性和持久性，又要使水资源的开发利用尽量满足社会与经济不断发展的需求。两者必须密切配合。没有可持续开发利用的水资源，就谈不上社会经济的持续、稳定发展。反之，如果社会、经济发展的需求得不到水资源系统的支持，则会反作用于水资源系统，影响甚至破坏水资源开发利用的可持续性。水资源对社会经济的承载力是维持水资源供需平衡的基础，也是可持续发展的重要指标之一。

水资源是保障人民生活、国民经济发展的重要资源，是社会可持续发展的物质基础和基本条件，它要求水资源开发利用不能只顾眼前利益，而且还必须着眼于我们的子孙后代。水资源是一种财富，但是这种财富不仅属于我们，也属于我们的子孙。水资源的过度开发和水环境的破坏及严重恶化，必然削弱水资源支持国民经济健康发展的能力，并且威胁后代人的生存和发展。所以，在水资源资

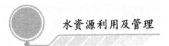
产化管理中，水资源可持续利用的原则必须严格加以贯彻和实施。

（二）市场化原则

水资源资产管理体制，要适应社会主义市场经济的要求，就是要以市场经济的要求作为水资源资产管理的基本取向。传统的水资源管理体制，是在水资源无价、无偿开采利用、福利性的非资产化管理前提下建立起来的。这种管理体制与我国现行的社会主义市场经济体制是难以相适应的，表现在：①单纯的行政管理削弱和忽视了所有权管理。②只有实物性、技术性管理，忽视经济管理。③水资源的产权不能流转。而水资源的开发利用，不仅要保证技术经济的合理性，还要进一步保证开发利用水资源的经济效益归属的合法性和合理性，而且必须要求我国将水资源作为具有经济价值的资产进行管理，做到技术管理和所有权管理并重，所有权适当集中，培育和完善国家调控下的产权交易市场，充分发挥经济杠杆作用。

（三）国家产权管理原则

根据国家法律规定，在水资源等自然资源中，国家产权占有绝对大的比重。而在现实的产权管理中，产权往往被弱化和虚置，管理的概念很模糊，管理的弹性太大，很不规范。因此，资产化管理的核心是产权管理，要保证国家所有权的完整性和统一性，要确保所有权在经济上得到实现，真正做到确保所有权，落实经营权。传统的水资源管理体制，虽然名义上维护国家所有权的地位，但在实际上却将国家所有权转变为部门所有、地方所有，置国家所有权利益于不顾。建立水资源资产化管理体制，关键是水资源产权管理，是要找到水资源所有权在经济上的具体实现形式，否则所有权实际上是虚拟的。

（四）定效益原则

水资源资产化管理体制要有益于最大限度地提高单位水资源的利用效益，要改变对水资源无偿占有和无偿开发利用的做法，逐步实行有偿占有和有偿开发利用制度，强化国家对水资源的产权管理，明确水资源所有者、经营者各自的责、权、利及其相互之间的关系，并与法律责任相联系。只有这样才能最大限度地调动经营、使用水资源单位的积极性，激发他们从自身利益出发，采取一切措施、手段改变水资源浪费、利用率不高的状况，从而使有限的水资源能得到最大限度的利用，真正做到"节约、合理利用水资源"。

（五）划分价值补偿与价值实现原则

水资源资产是以自然环境为基础，并辅之以人工创造的综合性资产，人类对其的投入包括勘探性投入、开发性投入、再生性投入等。应该将财务部门会计核算与水资源管理部门数量价值核算结合起来，综合反映。这样，水资源调查资料才会得到充分利用，才能有利于水资源的资产化管理。

由于水资源资产的价值形成具有人工投入与天然生成的共生特性，人工投入的价值是由凝结在水资源资产中的人类劳动形成的；天然生成的价值是由其有用性、稀缺性、独占性和未来获益性带来的。人工投入的价值应在产品成本中得到补偿，而天然形成的价值则主要通过市场价格实现。

四、水资源资产化管理的目标定位

水资源资产化管理的目标定位，是建立一种高效、合理、科学的水资源配置与运作体系——现代水资源经营制度和水资源产权市场，使得被消耗的水资源得以再生和重建，存量的水资源得以最有效配置，并最大限度地调动起各方面对其的投入，使得水资源开发与利用在高水平、高起点上实现经济、社会、环境的和谐统一和相互促进，建立持续、高效、稳定发展的水资源产业经营的体系，有效地治理和保护水资源环境，促进水资源的可持续利用，进而促进整个社会经济的可持续发展。实现这一目标的核心问题是水资源产权市场的建设和管理，关键是水资源价值补偿与价值实现。

第四节　可持续利用的水资源资产价格形成机制研究

　　水资源价值是水资源资产化管理的核心，是水资源走向市场和水利走向良性循环的纽带，也是进行水资源核算并将其纳入国民经济核算体系的关键。水资源价格是水资源价值的表现形式，因此，确定合理的水资源价格是水资源价值补偿与价值实现的关键。合理的水资源价格不仅能够反映水资源资产的价值，还能够反映国家水利产业的相关政策，以及调整水利产业与其他产业的关系，合理分配水利产业的既得利益，对促进节约用水，提高水资源的利用效率，实现水资源资产的高效配置具有重要意义。

一、水资源资产价格理论分析

　　由于受到"资源无价，可以任意使用"的传统水资源价值观的影响，我国在水资源资产的开发利用等方面都造成了极其严重的后果，致使水资源资产极度短缺和浪费。人们越来越清醒地认识到传统水资源价值理论不再适应社会经济可持续发展的需要，必须重新认识水资源价值理论并且不断完善。本节主要从边际效用价值论、马克思的劳动价值论、地租理论等方面简要分析水资源资产价格。

（一）边际效用价值理论分析水价

　　边际效用价值论是从物品能满足人的欲望能力或人对物品效用的主观心理评价角度来解释价值及其形成过程的经济理论。"边际效用"是指在不断增加某一消费品所取得的一系列递减效用中最后一个单位所带来的效用。边际效用论的核心观点：①价值起源于效用，效用是价值形成的必要条件。只有当某一物品能够满足人们的需求，而且认为这种物品具有稀缺性时才能够进行评价，即具有价值。②边际效用是衡量价值的重要尺度。③边际效用递减和边际效用均等原则。边际效益递减规律是指随着享用的物品数量不断增加，人们对产品的消费欲望递减。边际效用均等原则是指不计较各种欲望最初的绝对量，最终使各种欲望满足的程度相同时人们获得的总效用最大。④效用量是由供给和需求之间的状况决定的，其大小与需求强度成正比，物品的价值最终由其效用性和稀缺性共同决定。

水资源是自然资源中最重要的一种资源，是人类生存和经济发展不可或缺的重要资源，能够产生巨大的效用；随着水资源供给与需求的矛盾日益激化，水资源已经成为稀缺的资源。所以，水资源满足边际效用理论的条件：一是能够产生巨大的效用；二是具有稀缺性，很容易得出水资源具有价值的结论。

但是效用价值理论也存在缺陷，它将商品的价值混同于使用价值或物品的效用，因为水资源资产同时具有价值和使用价值，而效用价值论将二者混为一谈，抹杀商品价值范畴所固有的社会历史属性。同时，效用价值论遵循效用价值递减规律，对水资源而言，认为没有开发利用的水资源和人类没有涉足的水资源的边际效用为零，即没有价值，这是不对的观点。

（二）马克思的劳动价值论分析水价

马克思的劳动价值论是在批判地继承古典政治经济学的劳动价值论的基础上建立起来的科学价值理论，主要论述了使用价值与交换价值之间存在的对立统一关系，指出价值与使用价值共处于同一商品之中，使用价值是价值的物质承担者，离开使用价值，价值就不会存在。运用马克思的劳动价值论来考察水资源资产的价值，存在两种观点：一是处于自然状态下的水资源是自然界赋予的天然产物，没有凝结人类的劳动，所以没有价值。二是人类为了保持自然资源消耗速度与经济发展需求增长相均衡，投入了大量的人力物力来开发利用水资源，使水资源中凝聚了人类劳动，具有了价值。

上述的两种观点都是从水资源等自然资源是否物化了人类劳动为出发点展开论证的。第一种观点没有考虑资源环境等现实问题，如果立足于经济不发达的年代，也就是马克思所处的年代是正确的，但处于当今社会、经济高速发展的年代，水资源等自然资源的无偿使用，导致掠夺性的开发，生态环境极其恶化，资源短缺日益突出等严重的后果。第二种观点则是立足于经济高速发达、资源环境问题已经成为世界面临的重大问题时代，人类必须参与自然资源的再生产，投入大量的人类劳动，水资源不可避免地具有了价值，符合马克思的劳动价值论的观点。

运用马克思的劳动价值论来分析水资源的价值，对于解决水资源等自然资源被无偿使用的问题帮助不大，它只是对物化了的人类劳动的那部分水资源价值进行补偿，但没有涉及对自然资源本身被耗费的补偿，尽管在某种程度上，运用经济杠杆调节的作用起到了限制水资源的使用，但最终的结果还是导致了水资源等自然资源的无偿使用。因此，单纯地运用马克思的劳动价值理论来解决水资源等自然资源的价值是非常困难的。

（三）地租理论分析水价

地租理论是马克思经济理论的重要组成部分。地租是土地所有者凭借其具有的土地所有权获得的收入。"土地"一词并非单纯地指土地这一自然资源，它泛指包含水资源在内的一切自然资源。马克思在《资本论》中说，自然资源、耕地、建筑地段、矿山、渔场、森林、水流等都可以作为土地来理解。为了租用土地、水资源等自然资源，在一定期限内按照契约规定支付土地所有者的货币金额，统称为地租。

马克思的地租理论中规定："土地价格无非是土地资本化的收入。"由此可知，水资源价格是水资源资本化的收入，即水资源价格是水资源资金化的地租。水资源价格的实质是，水资源价格是水资源使用者为了获得水资源使用权，需要支付给水资源所有者的一定货币额，体现了水资源所有者和使用者之间的经济关系，是水资源有偿使用的具体表现。这里指的水资源既包括已经被开发利用或已经凝聚了人类劳动的水资源，也包括那些处于自然状态，还没有被人类开垦利用的水资源。

水资源的地租也同土地的地租一样，有级差地租和绝对地租两种。这里所说的水资源级差地租是指生产条件较好或中等土地（含水资源资产）所出现的超额利润。由于水资源资产的地理分布不同，水质、水量等方面存在差异，因此水资源也同土地一样存在着级差地租。例如水质好、地理位置优越的优等水资源的开发利用者会获得超出同行业平均利润率的超额利润。级差地租又可分为级差地租Ⅰ和级差地租Ⅱ。级差地租Ⅰ是指等量的资本投在不同等级的同量土地上所产生的个别生产价格与调节市场价格、垄断生产价格之间的差额。级差地租Ⅱ是指等量的资本连续地追加在同一土地上，由于连续追加投资的不同生产率而产生的级差地租。水资源的绝对地租是指水资源的所有者单凭水资源的所有权获得的地租。为了合理有效地利用水资源，保证水资源所有权在经济上得以实现，必须对水资源的使用者收取一定的费用，这种凭借水资源所有权而获取的收益，就是水资源绝对地租。如果使用这种资源，而不向资源所有者交付任何的费用，其结果等于资源的所有者放弃了资源的所有权。

由此可以认为，作为自然资源的天然水，尽管没有经过人类的开发利用和加工，但由于水资源资产自身具有稀缺性和产权价值，人们要取得水资源资产的使用权就要付出代价。这个代价就是水资源地租价格资金化价格。水资源具有稀缺性，一个人的使用将减少其他人的使用机会，现在较多的使用将减少将来的使用机会，因此，要在使用资源的机会成本中体现这种稀缺价值，而稀缺价值正是通过取得水资源产权即水权的支付来实现的。水资源的绝对地租和级差地租被水资源所有者和使用者所拥有，它们在水资源所创造的产品价格中得到补偿。

二、水资源资产价格形成机制

（一）水资源资产价值与价格的关系

商品是指通过市场交换来满足人们某种需要的劳动产品，它具有两方面的属性：自然属性和社会属性。从自然属性的角度来看，商品都具有满足人们某种需要的使用价值。例如衣物可用于遮体御寒、粮食可用于充饥、水可以解渴、书报可以供人阅读获取信息等。由此可见，"物的有用性使物具有使用价值"。从社会属性的角度来看，商品又可被其所有者用来和别人的商品相交换，因而具有交换价值。"交换价值表现为一种使用价值和另一种使用价值相交换的量的关系或比例"。人类劳动凝结在商品中形成了商品的价值。使用价值不同的商品可以按一定的比例相交换，是因为它们都是劳动的产品，都具有价值。因此，价值是交换价值的基础，交换价值则是价值的表现形式。

价格属于商品经济的范畴，是商品经济和商品交换发展到一定历史阶段的必然产物，它也同商品、货币一样属于历史范畴。实质上商品的价格是商品价值的货币表现形式。自从价格产生后，无论是商品生产者还是消费者，无不密切注视着价格的运动。价格的涨落，指挥着商品生产者的行动，也影响着商品消费者的选择，其中，价值规律起着重要的支配作用。价值规律是商品生产和商品交换的客观经济规律，它随着商品经济的产生而产生，也随着商品经济的消亡而消亡。其基本内容包括：商品的价值量由生产商品的社会必要劳动时间决定，商品的价格要以价值为基础，商品交换要以等量价值为基础来进行。价值规律是一个客观的规律，不以人们的意志为转移。

根据劳动价值论，按照劳动作用的不同方式，生产商品的劳动分为直接劳动与间接劳动。直接劳动是直接作用于商品生产过程的劳动，其劳动直接凝结于商品中，创造出商品的价值。间接劳动的目的是为了生产某种使用价值，它通过其他方式间接地作用于商品生产过程，因而也是创造商品价值所必需的劳动。在可再生自然资源价值的创造过程中，直接劳动包括对资源的开发、保护、恢复和增殖的劳动，间接劳动包括开发替代资源的劳动。

对水资源资产而言，人类开发、监测和治理水环境的劳动是直接劳动，为保护水环境研究和开发减少废水排放的技术和工艺所付出的劳动则是间接劳动，两者均为构成水资源价值的要素，水资源资产具有价值和价格；有些水资源人类没有投入劳动，不是商品，但由于水资源自身的有用性和稀缺性，运用地租理论，对这部分水资源使用可以像对土地资源的管理一样征收一定的费用，使得资源的所有者可以产生收益即水资源资产的地租收益，于是没有投入人类劳动的天然水资源也就有了价格。

水资源价值是地租的资金化，是水资源使用者为了获得水资源的使用权需要付给水资源拥有者（包括国家和集体）的一定货币额，它体现了水资源所有者和使用者之间的经济关系，是水资源有偿使用的具体表现，是对水资源所有者因水资源资产付出的一种补偿。水资源价格应该是水资源价值的表现形式，按照价值规律，应该是围绕价值上下波动。

但由于人们受到传统价值观"水资源是取之不尽，用之不竭"的影响，认为水资源无价或价格很低，长期采取无偿供水或低价供水政策，导致水利工程维修管理、设备更新费用严重不足，许多单位连简单的再生产都难以维持，同时不利于合理用水和节约用水，造成严重的水资源浪费。致使水资源资产的价格偏离了水资源资产的价值，不能客观地反映水资源资产的价值。

（二）水资源资产价格形成

为了更有效地满足社会对水资源资产的需求，天然水资源的开发利用是指经过投入资本、劳动，通过利用知识和生产技能、技术相结合，能生产出的主要产品或提供服务的一系列活动的过程。水资源资产从资源水到商品水，再到排水回归自然，构成水资源在生产生活中的循环过程。

通过对水资源资产的价格进行分析和研究，合理的水资源价格形成机制是市场经济和计划经济价格机制相结合而形成的价格机制，即以市场供求为基础、政府参与制定的价格，必须能够反映水的全部机会成本，必须包括资源水价、工程水价和环境水价三个部分。

（1）资源水价（水资源费）。资源水价是指在资源稀缺地区，人们为取得天然水资源而付出的代价，它包括对水资源耗费的补偿、对生态环境（如取水或调水引起的生态变化）影响的补偿，以及为加强对短缺水资源的保护、促进技术开发和节水等而进行的技术投入。资源水价由两部分构成，一是地租本金化价格，即天然水的价格，二是水资源开发利用前期投入的补偿费用，主要是补偿追加人类劳动的价格。资源水价通过征收水资源费（税）来实现，属于非市场调节的水价部分，一般由政府采取法律手段硬性规定。水资源费（税）是法定价格，不随市场变化，但其定价应考虑到要逐步适时、适地、适度地调整水价，真正体现水资源的应有价值。

（2）工程水价。工程水价是指通过具体的或抽象的物化劳动把资源水变成产品水，进入市场成为商品水所花费的代价。按照《水利工程管理单位财务制度》的有关规定，工程水价主要由四个部分组成，即生产成本、费用、利润和税金。1995年6月16日水利部（水财［19951226号］）《水利工程供水生产成本、费用核算管理规定》（简称《规定》）中指出：生产成本包括直接材料费、直接工资、其他直接支出和经营管理费用。其中，直接材料费包括原水费和燃料动力费等。

《规定》中还指出费用包括管理费用、财务费用和营业费用。财政部（［1997］财预字第288号）《水利工程管理单位财务制度》（暂行）中规定：水管单位的利润总额由生产经营利润、公益服务利润、投资净收益、营业外收入、营业外支出和补贴收入构成。税金包括营业税（或增值税）以及从利润中形成的所得税。

（3）环境水价。环境水价是指水资源在开发利用过程中对生态环境造成污染或引起生态环境功能降低而付出的代价。即为治理污染和保护水环境所付出的经济补偿。环境水价包括两部分：一是用于弥补污水排放处理的成本费用，这部分属于污水处理企业的合理收入，体现的是对污水处理企业的成本与利润的约束；二是由于引用水资源对生态环境产生的影响的补偿，体现的是水资源的稀缺程度。

三、水资源资产价格的定价方法分析

近几十年国内外对水资源价格的研究发展很快，但由于价格理论的多样化，对水资源价格的来源和构成提出了不同的定价方法，即使是运用同一理论，也可以从不同的角度提出了不同的方法和模型。最具有代表性的是影子价格定价法、平均成本定价法、边际机会成本定价法、全成本水价定价法。以下将分别对上述四种方法进行分析。

（一）影子价格定价法

影子价格是指当社会处于某种最优状态时，能够反映社会劳动消耗、资源稀缺程度和对最终产品需求情况的价格。影子价格是人为确定的、比现实交换价格更为合理的价格。从数学规划的角度看，影子价格是运用线性规划的方法求出的最优解，它的经济含义是在资源得到最优配置、社会总效益最大时，该资源投入量每增加一个单位所带来的水费总效益的增加量。由于影子价格是根据资源的

稀缺程度来对现行资源的市场价格进行修正，反映资源利用的总社会效益和损失，符合资源定价的基本标准。从定价的原则上看，其更好地反映产品的市场供求情况和资源的稀缺程度；从价格上看，其能使资源配置向最优的方向发展，为资源的优化配置和有效利用提供正确的价格信号和计量尺度。尽管影子价格定价法具有很多的优点，能够为资源的优化配置和有效利用提供参考，但由于影子价格采用的是线性规划的方法，在计算的过程中，由于存在多个不同参数和多个约束条件，对于同一种资源由于选取的参数和约束条件不同，计算的结果存在很大区别，不同地区的影子价格没有横向可比性；该方法在操作过程中，需要资源和经济的数据量大，计算复杂，因此，在实践中存在很大的困难。此外，影子价格反映的只是一种静态的资源最优化配置价格，不能动态地反映资源在不同时期的最优价格，这也是影子价格模型的局限性所在。

（二）平均成本定价法

平均成本定价法又称为成本核算法、成本加利润法。它是一种常见的垄断部门的定价方法，其定价的基础是平均成本的估计数，目的是为弥补运行费用而提供足够的收入，价格计算中所包含的利润率一般取社会平均利润率。在平均成本定价过程中，首先要对相关历史数据进行分析，根据会计原理确定供水企业的收入需求。它是根据用水的行为方式来划分不同类型用户，并在不同类型用户间进行服务成本的分配，计算各类用户相应的供水平均服务成本，作为费率结构设计的依据。

（三）边际机会成本定价法

水资源机会成本是指当一种资源具有多种用途时，在其他条件相同时，把一定的水资源用于某一用途而放弃的其他用途中所能获得的最大收益。此方法把机会成本的概念引入到水资源价格的制定之中。它从三个方面来定义水资源资产的价格：①边际生产成本（Marginal Production Cost，简称 MPC），它是指为获得资源，必须投入的直接费用，包括勘探成本、生产成本、管理成本等；②边际使用者成本（Marginal User Cost，简称 MUC），即将来使用资源的人所放弃的净效益；③边际外部成本（Marginal External Cost，简称 MEC），外部成本主要指在资源开发利用过程中对外部环境所造成的损失，这种损失包括目前或将来的损失，例如水资源开发过程中所造成的水资源质量下降或环境污染等。

该方法的优点是将资源与环境结合起来，从经济学的角度来度量使用资源所付出的全部代价，它弥补传统的资源经济学中忽视资源使用所付出的环境代价以及后代人或者受害者利益的缺陷。但这种方法也存在着三个缺陷：①在进行资源核算时，要分别计算出 MPC、MUC、MEC 的大小，才能得出水资源价格。在三个部分中，只有 MPC 很容易计算得出，而 MUC 和 MEC 则很难获得。②即使 MPC、MUC、MEC 的数据都得到了，已经计算出价格，由于同一资源不同地区的计算方法不同，地区之间很难进行横向比较，因此，这种方法在实践中也很难应用。

（四）全成本水价定价法

全成本水价定价法是在成本法核算的基础上，将全部外部成本（包括资源消耗和环境污染成本）内部化，并转嫁给资源消耗和污染商品的生产者和消费者，弥合个人成本和社会成本之间的差距。同样，全成本定价将计算所有的资源耗竭稀缺性成本和环境恶化的全部损失。水资源的定价依据主要是成本。这个成本应该包括在水资源开发利用全过程中的总成本，包括前期的勘测调查、规划设计、施工、运行、管理等费用，也包括水资源污水处理的费用，并由此确定需要支付的总成本。全成本水价定价法是在可持续发展思想指导下形成的水价核算方法，它从另一个角度，考虑到水资源的可持续利用、促进水资源的保护以及水资源再利用的可能性等因素，确定的综合水价。

在以上几种方法中，目前我国现行的城市自来水水价、水利工程向城市供水水价大多采用成本法进行核算，尽管它具有一定的局限性，但其计算方法简单，核算方便。国家正在实行水价改革，使水价核算方法由成本核算方法转为全成本方法进行核算，以弥补水资源的成本和对环境造成的损失。

四、长春市水价实证分析

以下通过对长春市现行水价制度的研究，以成本核算法对长春市的水价进行核算，对核算结果进行分析，指出长春市现行水价体系存在的问题，并针对存在的问题，提出对水价体系进行改革的建议。

（一）长春市现行水价制度

目前，长春市水价主要包括水资源费、水利工程水价（引松水利工程水价）、自来水价格、污水处理费等几部分。但长春市对地表水没有征收资源水费，主要是对地下水资源征收一定的水资源费。征收标准是：自来水管网覆盖区域内的居民生活用水 0.74 元 / 立方米，管网外 0.06 元 / 立方米；公用水 1.55 元 / 立方米，管网外 0.15 元 / 立方米。1998 年 9 月，为进一步规范城市供水价格，当时的国家计委和建设部联合制定和发布了《城市供水价格管理办法》，对城市供水实行分类水价。根据使用性质分为居民生活用水、工业用水、行政事业用水、经营服务用水、特种用水五类。

由于城市中居民生活用水是用水大户，为促进有限水资源的合理利用，从 2002 年开始，长春市对居民生活用水试行两部制水价和阶梯式水价相结合的水价制度。但是对于阶梯式水价的收费比例还没有确定，暂按以下标准执行：规定居民用水定额为 3 吨 / 月，3 吨以下用水按第一级水价 2.5 元计收，3 吨～ 4 吨用水按第二级水价 3.75 元执行，超过 4 吨的用水将按第三级水价 5 元计收。对于其他各类用水仍按计量用水的形式收取水费。

（二）以成本法核算长春市水价

在长春市的水价结构中，由于没有对地表水征收水资源费，故地表水征收费用为零，只是对引松水利工程进行征收部分水费，这部分水费可以看作是长春市的水资源费用。长春市的污水处理综合收费基本能够补偿污水处理成本，故在城市水价中不再对污水处理费进行详细核算，按照"补偿成本、合理收益、节约用水"原则，重点对长春城市水价结构中的自来水价格进行核算，其核算方法采用成本法进行核算。按 1998 年颁发的《城市供水价格管理办法》，城市供水价格由供水成本、费用、税金、利润构成。其计算公式为：

城市自来水价格 =（供水成本 + 费用 + 税金 + 利润）/ 年销售量

供水成本 = 直接工资 + 直接材料 + 其他直接支出 + 制造费用费用 = 营业费

用＋管理费用＋财务费用

税金＝增值税＋营业税＋城市建设税＋教育费附加＋其他税金

利润＝资产净值×净资产利润率

（1）供水生产成本核算（所有数据均是 2003 年的数据）。长春市每年从石头口门引水 2.2 亿吨，供水价格为 0.237 元／立方米，从新立城水库引水 0.80 亿吨，供水价格为 0.275 元／立方米，由于吉林省水资源短缺，取资源水价为 0.10 元／立方米。长春市自来水公司的基本概况如下：常年用电量 4 000 万度，电价为 0.50 元／度。固定资产原值为 223 155.3 万元，折旧率为 5%，综合修理费为 3%。职工总人数 4042 人，其中管理人员 1 186 人，工程技术人员 118 人，生产人员 1 666 人，销售服务人员 599 人，离退休人员 473 人。在职工人工资取 1 200 元／月，退休工人工资为 1 000 元／月。

（2）费用。劳动保险费是指供水企业支付给离退休人员的工资、价格补贴、医药费、抚恤费等按规定应支付给离退休人员的各项经费。总计 1 587.6 万元，计入管理费用。

（3）税金。税金是指供水企业应该缴纳的各项税金。

税金＝增值税＋营业税＋城市建设税＋教育费附加＋其他税金 =2 374.77+1.75+166.36+71.30+345.06=2 959.24（万元）

（4）利润。利润是指供水企业的盈利，按净资产利润率规定。自来水公司取得净资产利润率为 6%。

利润＝资产净值×净资产利润率 =205 761.74×6%=12 345.7（万元）

2003 年长春市城区自来水销售水量为 19 884 万立方米。

城市自来水价格＝（供水成本＋费用＋税金＋利润）／年销售量＝（36 654.96+8 202.62+2 959.24+12 345.7）/19 884=60162.52/19 884=3.03（元／立方米）

（三）水价制度分析

通过对长春市的水价制度和以成本核算法对长春市水价进行核算的结果进行分析，可以得出现行水价体系存在以下问题。

水价结构不合理。由于加收水资源费可能会提高水价、减少用水量，从而减少水费收入，因此大部分水管单位不愿加收水资源费。长春市水资源费征收标准低，且收费不普遍，大部分地区还存在可收可不收的思想观念。在长春的水价制度中，也没有征收水资源费，只是象征性地征收一部分引松水费。因此，现有水资源价格不能反映水资源稀缺程度，造成了水价结构的不完整。

水价构成的比例不合理，水价偏低。城市水利工程供水水价偏低，而城市自来水价偏高，且调价空间很小。通过成本核算法计算出的城市自来水价格为3.03元／立方米，而长春市现行的自来水综合价格为2.25元／立方米，只是略低于3.03元／立方米，说明长春市的自来水价格上涨的比例很小，提价的空间不大，如果再提高自来水的价格，则会超出用水户的承受能力。而水利工程水价收费很低，长春市的水利工程收费综合价格为0.66元／立方米，甚至不足以补偿水利工程的成本。应该调整水价结构中各部分的比例，使其趋于合理化。

水费标准背离市场价值，市场调节机制失灵。水费标准一旦确定，难以改动，其水费不能反映市场的价值，市场调节机制严重失灵。这种定价模式很难反映水的市场供求关系，也不能反映水资源的稀缺程度，很难调动水管单位的积极性。

水价制度管理不顺。在水费计收管理上，行政干预严重，截留、挪用水费现象很严重，多数水管单位的农业水费由当地政府代收，通过政府的层层统筹提留，最终交给管水单位的水费很低，只有应收水费的一半左右。这种不合理的水费计收、分配与管理制度，由于水费征收的费用低，一方面不能满足水利工程的更新改造所需的资金，另一方面也是造成水管单位贫困的原因所在。

因此，针对长春市现行水价体系存在的问题，应当以水价改革为突破口，建立科学的水价体系和管理体制，主要包括：①实施符合社会主义市场经济规律的"水价办法"，要体现市场经济运作原则，做到成本不长、合理收益，能够体现商品的价值规律。②考虑到供求关系，采取市场调节，允许部分地区在适当部门的监控下，按照供求关系来调节水价，实行动态水价和超计划累进加价制度。③改革现有的水价制度管理体制，依据《中华人民共和国价格管理条例》，物价主管部门应该负责对水价进行核定、审批和调整，水管单位的收入属于经营性的收入，应严格按照财会制度进行管理和使用。④建立科学的水价体系，确保地表水、地下水及降水联调机制顺利实施。通过对水资源的价格杠杆进行调节，确保水资源的合理利用，保护地下水资源，国家可以行使收益权，通过建立水资源有偿使用机制，而将使用权转让给市场主体，并允许市场主体依法进行使用权。

第五节　构建可持续利用的水资源资产化管理体制研究

一、建立健全的水资源资产管理一体化制度

我国水资源管理中条块分割的局面较为严重，水资源的开发利用及其管理分属于不同部门，出现"多龙管水，多龙治水"的局面，各部门均从自己的利益出发，自行管理和利用水资源，对水资源的总体规划，合理开发、利用与水环境的保护治理都极为不利。例如吉林省，由于管城市供水的不管水资源，管水资源的不管城市供水，严重地破坏了水管理的完整性和协调性。主管局之间、单位部门之间，职责不清，工作开展起来各行其是，互相掣肘。由于体制不顺，不能把农村水、城市水、地下水和地表水进行统一整合，集中统一地科学利用，人为地加剧了城市缺水的程度，一度曾严重地制约了经济发展，影响了城市人民的生产生活。为了实现资源的优化配置，把水资源的开发利用、环境保护、生态平衡等有机结合起来，必须对现有的水资源管理体制进行改革，建立权威、高效、协调、统一的全国水资源管理机构，对水资源的开发利用、配置、节约、治理和保护、地下水回灌实行统一管理、统一规划、统一取水许可、统一配置、统一调度，变"多龙管水"为"一龙管水"。因此，客观上要求对现有的管理体制进行改革，实行水资源资产管理一体化制度。

水资源资产管理一体化，是指将水资源资产放在社会—经济—环境所组成的复合系统中，用综合的、系统的方法对水资源资产进行高效管理。水资源资产管理一体化的主要思想是，水资源资产不仅是自然资源，而且是对环境有相当制

约的环境资源，它对国民经济发展、人们生活福利的提高以及人类社会的可持续发展都有重要的影响，所以，水资源资产管理不能采用"头痛医头，脚痛医脚"的方法，而应该采取"动一发而牵全身"的系统方略。

水资源资产管理上的一体化，重要的是机构协调和目标的一体化，其要求有关部门管理协调统一，部门之间必须拧成一股绳，协同作战，不能各自为政。因此，在坚持水资源统一管理的前提下，实行流域管理与行政区域管理相结合的管理体制，明确流域管理与区域管理的各自职责；理顺水行政主管部门与其他部门的关系，部门管理服从统一管理，行政分区管理服从流域统一管理。

为了实现资源的优化配置，提高水资源的利用效率，我国主要应从两个方面实现水资源一体化管理制度。①流域水资源实行统一管理。设立流域管理委员会，其成员有中央政府代表、地方政府代表、用水户代表、专家代表；委员会主席由选举产生；流域委员会依法拥有对流域水资源的分配权，依法对流域水资源进行统一规划、统一管理，实现流域水资源的优化配置。目前中国的流域机构是水利部的派出机构，最近经国务院批准中编委批复的流域机构"三定"方案已首次明确流域机构是具有行政职能的事业单位，统一管理流域的水资源，但各级政府仍然是现行行政区域管理的主体。②城乡水务实行一体化管理。它是一种以城镇为中心、城乡结合的水资源统一管理体制。目前我国大城市的水资源管理体制是"多龙管水，政出多门"。例如长春市是由水利局、城建局、市政、计委、外贸、环保局六龙管水；吉林市是水利局、城建局、计委、环保局、市政五龙管水。水资源资产管理非常的混乱。水源地不管供水，供水不管排水，排水不管治污，治污不管回用，形成只管"入"，不管"出"的局面。正是由于各部门的管理权限不清，分工不明确，责任不清，政企不分，谁都有责等于谁都没责，出了问题没有责任主体，无法承担责任。最终造成水资源短缺加剧，浪费现象严重，水环境和生态环境受到严重破坏。

中国省市的机构改革正在进行之中，其职能的划分反映国家政策的走向。因此，机构改革不是简单的合并和机构的减少，关键在职能的重叠、职能的转变和机构的效率。应当按照"小政府，大社会"的原则，在机构改革时，一切机构设置应服从两个战略高度：一个是经济社会可持续发展的战略高度，另一个是水资源可持续利用的战略高度。按照中国国家机构职能改革的方案，由水利部门统一管理城乡水资源、负责全国节约用水工作，并归口管理和指导全国乡镇供水工作。市（县）水务局管理体制的兴起，就是为适应这种形势的改革产物。

在实施改革中，要立足水资源的管理和保护，将省、市、县政府中水利、城建、市政、环保、地矿等部门的相关水管理职能剥离出来，建立专门的"责权利"相统一的水资源管理机构，目的是强化水资源行政管理，在规划、指导、配置、协调、服务、节约、减污等领域加强管理，强化立法、执法、监督和标准化工作，弱化非政府职能。机构名称不强求统一，可以叫"水务局""水资源局""水务委员会""水资源委员会"。

水务局应该由水利部、国家环保总局、建设部、国土资源部、国有资产管理局等有关部门的相关人员及学者按照合理的比例组成。其主要职能是对全国的水资源统一管理、规划、决策；制定水资源法律法规，研究和确定水资源开发的地区合理分布；明确水资源的权属，实现水资源资管理和储备管理，开展水资源与环境的核算；对水环境状况进行分析、监督和保护，对水资源资产生产活动实行行业管理；对水资源利用进行协调，处理部门、区域水事纠纷。为了更好地履行管理职能，水务局应具有行政、经济甚至法律的权利。

我国第一个建立水务管理体制的是 1993 年深圳市成立了水务局，实践已经证明，实行水务管理已取得了很好的效果。1996 年陕西率先开始城乡一体化的管理体制，黑龙江于 1999 年推行水务局体制，河北省大部县市推行水务管理，都取得显著成效。中国最大的城市之一上海市已实行水务局管理体制，首都北京市已决定对水资源实行统一管理，天津市、吉林省也正在运作。目前全国共有 24 个省（自治区、直辖市）的 400 多个县（市、区）成立了水务局，或由水利部门实施水务管理，其中有 159 个水利局更名为水务局。

我国应该在科学界定和明确水务局职能的同时，结合"十一五"规划的编制和实施，认真制定科学的水务发展规划和出台相配套的规范性文件，完善法律法规建设，使一体化管理后的水务工作具有明确的法律依据和法律保障。因此，深化水利改革必须理顺水资源的管理体制，强化国家对水资源的统一管理，实行统一规划、统一调度、统一发放取水和排水许可证、统一征收水资源费、统一管理水量水质，并建立用水审计制度。

二、建立以市场为中心的水资源资产配置制度

（一）水资源资产的配置方式

水资源配置是指在特定的区域范围内，遵循一定的原则，通过各种工程与非工程措施，对水源（主要是指地表水）在区域间和各用水部门间进行调配。水资源配置要考虑市场经济的规律和资源配置的准则，通过合理抑制需求、有效增加供水、积极保护生态环境等手段和措施。从国家对水资源的配置方式来讲，可以分为指令计划配置和市场配置两种。

指令计划配置水资源是根据资源利用主体的计划用水上报、以往水资源利用情况统计等，由水权主体——国家将水资源分配给各水资源利用主体。采用这种水资源配置形式的基础是国家拥有水资源的所有权，即水资源归国家公有，是国家内所有水资源利用主体的共有财产。这种计划用水并没有达到计划控制的目标和效果，导致了资源的短缺与浪费并存，不能达到资源的合理高效配置。我国目前基本上还是政府指令计划配置水资源，这种资源配置模式效率很低，缺少激励机制，对用水主体的约束力和诱导力很差，水价过低，不仅造成各种水利设施依赖于政府拨款来建设维修，也造成大量水资源无谓的浪费。

市场配置水资源模式是通过对国外水资源管理经验的借鉴和分析，在我国逐渐建立水市场，以产权改革为突破口，建立合理的水权分配和市场交易经济管理模式，采用市场机制来提高水资源的利用效率。水市场交易规则应该遵循市场经济运行机制。政府通过对交易市场的干预而不是通过行政命令的形式来保证全流域水资源的合理分配和利用，建立由价格制度、保障市场动作的法律制度为基础的水管理机制。

在水资源的两种配置方式中，计划配置模式适用于不具竞争性的资源，即宜采用公共产权形式的资源，而市场配置则是以资源市场价格为信息，依靠价格

杠杆和供求关系来调节资源的配置。但是任何单一的配置形式都不能独立地进行资源的最优配置，实际的资源配置大都是两种配置形式相结合，采取以市场机制为基础、国家宏观调控为补充的资源配置方式。因此，我国为了实现水资源的优化配置和可持续利用，就要在节水的基础上促进水资源从低效益向高效益领域或用途转移，就必须推进水市场的建立、培育和发展，从而使水成为商品，使及水权的有偿使用和转让在某种意义上得以具体体现。

（二）水市场中的水权转让

水市场，包括水产品市场和水资源市场两类。所谓水产品市场，如纯净水、蒸馏水和自来水的交易市场，这种水市场交易的是一定量的水而不是水资源（水体），是一定量的水或水产品的所有权，是一种水的实物即水的所有权交易。所谓水资源市场，如江河湖水体、地下水体以及人工水库、水渠的交易市场，这种水市场交易的是一定量的、不断供应的水资源的使用权，主要是一种水源即水体的使用权交易。

水权是指在水资源稀缺条件下人们有关水资源的权利的总和（包括自己或他人受益或受损的权利），其最终可以归结为水资源的所有权、经营权和使用权。我国《水法》中规定，国家作为水资源的所有者，享有对水资源资产的所有权，任何单位和个人开发利用水资源都得经过国家的允许，必须向国家交纳水资源的有偿使用费用等，即使用权的转让。

水权转让是水权流动的一种形式，是水权主体对自己权利的一种处置。对于水权的转让只能参考我国有关土地权转让等国有资产的法律规定：2004年2月1日国资委《企业国有产权转让管理暂行办法》、2003年5月13日《企业国有资产监督管理暂行条例》、2002年11月原经贸委、财政部《利用外资改组国有企业暂行规定》、我国《宪法》第10条关于"土地的使用权可以依照法律的规定转让"的规定、《土地管理法》（1986年制定，1998年修订）第2条关于"土地使用权可以依法转让"的规定，以及《房地产法》（1994年）和《城镇国有土地使用权出让和转让暂行条例》（1990年）关于土地使用权转让的规定。而对于土地权转让只是限定在土地使用权转让的范围，即没有土地所有权的转让，只有使用权的转让。因此，对于水权转让中的水权只是出让国有水资源的使用权。水权转让中的转让，广义的是指国有水资源使用权的流动，主要包括出让和转让两个方面；狭义的仅指国有水资源使用权转让。所谓国有水资源使用权出让，是指国家将国有水资源使用权在一定期限内出让给水资源使用者，由水资源使用者向国家支付水资源使用权出让金。可以将因国有水资源使用权出让而形成的国有水资源使用权称为出让国有水资源使用权。所谓国有水资源使用权转让是指享有"出让国有水资源使用权"的人移转其"出让国有水资源使用权"的行为，以及通过这种方式获得国有水资源使用权的人再次转移其国有水资源使用权的行为，包括出售、交换和赠与。

水权转让的范围：凡从我国境内的江、河、湖泊和陆上地下水体取用国有水资源，除法律规定不能出让、转让的以外，均可以出让、转让国有水资源使用权。

参考国外水权转让的相关情况和我国现行土地权转让的相关法规和政策文件，确定水权转让原则如下：①水资源所有权与使用权分离的原则。水权清晰是水权转让的前提。以我国法律对土地所有权和使用权分离原则的规定为参考原则。例如，《城镇国有土地使用权出让和转让暂行条例》（1990年）第2条明确规定，"国家按照所有权和使用权分离的原则"实行城镇土地使用权出让、转让制度，但地下资源、埋藏物和市政公用设施除外。《民法通则》《土地管理法》和《中外合资经营企业法》等有关法律都规定土地所有权与使用权可以分离。②水资源有偿使用、有限期使用的原则。国有水资源有偿使用（或有偿水权）原则是建立水市场的理论基础。水资源的使用者在取得水资源使用权时必须付出一定的费用或代价，而水资源拥有者通过出让水资源的使用权可以获得一定的经济补偿。在水资源有偿使用中，大都实行水资源有限使用的原则，可以参考《城市房地产管理法》第3条关于"国家依法实行国有土地有偿、有限期使用制度"的规定。③兼顾公平和效率的原则。它是在水权转让和水资源市场中，水资源使用权的转让与其他财产的转让、水资源市场活动与其他市场活动都必须遵守的法律准则。④政府行政调控机制与市场调控机制相结合的原则。我国长期实行社会主义计划经济体制，水市场的发育和完善十分需要政府的政策扶持和法律保护；即使在水市场建立后，水市场的监管和市场各主体利益的协调仍然需要政府的参与。

国有水资源使用权的流动（包括出让、转让、合资、合作、股份经营、建并、租赁经营、抵押、拍卖等）应该结合取水许可证的核定，将取水许可证转化为国有水资源使用权；国有水资源许可证持有者在依法办理国有水资源使用权出让手续后，取得出让国有水资源使用权；获得出让国有水资源使用权的人可以依法转让其出让国有水资源使用权，还可以进行再次、多次转让。例如产权整体出让模式，是指以整个城市或以城市中某一明确的、界定清晰的行政区为资产处置的整体，对水业服务企业的总体资产进行非控股型、控股型或全部的资产权益转让。城市水业的整体产权转让是更为深入的市场化模式，也是更加适应城市水业产业特征的模式。整体出让模式保持了城市或城市特定区域水业设施、管网与服务的完整性，使市场化面向最终消费者，符合城市水业的产业特征和要求，也是国际水务产业的方向。但是，产权整体转让模式的采用更需以产业化程度为基础。目前，我国城市水业采用整体股权出让的成功案例基本都发生在产业基础较好、产权关系明确的地区。2002年，国际集团威立雅收购了上海浦东自来水公司50%的产权，是连同管网和服务在内的整体收购，该项目成功的一个重要原因是浦东属城市新区，没有历史遗留的问题，产权和业务的界定均较清楚，容易实行市场化操作。

三、完善水资源资产化管理的投融资机制

（一）我国水资源资产投融资体制历史沿革

我国在相当长一段时间里国民经济运行实行计划经济体制，国内水利设施建设由政府包揽，投资主体单一；投资决策权和项目审批权高度集中到中央、省市一级政府；投资资金来源于财政预算拨款；投资运行靠行政系统和行政手段。我国水资源资产投融资大致经历了三个阶段。

第一阶段，20世纪90年代中后期以前，城市水业投资以政府，尤其是城市政府的财政收入、借贷以及由政府主导的行政事业性收费为根本支撑。这一时期市场化改革的政策尚未形成共识，投资需求比较旺盛，政府因过去的投资惯性和水业公益性属性，主要靠地方政府的财政收入勉力支撑水业的投资需求。

第二阶段，20世纪90年代后期以来，随着城市化进程的加快，城市水业出现巨大的投资缺口，城市政府财力已无以为继，以保底回报方式吸引外资。由于国内供水企业负债规模过大，难以承担扩大供水设施筹资重任。在此特殊背景下，国内一些供水企业采用固定回报方式吸引外资。上海、沈阳等城市的一些水厂卖给境外投资者，在当时情况下，一次性地为当地政府筹措了城市建设急需的资金。高固定回报是当时特定时期下吸引外资的产物，但同时将长期成为企业的负担，特别是目前资本利率水平较低的情况下。例如，当时上海、沈阳与外方签订的合同基本上是以固定回报为前提的，回报率高达12%以上。

第三阶段，从2000年开始到现在以投资者招商为重点，扩大社会化融资。从2000年开始，配合国内大规模的城市基础设施建设，国内一些城市公共基础建设投融资体制方面，进行全面的改革和创新，改革的核心是将社会资金引入供水设施建设领域，并将市场机制运用到建设、运营、管理的各个环节，实现了投资主体由单一到多元、资金渠道由封闭到开放、投资管理由直接到间接的转变，形成"政府引导、社会参与、市场运作"的投资新格局。

（二）我国水资源项目的投融资方式

我国水资源项目的投融资建设方式一般有四种：①政府通过转移支付的方式对供水项目进行直接投资，工程立项后，政府成立工程建设指挥部，直接负责供水项目的建设过程。工程建成后，移交给当地自来水公司进行管理。但目前情况下，政府城市建设资金不足，靠政府拨款进行供水项目建设越来越困难。②企业直接融资的方式。即自来水公司为了建设某一个供水项目，利用公司本身的资信能力，以自来水公司本身作为债务人而进行融资的方式。在目前商业银行贷款审批条件更加严格，以及自来水公司高负债、偿债资信度低的情况下，想要融得长期大额的贷款十分困难。③采取中外合资的方式，对现有的供水设施进行改造。即自来水公司以现有供水设施核资入股，外方以现金入股成立合资公司。合资公司是企业法人，并具有如下基本特征：具有独立财产；具有独立的名称和住所，有自己的章程和组织机构；具有独立的法人资格；能独立承担民事责任。合资能否成功的关键，取决于外商对投资环境、市场前景、企业状况、合资方案的设计等因素，其中合资方案的设计最为关键。④项目融资。指投资者为了建设某一个供水项目，首先设立一个供水项目公司，以该项目公司而不是投资者本身作为借款主体进行融资。一般情况，项目公司的股本金占整个供水设施所需资金的 30% 左右，剩下的资金利用财务杠杆从金融机构融通资金，银行等债务提供者在考虑安排贷款时，主要以该项目公司的未来现金流量作为主要还款来源，并且以项目公司本身的资产作为贷款的主要保障。

对于项目融资，最主要的有以下四种方式：① BOT(Build-Operate-Transfer)即建设—经营—转让，在我国又称为"特许权融资方式"。一般由东道国政府或地方政府通过特许权协议，将项目授予项目发起人为此专设的项目公司，由项目公司负责供水项目的投融资、建造、经营和维护；在规定的特许期内，项目公司拥有投资建造设施的所有权，允许向设施的使用者收取适当的费用，并以此回收项目投融资、建造、经营和维护的成本费用，偿还贷款；特许期满后，项目公司将设施无偿移交给东道国政府。②融资租赁(Financial Lease)，它是指希望获得工厂和设备的一方作为项目发起人，成立一个股份有限公司作为项目公司，然后再由项目公司与租赁公司签订租赁该工厂和设备的租赁合同，租金由一个或几个银行作担保，租赁公司负责建造或购买，然后将其经项目公司交由使用方使用，项目公司在此期间作为出租方代理人收取使用费，并向租赁公司交付租金，同时收取代理费。租约期满，项目公司代理以出租人同意的价格将该资产或设备售出。③转让—运营—转让，即 TOT(Transfer-Operate-Transfer)。TOT 是转让经营权，是指水利主管部门一次获得转让经营权的投资，将已经建成投产的项目有偿转交给投资方经营，国家或所属机构将一次性融通的资金用来投入新建设项目；根据双方签订的有关协议，资金投入方在一定期限内经营该项目并获取利润；协议期满后，再将项目转交给国家或所属机构。④ ABS(Asset-Backed Securities)，即资产债券化。目前，国际金融主要包括三大趋势：证券化的趋势、国外业务中邀请日增的趋势、金融市场日益全球一体化的趋势。它是以待建设项目所拥有的资产为基础，以该项目的未来收益为保证，通过结构重组和信用增级，在国内外资本市场发行各种股票、债券等高档证券，来融取资金的一种直接融资方式。其目的在于通过其特有的提高信用等级的方式使原来的运营成本得到补偿，利用该市场信用等级、债券安全性和流动性高、债券利率低的特点，大幅度降低发行债券、筹集资金的成本。如美国，防洪与改善生态环境等公信用等级较低的项目照样可以进入国际高档证券市场。利用这种方式不需要以发行者自身的信用做债券的偿还担保，目前也已成为国际上基础设施项目融资的重要方式。从我国的情况来看，通过发行股票、债券来筹集资金的规模已经越来越大。

此外，还有多种形形色色的项目融资类型。国家支持国内外的企业，通过市场竞争，以合资、合作、项目融资的方式，实行市场化运作，参与水利设施的建设和经营将成为今后一段时间内国内项目建设的主要方针。

（三）水资源水利设施投融资方式比较及建议

水资源水利设施投融资方式主要有总公司直接投资方式、合资合作方式、项目法人融资方式（BOT）、项目独立法人的融资租赁方式。

由于水利项目投资具有投资周期长，效益低，风险较大的特点，国家应该根据情况，制定优惠的投资政策，如减免税费等，保证其投资的回报率不低于社会平均回报率，甚至高于社会平均回报率，以利于水利项目资金的吸收。目前，我国水资源开发的投资主体主要是政府，但政府投资所面临的困境主要是财政能力不足，中央政府商业融资低效和地方商业融资手段缺乏。

因此，我国水利投融资体制改革应该从以下几个方面进行。①政府首先应该健全水利的投资机制，对水利建设的投入水平必须保持与其他基础设施建设投入水平的协同性，从而需要水利财政投入稳定增长；②应该开辟科学合理、灵活有效的融资机制，调整水利融资政策、改善融资环境，积极利用外资，鼓励国内外投资者以独资、BOT、中外合资、融资租赁等融资方式参与水利建设；③应该在建立水权制度的基础上，鼓励社会多方面投资，并与政府职能转换和公共财政框架的建立、与水资源有偿使用和水价形成机制的建立有机地结合起来，以形成我国水资源开发投入产出的良性循环；④进一步加强水利投融资法制建设。各级政府和投资主体之间的投资分摊、权责利的保障要通过立法进一步明确。水利工程的立项、审批程序、水利价格政策、节约用水政策、水污染防治政策等，也要通过立法予以明确。通过对我国投融资结构方式的调整和借鉴与引进国外先进的水资源投资渠道建设的方法，努力拓宽投融资渠道和相应的法律保障机制，加快我国水资源资产化管理进程。

四、强化水资源资产化管理的污染治理和保护机制

（一）我国水资源污染治理现状及存在的问题

我国水环境污染普遍，大部分地区污染都超过了水环境的容量。2004 年，全国废水排放总量 482.4 亿吨，比上年增加 4.9%。其中工业废水排放量 221.1 亿吨，占废水排放总量的 45.8%，比上年增加 4.1%；城镇生活污水排放量 261.3 亿吨，占废水排放总量的 54.2%，比上年增加 5.5%。废水中化学需氧量排放量 1 339.2 万吨，比上年增加 0.4%。其中工业废水中化学需氧量排放量 509.7 万吨，占化学需氧量排放总量的 38.1%，比上年减少 0.4%；城镇生活污水中化学需氧量排放量 829.5 万吨，占化学需氧量排放总量的 61.9%，比上年增加 0.9%。废水中氨氮排放量 133.0 万吨，比上年增加 2.5%。其中工业氨氮排放量 42.2 万吨，占氨氮排放量的 31.7%，比上年增加 4.5%；生活氨氮排放量 90.8 万吨，占氨氮排放量的 68.3%，比上年增加 1.7%。工业废水排放达标率和工业用水重复利用率分别为 90.7% 和 74.2%，比上年分别增加 1.5%、1.7%。全国废气中二氧化硫排放量 2254.9 万吨，其中工业二氧化硫排放量为 1891.4 万吨，占二氧化硫排放总量的 83.9%，比上年增加 5.6%；生活二氧化硫排放量 363.5 万吨，占二氧化硫排放总量的 16.1%。我国工业废水的处理率目前已达 70%，但其中只有 30% 左右处理设施的出水能达到国家规定的排放标准，工业废水在工厂中经过初步处理后，排入城市排水管道，与生活污水一起排出市区。我国城市污水的处理率很低，仅为 5.5%，可见我国废水中的大部分废弃物被排入水体。据统计，我国在监测的 1200 多条河流中已有 850 多条受到不同程度的污染，其中淮河流域、长江流域、海河流域、黄河流域等流域污染尤其严重。淮河 191 条支流中近 80% 的河段和水都泛黑发绿。

大型淡水湖泊（水库）水质普遍较差，75% 以上的湖泊富营养化加剧。其中

以滇池、巢湖、南四湖等最为严重。滇池中氮、磷污染严重，富营养化问题突出，全湖水质劣于V类，蓝藻泛滥日益严重；洞庭湖、邵阳湖水质较差。多数城市地下水受到一定程度的点状和面状污染，局部地区的地下水部分指标超标，水污染有逐年加重的趋势。海洋污染恶化趋势仍然没有得到有效控制，其中东海污染量最重，其次是渤海，南海的水质相对较好。四类和超四类水质分别占到14.95%和31.52%，一类水质只有14.67%。我国从70年代就开始着手于水资源污染治理工作。从环境保护工作开始，我国就提出了对于污染应实行"防治结合、以防为主"的方针。水污染防治措施主要着眼于污染者对外排放废水的污染治理上，并征收水污染排污费和超标污水排污费，但由于国家收取的排污费用非常低，远远低于污水污染治理恢复原貌所需费用，这种不合理的背离所取得环境资源价值的状况，使得污染者不重视污水治理恢复的利用。但30年过去了，我国并没有有效地防治水污染的发展，水污染现象依然严重。我国在污水处理面对的问题很多，但归纳起来最突出的有三点。

（1）资金严重不足。为了实现我国污水处理的目标，我们必须在较短时间内建设足够数量的污水处理厂，根据2004年全国环境统计资料表明，全国环境污染治理投资为1908.6亿元，比上年增长17.3%，占当年GDP的1.4%。短时间内要筹集这么多资金，资金不足也就十分突出了。

资金短缺，还体现在污水处理厂运行成本的巨大支出上，初步预测我国年日处理能力2 685万吨，以每立方米的运行费用0.5元计，年需运行费用49亿元。2010年约需171.7亿元，这样多的运行费用也是造成资金短缺的一个重要原因。资金短缺严重制约了污水处理的发展。

（2）污水处理水平低。污水处理水平低，表现在污水处理设备落后，据清华大学紫光顾问公司调查，我国污水处理设备只有1/3正常运转，这严重影响我国污水处理的水平。

（3）污水处理的运行机制不合理。我国污水处理的建设、运行、管理体制是从建国以来形成的计划经济体制条件下的建设、运行、管理机制。污水处理的全部费用都由政府全部承担，而污水处理又是纯公益事业，这就造成了一般建不起，建起了也养不起的局面。因此，污水处理的运行机制极其不合理，应该对其不合理的运行机制进行改革。

（二）加强水资源资产化管理的保护机制的建议

为了加强水资源保护，防止对水资源的破坏、浪费和严重污染，应该从以下几个方面完善水资源资产的保护机制。

（1）改革我国现行的污水处理建设、运营、管理机制。我国目前的污水处理建设、运行、管理是一种典型的计划经济模式，已不符合现代的市场经济，造成污水处理厂建不起、养不起，建的不想建、管的不爱管、用的不想用的局面。要想改变污水处理这种步履维艰的窘境，必须把污水处理纳入市场经济的轨道，建立市场经济的运行机制。把污水处理作为一种市场行为，作为一种商品生产的过程。中水作为一种商品，可以通过销售中水来取得维系运行的经费，为经营者创造利润和作为再发展的资本。这样才能调动污水处理的积极性和投资者积极的多渠道融资。扩大资金来源，经营者按市场经济的规律努力提高管理水平、寻求最佳方案、提高水质、降低成本、扩大销售，使污水处理持续发展下去。

（2）水资源的有偿使用，增加水资源收费范围，提高收费价格。我国目前只是限于一部分地下水征收水资源费，应该扩大水资源费的收缴范围：对一切地表水如河流、湖泊、水库等都应该征收水资源费用，使全社会树立珍惜水资源的观念。只有提高水资源的价格，通过价格的杠杆作用来达到节约用水的目的，增加国家的收入，才能促进水资源管理的良性循环。

（3）建立合理的水资源补偿机制，提高水污染排污费的收缴额度。当前的水资源排污费用定位太低，不能补偿水资源恢复治理的费用，这种收费办法难以体现国家用经济手段处罚水资源破坏和污染行为，很难实现水资源的保护。因此，建立合理的水资源补偿机制，全面提高排污收费指标，采取"严进严出"的措施，彻底规范污染者的行为，努立做好水污染的治理，加强水资源的保护。

（4）提高水资源的利用率和重复利用率。由于我国水资源利用率极其低下，重复利用率为20%左右，加剧了水资源的供需矛盾和严重浪费的局面，只有采用先进节水技术和生产工艺，研究污水的治理和重复利用，降低生产成本，才能实现企业经济效益和社会环境效益的统一。

（5）加强水资源污染治理的法律法规建设。通过对水资源污染治理的法律法规的出台，对于水资源的污染和破坏行为以及严禁超量抽取地下水资源的，采取法律手段加以制止，对违者予以重罚。

（6）污水资源化利用。污水资源化利用是解决用水紧张的一个有效途径，能产生较高的经济效益，实现较好的环境效益。污水处理资源化就是保护水资源更新能力的有效手段。它一方面可以减少污水对环境的污染，另一方面可以增加收入。例如抽排 50 亿立方米的受污染的矿井低效水，如若全部净化成饮用水，可产生 50 亿元的毛利润。

（7）加强节水型社会体制建设。节约用水不只是少用水或者限制用水。它是指通过采取行政、法律、经济、技术和宣传教育等综合手段，应用必要的、现实可行的工程措施和非工程措施，依靠科技进步和体制机制创新，提高用水的科技水平和管理水平，减少用水过程中不必要的损失和浪费，提高单方水的生产力，提高单方水的效率。

节水不仅可以增效减污，而且节水本身就是一种开源措施，通过节水既可节省开源的投入，又可减少治污的费用，并提高单方水的生产力和效率。尽管目前节水在我国取得了一定的成效，但总的来说，全民节水意识淡薄，应该从以下几个方面加强节水型社会体制建设：①深入扎实地开展节水型社会建设宣传教育活动。在宣传方面按照中共中央宣传部、水利部等四部委联合下发的《关于加强节水型社会建设宣传的通知》要求，在全社会开展加强有关节水的宣传教育活动，提高全民的节水意识，树立节水观念；在教育方面力求在省内把节水型社会建设的内容融入到中小学教育体系中去，做到节水意识的树立从娃娃抓起。②在大力提倡、积极推广效益节水的同时，必须采取行政的、经济的强制性节水措施；③将节水列入国民经济和社会发展规划。各级国民经济和社会发展计划中应提出节水目标和指标。要充分考虑到水资源条件，以水定规模、以水定产。④加强法制建设，建立健全节水法规体系。对于违反法律法规的，应该给予法律制裁。⑤加强节水工作领导，严格监督管理，把节水工作纳入各级政府的目标管理，并对节水计划指标进行监督和考核，将节水措施落到实处。

五、健全水资源资产管理体制的法律法规体系

（一）水资源法律体系的分类

水资源法律体系，就是由调整水事活动中社会经济关系的各项法律、法规和规章构成的有机整体。它既是水利法制体系建设（水行政立法、水行政执法、水行政司法、水行政保障）的主要内容之一，也是国家整个法律体系的一个重要组成部分。我国现有的水资源法律法规可以从纵向和横向两个方向来划分。从纵向上划分，我国水法规体系可分为：全国人大或全国人大常委会制定的水法律；国务院制定的水行政法规；水利部制定的规章；省、自治区、直辖市制定的地方性水法规和规章四个等级；从横向上划分，可分为：水资源的开发利用；水资源、水域和水工程保护；水资源配置和节约使用；防汛与防洪；水利工程经营管理；水土保持；监督检查等方面。

（二）水资源法律体系的现状

我国的水资源法律法规体系建设发展很快，已经取得了显著的成绩。就水法规体系而言，除制定了水的基本法律以外，还陆续制定了专项的行政法规和规章。各级地方政府和水行政主管部门，还结合本地区的具体情况，制定了相应的地方性法规和规章。全国上下逐渐形成了一套符合我国国情、具有我国特色、比较完整、初步配套的水管理的法规体系，为适应社会主义市场新机制需要，做到了有法可依。到目前为止，水法律—规划颁布 7 件，现已出台 4 件，占规划数的57%，即《中华人民共和国水法》《中华人民共和国水土保持法》《中华人民共和国水污染防治法》《中华人民共和国防洪法》。其中，《中华人民共和国水法》已经颁行了 14 年。为了适应新世纪水利发展的需要，保护、管理好水资源，满足国民经济建设和人民生活的需要，2002 年全国人大常委会还通过了新水法的修改。另外，水行政法规—规划颁布 42 件，现已出台 20 件，占规划数的 47%；水行政规章—规划部规章 82 件，现已出台 72 件，占规划数的 88%。到目前为止，各省、市、自治区颁行的地方性法规和规章 800 余件。

（三）健全水资源管理体制的法律体系

在立法方面，一是完善和修改《水法》，对一些原有的法规进行相应修订，并从其规定，以利贯彻实施，建立地下水的保护法，使《水法》形成一个完整的法律体系。二是尽快制定适合我国国情的自然资源保护的基本法律，以及完善和修订现有的各类资源的保护法规，以协调各种自然资源间的开发、利用和合理保护。三是基本水法律、法规明确规定需要配套而尚未完善的。比如，《取水许可制度实施办法》的修定，《水资源征收管理办法》的出台，《防洪法》实施细则的出台，《防汛条例》实施细则的出台等。

在执法方面，我国应该加大水法制度教育宣传力度，大力开展节水宣传和教育，提高广大群众的水法律意识。国家严格执法，真正做到有法必依、违法必究、执法必严，同时也应该进一步加强公检法部门在水资源保护中的作用，使水法制得到健全的发展，改变水法制建设滞后的被动局面，为实施水资源可持续发展提供重要保障。

本文围绕着"基于可持续利用的水资源资产化管理体制"进行了深入、细致的研究。通过对我国水资源概况和我国水资源管理的现状进行深入的研究，发现我国在水资源管理中存在很多问题。水资源短缺现象严重，污染与浪费并存。造成水资源短缺的深层次原因是人们对水资源的资产属性和经济属性认识不够，由于受传统的资源无价观念的影响，由此对水资源形成一整套管理体制的弊端。正由于条块分割、责权交叉、政出多门以及水系割裂，形成了"多龙治水""多龙管水""多头抢水"的局面，很难实现水资源的统一和合理的优化配置与保护，阻碍着水资源的可持续利用与经济、社会、资源、环境的协调持续发展。

针对我国水资源管理中存在的若干问题，借鉴国内外水资源管理的先进经验，本文通过对水资源资产化管理的相关理论、必要性、原则和目标的分析，得出我国对水资源管理应该从资源资产管理的角度进行；对水资源资产价格形成机制进行深入的分析和例证研究，从而提出如何构建我国可持续利用的水资源资产化管理体制。具体来说主要有以下结论和建议。

（1）建立健全的水资源资产管理一体化制度。针对我国水资源管理中条块分割、责权交叉、政出多门以及水系割裂、"多龙治水""多龙管水""多头抢水"造成的诸多矛盾和种种问题，提出必须对现有的水资源管理体制进行改革，建立统一的水资源管理机构，对我国水资源进行统一管理和统一调度，变"多龙管水"为"一龙管水"。因此，我国必须从以下两个方面实现水资源一体化管理制度：①实行流域水资源统一管理。设立流域管理委员会，其成员有中央政府代表、地方政府代表、用水户代表、专家代表；委员会主席由选举产生；流域委员会依法拥有对流域水资源的分配权，依法对流域水资源进行统一规划、统一管理，实现流域水资源的优化配置。②城乡水务实行一体化管理。建立专门的"责权利"相统一的水资源管理机构水务局，目的是强化水资源行政管理，在规划、指导、配置、协调、服务、节约、减污等领域加强管理，强化立法、执法、监督和标准化工作，弱化非政府职能。

（2）建立以市场为中心的水资源资产配置制度。对水资源的管理应该从传统的计划经济水资源配置模式向市场经济水资源配置模式转变，以实现资源的有效和优化配置。通过对国内外水市场中的水权转让的研究和分析，提出我国水资源必须建立以市场为中心实现资源优化配置的管理制度。应该尽快出台关于水权转让的相关法律法规和政策，使水资源的所有权与使用权相分离，明确产权，在市场中以水资源有偿使用、有限期使用为基础，以政府行政调控和市场调控机制相结合来进行水权的转让。

（3）完善合理的水资源资产的投融资机制。通过对我国的水资源资产投融资管理体制的历史沿革、水资源项目的投融资方式和水资源设施的投融资方式的比较，提出从以下几个方面应该再进一步完善我国水利投融资体制改革的合理建议：①首先，应该健全水利的投资机制，对水利建设的投入水平必须保持与其他基础设施建设投入水平的协同性，从而需要水利财政投入稳定增长；②其次，应该开辟科学合理、灵活有效的融资机制，调整水利融资政策、改善融资环境，鼓励国内外投资者以独资、BOT、中外合资、融资租赁等融资方式参与水利建设；③再次，水资源资产的投入资机制应该与水资源有偿使用和水价形成机制的建立有机地结合起来，以形成我国水资源开发投入产出的良性循环；④最后，进一步加强水利投融资法制建设。

（4）强化水资源资产化管理的污染治理和保护机制。针对我国水资源污染现状和在水污染处理中存在的问题，提出以下可行的合理性的建议：①改革我国现行的污水处理建设、运营、管理机制。②水资源的有偿使用，增加水资源收费范围，提高收费价格。③建立合理的水资源补偿机制，提高水污染排污费的收缴额度。④提高水资源的利用率和重复利用率。⑤加强水资源污染治理的法律法规建设。⑥实现污水资源化利用。⑦加强节水型社会体制建设。

（5）健全水资源资产管理体制的法律法规体系。在我国现有的法律法规体系的基础上，进一步加强水资源管理的法制建设。从两个方面进行：一是在立法方面，完善和修改《水法》，使《水法》形成一个完整的法律体系，尽快制定适合我国国情的自然资源保护的基本法律、基本水法律、法规明确规定需要配套而尚未完善的部分；二是在执法方面，加大水法制度教育宣传力度，大力开展节水宣传和教育，提高广大群众的水法律意识。

第六章　流域水资源管理制度

第一节　研究动态

一、流域的概念与特点

流域是属于一种典型的自然区域，是地表水及地下水分水线所形成集水区域的统称。习惯上，人们往往将地表水的集水面积称为流域，用来指一个水系的干流和支流所流经的整个区域。流域内各自然要素的相互关联极为密切，地区间相互影响显著，特别是上下游间的相互关系密不可分。从经济学角度，可以把流域看作是一个具有双重意义的范畴，即流域区既是由分水岭所包围的限定区域，又是组织和管理国民经济，进行以水资源开发为中心的综合开发的重要单元，构成经济管理体制的重要内容。

流域区是一种特殊的区域类型，具有以下特点。

（一）整体性和关联性

流域是整体性极强、关联度很高的区域，流域内不仅各自然要素间联系极为密切，而且上中下游、干支流、各地区间的相互制约、相互影响极其显著。流域内的任何局部开发，都必须考虑流域的整体利益，考虑给流域带来的影响和后果。

（二）区段性和差异性

流域，特别是大流域，往往地域跨度大，构成巨大横向纬度带或纵向经度带。上中下游和干支流在自然条件、自然资源、地理位置、经济技术基础和历史背景等方面均有较大不同，表现出流域的区段性、差异性和复杂性。

（三）层次性和网络性

流域是一个多层次的网络系统，由多级干支流组成。一个流域可以划分为许多小流域，小流域还可以划分为更小的流域，直到最小的支流或小溪为止。由此形成小流域生态经济系统，各支流生态经济系统，上、中、下游生态经济系统，全流域生态经济系统等。

（四）开放性和耗长性

流域是一种开放型的耗散结构系统，内部子系统间协同配合，同时，系统内、外进行的大量人、财、物、信息交换，具有很大的协同力和促进力，形成一个有生命的、越来越高级的耗散性结构经济系统。具体来说，就是流域内各地区既要有专业化分工和密切协作，对外又需要大力加强交流与联系，通过发挥河（海）港口或内陆口岸的对外窗口作用，不断吸引国外的资本、技术、人才和先进的管理经验，发展外向型经济，这是推动流域发展的巨大动力。

二、流域水资源管理的含义

水资源是指人类可以利用的，逐年可以得到恢复和更新的一定质量的淡水资源。广义上还包括经过工程控制、加工和凝结人工劳动和物化劳动的水商品。联合国教科文组织的定义为：水资源为可利用或有可能利用的水源，具有足够的数量和可用的质量，并能在某一地点为满足某种用途而可被利用。从水资源的特性出发，对水资源的管理可归纳为：对水资源的开发利用和保护并重，对水量和水质进行统一管理，对地表水和地下水进行综合管理和统一调度，以及尽可能谋求最大的社会、经济和环境效益，制定相应的水资源工作的方针和政策，兴利和减灾并重，重视并加强水情报工作等。流域是一个从源头到河口的天然集水单元，流域水资源管理就是将流域的上、中、下游，左、右岸，干流与支流，水质与水量，地下水与地表水，治理、开发与保护等等作为一个完整的系统，将除害与兴利结合起来，按流域进行协调和统一调度的管理。流域水资源管理不仅是这一系列活动的总称，还是一个过程，是鼓励流域内水、土地和相关资源的合作开发与管理，以求得以平等的方式，不损害生态环境的持续性，取得经济和社会福利最大化的一个过程。也是统一考虑上下游、左右岸、地表水与地下水、水质与水量等因素，促使不可持续的资源管理向可持续的资源管理转移的一个过程。

三、流域水资源管理的目标

水资源管理的目标是使一个地区有限水资源得到持续利用和保护，并达到最佳的社会经济和环境效益。水资源管理的目标确定应与当地国民经济发展目标和生态环境控制目标相适应，不仅要考虑资源条件，还应充分考虑经济的承受能力。现依据有关文献资料，对水资源管理的具体目标分析整理如下：

（一）UNCED 对水资源管理提出的目标

联合国环境与发展大会（UNCED）通过的《21世纪议程》，对水资源的综合管理提出如下4个目标：①水资源管理包括查明和保护潜在的供水水源，采取富有活力的、相互作用的、循环往复式的和多部门协调的方式，并把技术、社会、经济、环境和人类健康等各个方面都相互结合起来，统筹考虑；②遵照国家的经济发展政策，并以社会各部门、各地区的用水需要和事先安排好的用水优先顺序为基础，以及根据可持续开发利用、保护、养护和管理的原则，进行水资源的综合规划；③在公众充分参与的基础上，设计、实施并评价出具有明显战略意义的、经济效益高的、社会效益好的项目和方案。在这个过程中，要鼓励妇女、青年、当地居民、当地社会团体等参与水管理政策的制订和决策；④根据需要确立或加强（或制定）适当的体制、法律和财务机制，以确保水事政策的制定和执行，从而促进社会的进步和经济的增长，这对于发展中国家更应如此。

（二）中国21世纪议程对水资源管理提出的基本目标

①形成能够高效率利用水的节水型社会。即在对水的需求有新发展的形势下，必须把水资源作为关系到社会兴衰的重要因素来对待，并根据中国水资源的

特点，厉行计划用水和节约用水，大力保护并改善天然水质。②建设稳定、可靠的城乡供水体系。即在节水战略指导下，预测社会需水量的增长率将保持或略高于人口的增长率。在人口达到高峰以后，随着科学技术的进步，需水增长率将相对也有所降低。并按照这个趋势，制订相应计划以求解决各个时期的水供需平衡，提高枯水期的供水安全度，以及遇特殊干旱的相应对策等，并定期修正计划。③建立综合性防洪安全社会保障制度。由于人口的增长和经济的发展，如遇同样洪水给社会经济造成的损失将比过去增长很多。在中国的自然条件下江河洪水的威胁将长期存在。因此，要建立综合性防洪安全的社会保障体制，以有效地保护社会安全、经济繁荣和人民生命财产安全，以求在发生特大洪水情况下，不致影响社会经济发展的全局。④加强水环境系统的建设和管理，建成国家水环境监测网。水是维系经济和生态系统的关键性要素。通过建设国家和地方水环境监测网和信息网，掌握水环境质量状况，努力控制水污染发展的趋势，加强水资源保护，实行水量与水质并重、资源与环境一体化管理，以应付缺水与水污染的挑战。

（三）流域水资源管理的目标

根据流域水资源管理的概念，以及上述对水资源管理提出的目标，笔者认为作为流域一级的水资源管理，其基本目标应包括如下方面：①合理开发利用本流域的水资源（包括发电、灌溉、航运、水产、供水、旅游等）和防治洪涝灾害（包括防洪、除涝、抗旱、治碱、减淤等）。②协调流域社会经济发展与水资源开发利用的关系，处理各地区、各部门之间的用水矛盾，合理分配流域内有限的水资源，以满足流域内各地区、各部门用水量不断增长的需求。③监督、限制水资源的不合理开发利用活动和污染、危害水源的行为，控制水污染发展的趋势，加强水资源保护，实行水量与水质并重、资源与环境一体化管理。④建立完善的水资源产权制度和市场体系，使水资源的保护利用步入良性循环，实现水资源的永续利用和流域经济社会的可持续发展。

四、流域水资源管理的内容

针对流域的具体特点，参照上述水资源管理的内容，在本研究中，流域水

资源管理主要体现在如下几个方面。

（一）流域水资源产权管理

《水法》明确规定，水资源属于国家所有，水资源的所有权由国务院代表国家行使。水资源产权管理是流域水资源管理的一项重要内容。水权配置有三个层面的含义：第一是水权的初始分配；第二是水权初始分配之后的再分；第三是对水资源工程利用形成的水商品，如自来水、纯净水，在人群之间的分配。产权管理主要是指第一和第二层面的含义，第三层面的水权分配主要由市场完成。水权交易需要具备很多条件，不是纯粹的市场行为，因此，水权市场必须由政府来加以规范。比如，水权的转让要符合流域规划和区域规划，要按流域规划进行论证、审批；水权转让价格要进行必要的评估；水权转让应当论证对周边地区、其他用水户和环境方面的影响等。

（二）流域水资源市场管理

流域水资源的市场管理是指流域水资源的开发、利用、保护，以及水商品的交易要按照市场经济的规律与要求进行运作，以实现流域水资源的优化配置和人与自然的协调，更好地满足流域的经济建设和人民生活、生态用水的需要。流域水资源市场管理的客体是水这一载体在社会生产和再生产过程中的经济运行。水资源因不同于其他资源的自然属性，决定了水资源的合理配置既不同于一般商品，完全由市场机制来配置，也不同于其他专用性的稀缺资源，完全由国家计划配置。在水资源配置过程中，如何把握好公平与效益、兴利与除害、近期与长远，同时使经济、社会、资源、环境协调，使水资源配置获得最大的社会效益，是水资源统一管理的重要而复杂的问题。

（三）流域水资源价格管理

作为资源，价格体现的是国家对水资源的所有权；作为资产，价格体现的是生产水资源商品的劳动。水价管理对理顺流域水资源管理体制和价格体系具有十分重要的作用。对于一个完整流域的上、中、下游，为了实施水资源的统一管理，应从全流域的整体利益出发，利用水价这一调节杠杆调节供需关系，达到水资源的科学配置。可根据各个流域水资源分布和稀缺程度的实际情况，有目的地用水价机制调整产业布局，并促进各用户节约用水、合理用水。

（四）流域水资源环境管理

水既是一种自然资源，又是一种环境。作为一种资源，它是流域可持续发展的基础支持系统要素之一；作为一种环境，它是流域环境容量支持系统要素之一。流域是一个自然水文单元。水是流域生态系统内最重要和最活跃的因子，流域内的许多问题均直接或间接地与水有关。水的流动性使水成为流域上、下游和左、右岸共享的资源。区域之间、部门之间用水的竞争常导致区域水资源过度开发和水资源短缺，诱发一系列的生态与环境问题。水环境作为流域水资源管理的一部分，其重要性和稀缺性已经越来越受到人们的重视。随着全球范围内水资源量的不断下降和水环境污染的日益加重，如何从流域的角度加强水环境管理的研究势在必行。此外，流域水资源管理的内容还包括流域水资源灾害管理，即在防汛与抗洪中实施的具体管理措施。由于该项管理涉及过多的工程措施，在本研究中暂不论述，有待进一步的研究。

第二节　我国流域水资源管理的历史演变与现状

一、我国流域水资源管理的历史沿革

流域作为天然河流湖泊的集水区域，其在水资源管理中的重要意义历来被人类所认识。早在元明清时期，为确保潜运，维护京都地区粮食和财政给养，防治黄淮海平原的洪涝灾害而设立的跨行政区域的、按照水系管理的河道总督机构，可以说是我国实行流域管理体制上的雏形。而近代我国流域水资源管理的历史沿革主要可以分为以下三个阶段。

（一）第一阶段：20世纪50年代

这一阶段是水资源流域管理形成雏形的阶段。新中国成立以后，由于农业生产的需要，对流域水土保持、水库大坝和堤防等防洪设施建设、盐碱地改良、农业灌溉、水利水电建设等方面的工作特别重视。1949年11月，中央水利部召开的各解放区水利联席会议上即提出了各项水利事业必须统筹规划、相互配合、统一领导、统一水政等水管理的基本原则，明确指出"任何一个河流的用水，必须统一规划，统筹管理，才能充分利用水资源"。从1951年开始，治淮工程、治理海河流域工程、黄淮海盐碱地改良等成为流域管理工作的中心。为全面规划、实施江河治理和管理，中央设置了长江、黄河、淮河、珠江等流域管理机构；在未设置流域机构的江河，建立了几个直属水利部的水利勘测设计院，承担部分流域管理任务。此外，初步建立了江河防洪体系，并经受了1954年长江流域大洪水和1958年黄河流域大洪水的严峻考验。这个时期，各流域机构拥有较大的行政管理权力，正、副主任由国务院任命，计划单列，不仅有工程项目的审查权，而且有资金的分配权；技术力量比较集中的流域机构还拥有流域规划、防汛调度、水工程勘测设计施工及部分工程的管理运行等职能，实行高度集中的江河治水管理模式。在特定的历史条件下，这种高度集中的流域管理模式是卓有成效的，各流域治理均取得了显著的进展。

（二）第二阶段：20世纪60～70年代

在这个阶段，中国经历了"大跃进""三年自然灾害"和"文化大革命"，流域水资源管理受到严重影响。1958年撤销了治淮委员会，治淮工作由流域各省分别负责；同时撤销了于1956年成立的珠江流域规划办公室。1956年调整长江水利委员会的职责范围，成立长江流域规划办公室，专门负责流域规划编制和勘测设计工作。1960年将黄河水利委员会管辖的山东、河南河务局划归地方管理，1961年撤销了黄河水利委员会下属的西北黄河工程局。随着流域机构的撤销或管理职能的削弱，流域综合规划难以实施，省际矛盾十分突出，尤其是20世纪60年代黄、淮、海平原地区频繁发生省际排水和用水纠纷，使中央决策层又重新重视和加强流域管理职能。1962年黄河下游河道又回归黄河水利委员会管理。

1964 年成立了太湖流域管理局。1968 年成立了国务院治淮规划领导小组，并于 1971 年成立了国务院治淮规划领导办公室，负责淮河流域规划、建设和管理。20 世纪 80 年代以前，各流域机构的主要职能是负责流域的规划工作，职能单一，有的流域机构已经变成一个单纯的技术性的办事机构。在这一阶段，我国流域水资源管理的目标主要集中于流域水土保持，流域综合资源开发和宏观经济布局研究，流域水资源规划、工程开发与管理等，没有将水资源保护放到重要位置。由于 20 世纪 50—70 年代我国工业生产相对落后，污染物排放总量较少，水污染问题和水资源保护矛盾并不突出。因此，各流域均未重视水资源保护管理。这一时期，国家投入很大的人力、物力和财力，在各流域修建了一大批水利工程，加固了堤防，江河流域治理取得了一定成效。虽然流域省际矛盾有所缓和，但流域水资源统一管理的问题并没有从根本上获得解决。

（三）第三阶段：20 世纪 80 年代至今

20 世纪 80 年代，我国现代化建设进入了快速发展时期。经济的大发展，要求流域治理开发加快步伐。水利作为国民经济基础设施和基础产业的地位逐步得到确立，以防洪为重点的流域综合治理和以水电、供水工程建设为重点的水资源开发出现了蓬勃发展的势头。与之相适应，我国流域水资源管理逐步得到加强，1979 年恢复了治淮委员会（1989 年更名为淮河水利委员会）；成立了海河水利委员会和珠江水利委员会；1982 年成立了松辽水利委员会；1983 年恢复了长江水利委员会称谓。至此，我国七大江河均建立了流域管理机构。1984 年又建立了太湖流域管理局。在这一阶段全面恢复或建立的流域机构，除履行原有职能外，还逐步增设了相关职能，相继设置了水土保持管理部门，与环保局合作，建立了流域水资源保护局，把水质保护列入了流域管理的内容。同时，参与流域水资源的开发和国有资产的监督、管理和运营。

20 世纪末 21 世纪初是我国流域机构进行大幅度改革的时期。流域机构改革取得了阶段性成果，对流域机构各级机关依照国家公务员制度进行管理。1999 年 6 月，水利部人教司提出了《流域机构机构改革的初步意见》。2002 年 4 月，报经国务院领导同意，中央编办批复了水利部 7 个流域机构的"三定"调整方案

（定机构、定职能、定编制）。2003年6月，人事部批复了7个流域机构各级机关依照国家公务员制度管理。流域机构各级机关依照公务员制度管理后，各项人事制度将依照《国家公务员暂行条例》及其配套法规进行，人员工资也将执行公务员工资制度，并按照国务院颁发的《国家公务员制度实施方案》等有关规定组织实施。但是，依照公务员制度管理后，不改变流域机构各级机关的单位性质和人员编制性质，流域机构依然定性为具有行政职能的事业单位，享受事业单位的权利和义务。经过改革，流域机构和人员得到了精简，结构得到了优化。目前，7个流域机构机关内设机构由95个精简到84个，精简比例为11.6%；委属事业单位由132个精简到70个，精简比例为47%；流域机构人员编制由45 047名精简到35 484名，精简比例为21.2%。

这一阶段是我国经济管理体制由计划经济向社会主义市场经济转轨的新时期。流域水资源管理虽然还存在不少问题，但是这一时期的改革成果让我们看到了流域管理的发展趋势，为今后进一步的改革打下了基础。由流域水资源管理的制度变迁可以看出，我国的流域水资源管理经历了一个曲折演变的历程。而从三个阶段的制度绩效上看，目前的流域机构正在逐步发挥其流域统一管理的职能。第三阶段的水资源管理更加显示出流域管理制度变革的历史必然性。

二、我国流域水资源管理的现状

（一）流域水资源概况

新中国成立后，中央人民政府对流域管理十分重视，相继成立了长江流域规划办公室（后更名为长江水利委员会）、黄河水利委员会、治淮水利委员会、珠江流域规划办公室。流域机构成立以后，编制了一系列的流域规划报告，这些报告对流域规划的制定和指导流域的水资源开发利用、防治水害发挥了重要作用。七大江河流域综合规划拟订的一批骨干工程，如长江三峡工程、南水北调等水利工程都在建设中。

七大江河流域在我国水资源管理中占有重要地位，而这七大江河流域的水资源利用、开发的状况差距很大。如何协调流域经济与水资源开发的关系，以及协调流域与流域之间的水资源调度，将是我们迫切需要解决的问题。目前，我国流域水资源存在的主要问题是。

（1）流域水资源用水结构不合理。从全国各大流域片的供水情况来看，地表水占总供水量的 79.94%。从用水量的结构看，农业用水的比例过大。据 2002 年水资源公报，我国农业用水占总用水量的 68.0%、工业用水占 20.8%、生活用水占 11.2%。其中，黄河流域的农业用水比例高达 76.9%。

与世界其他国家比较，我国的农业用水占总用水量的比例明显过高。用水结构的不合理最主要的原因是农业用水效率低下，浪费大。由于多年来采取传统的大水漫灌方式，目前我国农业用水的有效利用率仅为 40% 左右，远低于欧洲等发达国家 70% ～ 80% 的水平。我国农业用水浪费主要表现在，灌溉水利用系数低，全国渠道输水损失占整个灌溉用水损失的 80% 以上，大型灌区骨干建筑物损坏率达到 40%，约 40% 的大中型水库存在不同程度的病险隐患。灌溉定额普遍偏高，采用传统的灌溉模式，全国平均每亩实际灌水量达到 450 ～ 500 立方米，超过了实际需水量的 1 倍左右，有的地区高达 2 倍以上。自然降水利用率低，北方地区由于蓄水和保水设施不足，农田对自然降水的利用率只有 56% 左右。用水效率在地区之间的差距很大，如农业灌溉亩均用水量最低的海滦河流域和最高的珠江流域相差 2.5 倍，最高的海南与山西相差 5 倍。

（2）流域水资源分布不均。1993 年国际人口行动提出的《可更新水的供给前景》报告认为：区域人均水资源量少于 1 700 立方米将出现用水紧张现象；少于 1 000 立方米时将面临缺水，少于 500 立方米则严重缺水。按此标准，则我国有 8 个省级区面临缺水或严重缺水，4 个省级区用水紧张（过境水大的省市区除外）。如若按上述标准，全国目前有 4.3 亿人口面临缺水，其中 3.9 亿的人口面临严重缺水。全国人均水资源占有量低于全国平均水平的省级区有 18 个，且基本都在我国北方地区。流域水资源分布极不均衡，长江以北地区的水资源占有量为全国水资源总量的 19%，而长江以南地区则占有全国水资源总量的 81%。

（3）流域水资源与耕地资源分布不相协调。我国耕地和灌溉面积主要分布在北方，分别占全国的 65% 和 59%，但其水资源总量占全国却不到 20%。南方地区耕地每公顷水资源量为 49 065 立方米，而北方地区只有 6 315 立方米，前者是后者的 7.8 倍。在全国耕地每公顷水资源量不足 7 500 立方米的 11 个省市区中，北方地区占了 10 个。耕地公顷水资源占有量超过 30 000 立方米的 11 个省区中，北方地区仅有青海省 1 个。此外，我国有 13 333 万公顷可耕后备荒地，又主要集中我国北方地区。

（4）流域水资源与生产力布局存在矛盾。我国东、中、西三大经济地带 GDP 比例为 58：28：14，水资源的构成为 27：25：48。北方片 GDP 占全国的 45%，而水资源不到 20%；黄淮海地区 GDP 和工业总产值约占全国的 1/3，而水资源仅占 7.7%，是我国水资源最为紧张的地区；西南诸河流域片，水资源占全国的 21.3%，但 GDP 和工业总产值仅为全国的 0.7% 和 0.4%。经济发展较快的地区和城市面临用水危机，很多经济发展相对落后的地区却有较丰富的水资源。由此可见，我国水资源与生产力布局不相协调。

（5）北方流域片水资源严重短缺。1999—2001 年，北方松辽河、海河、黄河流域片三年平均天然年径流量分别比多年平均值偏少 33.1%、57.4% 和 29.0%。三个流域片 1999-2001 年年降水量和天然年径流量与多年平均值比较，天然径流量的减少除了与连续干旱有关，也和北方流域环境恶化造成的生态脆弱与失衡有极大的关系。北方流域片水资源的严重短缺对黄淮海平原和内蒙古地区影响较大，不仅使当地人民生活和经济发展受到严重影响，而且也加重了华北地区地下水超采和生态环境进一步恶化。

（二）我国流域水资源管理的现状

目前，我国的流域水资源管理是"三级管理体制"，即水利部、流域机构、地方水利厅三级管理。我国现行的流域管理体制，是一种流域管理与行政区域管理相结合的管理体制。流域机构是水利部的派出机构，代表水利部在本流域行使部分水行政管理职能，发挥"规划、管理、监督、协调、服务"作用。按照这种管理体制，理应是以流域统一管理为主，以区域行政管理为辅。然而，在我国流域管理的实践中却是国家与地方条块分割，以河流流经的各行政管理为主，各有关管理部各自为政。较大的流域资源一般属国家所有，长时间以来，对流域资源的管理权相当于巴泽尔所说的"没有界定产权的公共领域,不同区域、不同部门的政府都展开了对公共领域的争夺"。跨行政区的流域管理权也受到不同地区政府的分割。在这种情况下,各个部门在履行职责时很容易造成只追求各自部门物质或非物质的收益,造成对流域资源管理的混乱。目前,我国尚未形成比较清晰的流域水资源统一管理的科学理论框架,有机的、整体的流域水资源一体化管理体系仍处于起步阶段。流域水资源管理主要存在以下问题。

1. 流域机构的权力缺乏

我国的流域管理机构,如长江水利委员会、黄河水利委员会等,都不是权力机构,其工作重点是洪涝、泥沙、干旱的防治,多偏重于对流域进行学术性调查研究,为生产计划部门提出科学性的建议。"三定"方案中也仅仅将各流域管理机构界定为水利部在所在流域的派出机构,其性质为"事业单位"。流域机构虽然拥有一定行政职能,但并非一个真正的管理机构,在流域水资源的综合管理中仅有有限的监控权和执行权,控制流域水资源分配的实际权力也有限,很难有权直接介入地方水资源开发、利用与保护问题。对水资源的管理不能从水量的使用、污染物的排放量和流量的控制等方面在全流域范围内进行合理调配,无法统一指挥调度。而且,流域管理机构的财政权过小,不能有效促进水资源管理及政策的实施。一些地方把流域机构当作可有可无甚至多余的水管理层次,对本地区本部门有利就找流域机构,按流域统一规划办,不利就撇开流域机构,不顾流域规划自己办。此做法导致流域水资源效益次优化。流域机构管理权利的缺乏导致地方块块和部门条条分割管理的局面,不仅流域综合规划实施困难,而且水资源的无序开发和单目标开发严重浪费了我国本来就紧缺的水资源,直接干扰和影响着国民经济的可持续发展战略。

2. 地方保护主义影响水资源统一管理

行政区域与流域边界不一致,各行政区水资源利用取向均是最大程度地为本地区谋利,上下游缺乏一致的水质目标。但区域环境损害或污染以及由此导致的环境失调,却最大限度地扩散到全流域范围中。流域管理是一个跨行政区域管理的问题,如何统一和协调流域内各个行政区域之间的水资源开发利用、保护与管理将成为实现流域良性管理的关键之一。政府的职能是提供公共产品，消除市场交易的外部性。但我国的政府普遍把财政收入最大化以及相应的区域经济发展作为目标，这一方面鼓励地方政府努力促进当地经济的发展，但另一方面一些地方官员片面追求短期利益和地方利益，导致地方保护主义盛行。实行流域管理与行政区域管理相结合的管理体制，可能会导致"以地方行政区域管理为中心"的分割管理状态的出现。因为，在市场经济的条件下，由于经济利益的驱动，流域的各地方政府为了本地方的利益，势必会对流域水资源的开发、利用和保护方面的统一管理产生不同程度的抵触，势必会充分地利用其在流域行政区域管理方面的权力，大力开发和利用本区域内的水资源，为本地方社会经济的发展谋取利益，而不会主动从整个流域利益的角度来制定政策。在这种状况下，对于涉及全流域整体利益的管理法规和政策，在没有强制性措施的前提下，区域倾向于采取实用主义的态度，使符合流域整体利益的水资源管理措施难以贯彻。这样也就不可避免地会出现以流域各行政区域管理为主的分割管理状态的出现。当水资源使用者带来了负外部性，特别是这些负外部性是由其他地区承担或由其他部门负责时，当地的政府部门作为税收和就业的受益者可能没有内在动力要求水资源使用者对其负外部性负责。在现有的激励机制下，各地政府有强烈的参与利益分配的动机，而不再是一个单纯的私人外部性活动的监管者，此时必然导致流域水资源的低效利用。

3. 流域管理机构职能单一，缺少管理协调性与建设实体性的职能

国内外流域管理的实践表明，流域管理的参与者有专属流域管理机构、流域内各行政区政府以及在流域内拥有工业财产所有权的集体和居民。专属流域管理机构偏重于从整个流域的角度来从事各种活动，而各地方政府、集体或居民则往往注重于自己的利益得失。专属流域管理机构又可分为两种类型，一种偏重于对流域进行学术性调查研究，给生产计划部门提出科学性的建议；另一种则是既具有管理协调性，又具有建设实体性的机构。从流域管理的内部机构设置来说，我国的流域机构仍旧是一个流域规划设计和研究型的事业机构，如长江水利委员会、黄河水利委员会等。由于缺乏管理协调性和建设实体性的职能，这些机构无

法解决流域综合治理开发中面临的困难和问题。如淮河水利委员会，在淮河的综合治理中受到了许多诸如条块矛盾的制约，特别是在上中下游之间，不能做统筹合理的布局安排，各部门之间也难以在建设上做时间、时序统筹和规模配合。流域机构从科研型机构向管理型机构转变，将是流域机构面临的一个重大难题，这不仅需要上一级政府的授权，也需要从自身加强管理能力的建设。

4. 流域管理信息采集的难度大

水资源信息采集、编制口径不一致，限制了信息数据的共享性。由于部门间、行政区划间对流域的分割管理，不同部门及不同地区获取水资源信息的手段、目的、方法、侧重点不一，很难把所获得的信息进行综合利用，使得资源信息在质和量上共享性都较差。一方面，流域水系统本身信息具有稀缺性、难以获得性和不确定性，不易满足管理尤其是决策的要求；另一方面，不同管理部门之间的信息互不沟通，造成信息的垄断性和封闭性使用，使本来就很有限的信息不能得到高效利用。由于缺乏跨部门、跨地区的政策分析与协调合作，限制了采集信息资源所使用的技术手段和科学方法，从而使得各自所获信息数据既缺乏量的要求，又缺乏质的保证。地区间对流域的封闭性和垄断性管理，很难在跨地区、跨部门间形成信息共享、互通有无的合作精神。"政出多门"的管理现状又限制了新技术在全流域间的推广运用，从而限制了流域资源信息的采集、编制与运用。

5. 流域综合规划无力

流域综合规划是开发利用水资源、防治水害的基本依据，也是流域管理和区域管理的准则，但谁来监督实施流域综合规划在现有水法规中没有明确。由于在法律上没有明确监督主体单位，因而在流域水事活动中，部门和地方流域规划观念淡薄，违背流域规划的现象时有发生。此外，由于流域管理缺乏公众参与，也就更加缺乏监督机制的约束。

（三）新水法与流程

水作为一种自然资源和环境要素，它与土地资源、森林资源、矿产资源有所不同，它是动态的，是以流域或水文地质为单元构成的一个统一体。水资源流域范围内的综合管理实际上是水的自然属性的要求。从各国与地区的《水法》来看，大多数国家《水法》的核心都是从流域整体考虑，按照水文地理的实际情况，以流域为单位进行管理以体现水资源的统一性，如法国《水法》第3条规定："水开发和管理的总体规划应当自本法律颁布起五年内，由一个有能力的流域委员会，根据地方行政首长协调本流域事务的建议进行起草"；我国台湾地区《水利法》第5条规定："中央主管机关按全国水道之天然形势，划分水利区，报请行政院核定公告之。"2002年10月1日，修订后的新《水法》正式开始实施，标志着我国依法治水管水进入了一个新的发展阶段。新《水法》与原《水法》比较，一个重要的特点是强化水资源的流域管理，注重在流域范围内的水资源宏观配置。原《水法》有7章53条，对流域管理机构在流域水资源管理中的地位和作用未作任何规定。新水法8章82条中有20条提到流域管理机构。

新《水法》明确流域管理机构在流域水资源管理中的管理作用。新水法规定，水资源属于国家所有。水资源的所有权由国务院代表国家行使。国家对水资源实行流域管理与行政区域管理相结合的管理体制。国务院水行政主管部门负责全国水资源的统一管理和监督工作。国务院水行政主管部门在国家确定的重要江河、湖泊设立的流域管理机构（简称流域管理机构），在所管辖的范围内行使法律、行政法规规定的和国务院水行政主管部门授予的水资源管理和监督职责。新《水法》建立流域管理体制意在克服我国原有统一管理与分级、分部门管理体制实际上演变成地区、部门"条块"分割体制的弊端，以期科学、合理地搞好流域水资源保护工作。但是新《水法》中也存在一些问题，这些问题与流域管理的具体实施存在着一些冲突。

一是流域机构的作用与地位问题。《水法》确立了流域管理机构的法律地位，确立了流域管理与行政区域管理相结合的管理体制。但问题是在以地方政府水行政主管部门执法为主时，如何防止流域管理与行政区域管理相结合的体制又步入原来"统分"结合的体制，演变成地区分割的体制，导致流域管理机构形同虚设。而这种危险是现实存在的，因为地方政府水行政主管部门因财权、事权都受制于地方政府，更倾向于维护属于本地方的水资源利益而疏于考虑流域整体利益。二是流域统一管理与行政区域管理相结合的问题。目前，许多职能都是由流域管理机构和地方水行政主管部门共同承担的。在流域水资源管理中，流域管理机构代表流域整体利益，地方政府水行政主管部门代表地方利益，而地方利益与流域整体利益并不是完全一致的，有时还会发生冲突。由此导致流域管理机构和地方政府水行政主管部门在监督管理中，因所维护利益的不同而发生相互争权或推诿。流域机构与地方水行政主管部门的管理权限如何划分，结合的"点"在哪里，在《水法》中没有明确的规定。这有待于在颁发《实施细则》中详细说明。三是与《水法》等相配套的法律法规的研究制订问题。流域水资源保护是一个复杂的系统工程，它不仅需要大量的科学理论和应用技术研究，而且更需要完善的法律法规支持。我国对流域水资源保护法律法规的研究起步很晚，对水功能区管理、入河排污口规章、水污染事故解决和行政法律处理等均缺乏符合国情和流域特点的法律法规。到目前为止，我国尚未有一部专门针对流域管理及流域管理机构的法律规范。水利部"三定"方案虽然明确了流域机构代表水利部在本流域行使水政主管的职责，但这只是水利部的"三定"方案，不是法律规定。例如，有关水土保持工作，新《水法》规定按《水土保持法》执行，但《水土保持法》只字未提流域机构的职责，如不尽快修订《水土保持法》，流域机构在水土保持方面的行政管理职责就会受到很大影响。此外，在许多管理事务中，流域机构与地方水行政主管部门的管理权限，也有赖于配套法规进一步明确。

总之，《水法》的修订实施，尽管解决了长期以来困扰流域管理的法律地位和法律授权问题，但是，要真正落实新《水法》，做到有法可依，有法必依，执法必严，违法必究，还需要法律法规的细化和有机衔接以及强有力的执法手段和灵活高效的执法协调机制。

三、我国流域水资源管理的发展趋势

在大多数发达国家，流域水资源管理的制度较为成熟，而在发展中国家，流域水资源管理的制度建设方面比较欠缺。1998 年 6 月 21 ～ 28 日在菲律宾举行了以"流域管理的制度建设"为主题的研讨会，会议讨论了发展中国家流域水资源保护管理的组织形式、法律制度、行政体制、民间机构参与及水资源保护管理技术等方面的内容，为发展中国家资源保护管理提供了新的理念。总的来说，未来的流域水资源管理呈现如下趋势。

（1）水资源管理的主导类型由供给型转向需求型。传统的水资源管理模式重开发利用，核心是增加水资源的供给量；而现代的水资源管理模式则强调水资源的需求管理，核心是节约用水，提高效率。传统水资源管理基本上是以需定供，一旦发现供需矛盾突出，就采用各种工程技术措施在可利用水资源中增加有效供水量，通过供给扩张达到供需平衡。随着水观念的转变，传统水资源管理转向现代水资源管理，它不仅注重水资源有效供给量的增加，而且更注重需求管理。所谓需求管理，就是在水资源供给约束条件下，以供定需，通过提高水资源的配置效率和使用效率促进节约用水，达到水资源供给和需求的平衡。在水资源日益短缺和生态环境恶化的背景下，大多数国家的水资源管理已经从供给主导型转变为需求管理型。

（2）水资源管理内容由水利工程管理转向全面的水资源管理。水资源管理模式从供给主导型转变为需求管理型，反映到水资源管理的内容上就表现为从水利工程管理转变为全面的水资源管理。传统的水资源管理模式注重开发利用，其管理的内容也以水利工程管理为主。而现代的水资源管理模式不仅包括水利工程管理，更重要的是通过法律、经济和技术等手段对水资源实行全面的管理。全面的水资源管理，包括水资源的科学考察、调查评价，水长期供求计划，水量宏观调配，取水许可管理，水费、水资源费的征收，水事纠纷处理以及水政监察等内容。

（3）水资源管理的模式由分别管理转向流域水量和水质一体化管理。实行流域水资源的一体化管理，是指对地表水和地下水、水量和水质进行统一的系统管理，这符合水循环的自然规律，因而被认为是当今理想的水资源管理模式。长期以来，我国流域水资源管理的主要精力都放在水量的管理方面，而对水质的重视程度明显不够，造成水量与水质管理脱节，严重地影响了水资源的有效供给和生态环境的恶化。为了确保水资源的永续利用，实现流域水量和水质一体化管理模式是必然趋势。

（4）水资源管理手段由单项工程技术手段转向联合管理手段。在水资源自然赋予观的支配下，管理手段是单项工程技术措施，重点放在水利工程、农田灌溉系统的新建及扩建上，忽视或轻视运用经济技术手段，水价这一经济杠杆作用发挥不够。法律法规建设滞后，使得法律手段对水管理作用十分有限。现代水资源管理模式则以经济技术措施为先导，以法律手段为保障，附之以有效的水行政管理，突出水管理的经济性和效率性。随着市场经济的不断完善，水权交易理论、水市场理论、水价理论、排污交易理论及水污染损失经济计量方法等的深入研究，运用市场经济手段与行政手段相结合来管理流域水资源是必然发展趋势。

四、国外流域水资源管理的发展

欧美发达国家，经过近一个世纪的发展演变，流域水资源管理的内容和形式已发生了重大变化。19世纪末至20世纪初，水资源开发利用程度还较为低下，当时的流域水资源管理主要着眼于水资源的多功能特性，强调水资源的综合开发和利用，注重河流梯级开发、水工程的统一布局和水工程自身的综合功能，以求最大限度地开发利用水资源。20世纪60年代，人们逐渐认识到一个流域水环境容量的有限性和各种资源相互依存的整体性。流域不但是一个以江河干支流水系为纽带，把各种资源有机结合起来的资源综合体，而且是支撑和保障人类生存和经济发展的水环境。于是，水资源开发利用程度已达到较高水平的欧美各国相继调整了水资源政策，逐渐由开发转向管理。

目前，在日益严峻的水危机形势下，大多数国家都普遍形成较为一致的观点，即将自然地理范畴作为水资源管理区划的关键因素，并以此作为水资源管理体制构筑的基本原则。"因为水资源本身与行政区划无关"。同时，为了加强对水资源的系统性和综合性管理，减少部门间权限的重复，以提高水资源管理的效率，各国在体制设置上不约而同地体现出向一个核心部门聚集的现象。

鉴于以上的观点倾向，各国在水资源管理体制确立和发展的过程中，大都采取了水资源流域管理体制与综合管理机制相结合的作法。具体而言，首先，各国纷纷在原体制基础上组建了新的专门水资源保护和管理职责的政府机构，并逐渐将其他部门的水资源管理权限向该机构集中。其次，考虑到流域综合管理的要求，在管理体制上呈现出某种纵向和垂直的系统构成结构。与中央政府的集中管理相对应，在地方形成了以流域综合管理为主的体制局面。

国外流域水资源管理体制：水资源管理体制问题已成为水利改革与发展中亟待解决的深层次问题，并越来越引起人们的广泛关注。近年来，越来越多的国家趋向于以流域为单元的水管理模式，纷纷建立起流域机构，对于水系内任何问题作整体性的考虑，以促进流域水资源的统一管理。一些发达国家的水资源开发利用程度已达到较高水平，对水资源的开发、利用和管理积累了丰富的经验，特别是在水资源管理体制上，有许多值得借鉴的地方。

1. 法国

法国共分 22 个区域（Regton，相当于省）、96 个行政区、36 500 个市镇。法国水管理的成功之处主要在于他们遵循自然流域（大水文单元）规律设置流域水管理机构的模式。历史上法国曾经实行以用户为单位（即以区域为主）的水资源管理。第二次世界大战后至 1969 年这一时期，法国由一个农业国迅速向工业国转变，需水量与水污染迫切，法国于 1964 年颁布了修订的水法，对水资源管理体制进行改革。其主要内容：一是法律上强化了全社会对水污染的治理，确定了治污的时间目标；二是建立以流域为基础的解决水问题的机制；三是建立流域委员会和流域管理局，作为流域综合治理的主要融资机构，在环境保护的前提下，实现流域水资源的高效开发利用。1964 年以后法国将全国按水系分成六大流域，各自的流域委员会和流域管理局负责本流域内水资源统一规划，统一管理，目标是既满足用户的用水需求，又满足环境保护的需求。1992 年的新《水法》进一步加强了这一管理体制，并将水管理的机构设置区分为国家级、流域级、地方级等几个层次。法国的水管理机构是由互为制约关系的流域委员会和流域水管局组成的。流域委员会是议事决策层，流域水管局是管理执行层，两者职能明确，互相监督制约，运转协调。

流域委员会，也称"水议会"，是流域水利问题的立法和咨询机构，委员会由用水户、地方行政官员、社会组织的有关人士，特别是水利科技方面的生态学者组成。流域委员会的主席由上述代表通过选举产生。流域委员会为非常设机构，每年召开 1～2 次会议，通过一些决议。其作用是增强水资源开发利用决策中的民主性，对流域长期规划和开发利用方针、收费计划提出权威性咨询意见。流域水管局是具有管理职能、法人资格和财务独立的事业单位。水管局局长由国家环境部委派，水管局领导层成员中地方代表及用水户代表（所占比例约为 2/3）从流域委员会成员中选举产生，组成流域水管局的董事会，董事会对水管局进行管理。董事会的组成成员为"三三制"，其中，1/3 代表由用户和专业协会选举产生，1/3 由地方选举产生，其余 1/3 由国家政府有关部门（环境部、渔业部等）产生。董事长按国家法令提名，任期 3 年。水利管理局是流域委员会下的执行机构，其职责权限更为广泛，具体包括：准备和实施委员会制定的政策和规划，保护并改善流域水环境；为流域水资源开发和保护提供技术咨询、调查和研究；向水资源使用者收取"用水费"和"排污费"；通过补贴、贷款等各项鼓励措施促进污染防治措施的建设和水资源保护等。

　　将水资源的水量、水质、水工程、水处理等进行综合管理，是法国流域水资源管理的特点与成功的标志。不仅管理地表水，也管理地下水，既从数量上管，又从质量上管，充分考虑生态系统的平衡，体现了对流域水资源的可持续利用和区域社会经济可持续发展的思想。流域委员会通过协调，制定水开发与管理的总体规划。规划确定流域经协调后的水质与水量目标，以及为达到这些目标应采取的措施。流域机构注重从经济、社会、水环境效益上强化水资源的综合管理，重视与强调水质与污染控制管理力度，通过政策、法规、经济手段等方面的措施，减少污染，促进节水。在水资源的管理中，流域采取了"以水养水"，即"谁用水，谁付费；谁污染水，谁交钱治理"的政策。这样，通过政策与法律手段，确保了流域委员会稳定和充足的资金来源，使流域委员会有财力对流域进行全面规划、统筹兼顾、综合治理。流域委员会制定的规划可操作性强，每 5 年制定一次，规划有战略目标、有建设重点、有实现目标的具体项目和投资估算、有保证项目有序实施的财政政策。在具体实施上，还辅以经济手段，使流域的综合治理能取得实效。因此，能够真正起到指导流域水资源有效且可持续利用、流域社会经济可持续发展的重要作用。法国流域水管理体制的独特之处，在于注重从经济、社会、水环境效益上强化流域水资源的综合管理；注重流域水环境与国民经济发展的相互关系，既考虑提高和扩大水环境容量以促进自身及社会经济的发展，又考虑经济发展不超越或冲击水环境自然容量的整体保护；重视水资源综合规划、机构设置及体制改革，实行政、企、事职能分工合作。

2. 英国

英国全国降水量年际、年内分配比较均匀。因此，英国水管理的主要任务是供水和水环境保护。英国的供水水源大部分为地表水，地下水在总供水量中占30%左右，并有逐年减少的趋势。英国水资源经历了从地方分散管理到流域统一管理的历史演变，目前定型于中央依法对水资源的按流域统一管理与水务私有化相结合的管理体制。中央依法对水资源进行政府宏观调控，通过环境署发放取水许可证和排污许可证，实行水权分配、取水量管理、污水排放和河流水质控制；通过水服务办公室颁布费率标准，确定水价；通过饮用水监督委员会制定生活水质标准、实施水质监督。私营供水公司在分配到水权与水量的基础上，在政府和社会有关部门的指导下，在服务范围内实行水务一体化经营和管理。在英国，水资源执行部门主要有国家环境署、饮用水监督委员会、水服务办公室、水事矛盾仲裁委员会等。在水资源管理相关的中央级政府部门主要有三个：农业、渔业和食品部，环境、运输和区域部以及科技教育部。英国的水事务管理是由政府有关的部门分别承担，起宏观控制和协调作用，负责制定和颁布有关水的法规政策及管理办法，并监督法律的实施。

为突出流域水管理的重要性，英国在较大的河流上都设有流域委员会、流域管理局、水务局或水务公司，统一流域水资源的规划和水利工程的建设与管理，直至供水到用户，然后进行污水回收与处理，形成一条龙的水管理服务体系。水务局的领导机构是董事会，其主席由环境大臣任命，委员由环境大臣、农业渔业和粮食大臣及地方当局分别任命。水务局是由法律授权的法人团体而非政府机构，它们具有很大的自主权，可以从事水务局认为是促进、有助于履行其职责或在履行其职责时附带执行的任何事情（不论是否涉及支出、借贷或获得还是放弃任何财产和权力）。水务局的职责主要有：具体进行水务局辖区内的水资源保护、开发、重新分配及水务局间的调水工作：向辖区内的居民提供洁净、充足的水；管理排水、处理污水；全面监督辖区内有关土地排水及防洪的一切事务；制定有关水资源供需平衡的规划以及对供水和污水排放实行统一收费等。

由于水管理涉及内容极为广泛，近年来，英国通过立法对水务局管理模式进行精简机构，在加强政府在水及流域水资源管理工作中的宏观指导与规范管理能力的同时，将水务局转化为水务公司，提高了管理水平与效率。概括说来，英国的流域水资源管理体制主要有以下几个特点：首先是以流域为基础的水资源统一管理，辅以私有企业为主体的水务一体化经营与管理，将政府宏观调控机制与市场机制有机地加以结合；每一个区域都有消费者协会，完善了公民参与水管理的机制；政府机构退出了水产业的运作和经营，实现政府部门在水管理与水产业经营的职能分离；同时，政府水资源管理的资金充裕，来源稳定，保障了流域管理政策的实施。

3. 加拿大

加拿大是一个由 10 个邦、省组成的联邦制国家，联邦政府和省政府各自都拥有独立的立法权，联邦政府不能直接向邦下令。因此，可以说加拿大的联邦政府与邦间的司法管理是一个联合、共享式的法制管理制度。加拿大的水利工作经历了"水开发""水管理"和"可持续水管理"三个发展阶段。在 1970 年加拿大《水法》颁布以前属水开发阶段，主要特征是强调开发水资源的工程建设。1970～1987 年期间为水管理阶段，主要特征是强调水资源的规划工作。此期间的水资源管理理念是仅将水作为一种消费性资源，着眼于如何向当代社会提供足够的水资源，以确保当代社会用水需求得到满足。1987 年国际社会提出可持续发展概念后，加拿大的水利工作由"水管理"转型为"可持续水管理"。加拿大的可持续水管理不仅强调水的消费性价值，也强调水的非消费性价值，着眼于构筑支撑社会可持续发展的水系统，以确保当代人和下个世代人用水权的平等为目标。为满足目标，加拿大联邦政府、省政府及地方政府的水管理机构进行了大规模的改革，主要的特点是：成立专门的水管理机构，将原来分布于政府诸多机构的水管理权集中于一个或少数几个机构，如萨斯喀彻温省专门成立了一个萨斯喀彻温水公司，将省政府拥有所有权的各供水厂和污水处理厂并归该公司经营管理，同时把水资源与水环境的各项行政管理任务也交由该公司负责。再如，阿尔迫达省1993年在将省政府的厅级部门由24个减为16个的过程中，将原来的环境厅、公园与森林厅、土地与野生生物厅合并为环境保护厅，使原来分散于省政府三个部门的水管理权被集中到一个部门。各地方政府水管理机构的调整是以适应省政府水管理机构的重组为目的，使集中后的省政府水管理机构的各项水管理政策能被高效地执行。

对于流域管理来说，加拿大主要是通过建立由联邦、邦和地方政府经济、社会和环境部门人员组成的流域委员会，对流域进行管理。这类流域委员会其实是一种非政府组织，主要负责解决流域用水和水保护争端、对流域进行监测、制定流域管理政策。对于流域管理和水源保护，涉及的主要部门有：农业部负责耕作方式的管理（面源污染控制和对土壤的不良影响）；市政负责城市污水的处理；渔业部门负责鱼类生境的保护；环境部门负责水污染控制，卫生部门负责饮用水标准的制定等。因此，对加拿大的水环境管理来说，通常以流域为单位，由环境部和相关部门及地方政府建立合作关系，制定共同的管理标准，实施共同管理，也就是由多部门共同承担水管理事务。

4. 埃及。埃及是一个干旱国家，即使在北部三角洲靠近地中海的海滨所谓降雨量最多的地区，年均降雨量也很少超过200毫米。由此往南，降雨急剧减少，至开罗以南的地区，终年降雨量几乎为零，即使这点稀少的降雨也仅在冬季以零星分散的形式出现。对农业生产而言，这已成为一个几乎不可依赖的资源，因此埃及的农业基本以灌溉为主。埃及境内，最主要的或者几乎可以说是唯一的地表水源便是尼罗河，全国95%的水资源由尼罗河供给。

流域水资源综合管理模式是埃及水资源管理的最大特色。为了解决埃及水管理问题，埃及国家水研究中心（NWRC）成立了尼罗河水战略研究小组（NWSRU）。该研究小组利用系统方法建立了水资源综合管理模型（IWRME），利用系统的方法来分析各种政策及它们长期的影响。IWRME模型的主要目标是对所制定的水政策进行评估，以便使它们满足5个行业（农业、工业、生活、发电及航运）的长期社会经济规划。水政策评价是利用水的可利用性、生态系统质量、社会生活标准及经济增长率这些指标来进行的。由于模型的复杂性，收集模型信息不是一个简单的过程，因此，水战略研究小组的活动之一是组织专题讨论会对模型方法进行评估和制定合作规划。与会者可以提出埃及宏观水资源规划中可采用的新方法，并对模型提出修改意见，例如模型假定的有效性、模拟方案的真实性、优先考虑不同用水部门需求的选择标准、反映水管理的社会与环境及经济影响指标的选择、模型的推广应用等。埃及的流域水资源综合管理模式利用系统方法进行综合规划和管理，为解决埃及复杂的水资源问题起到了现实作用，有效地缓解了水资源危机。

五、国外流域水资源管理的典型案例分析

1. 美国田纳西河流域管理

作为一门学科，流域管理是 20 世纪 40 年代由美国的森林水文学者提出来的。他们认为，只有采取综合措施才能改善流域的水文状况和水质，尤其强调把改善水文状况，防治山洪、泥石流灾害与合理利用和开发水、土、林等自然资源结合起来。依据 1969 年颁布的《国家环境政策法》，美国于 1970 年设立联邦环境保护局，将原来分散于 5 个联邦政府内的 15 个机构各自执掌的水资源管理权力集中交由联邦环保局行使，使得联邦环保局成了一个拥有统一水资源管理权限的核心管理部门。尽管也仍有其他部门行使部分水资源管理的权限，但联邦环保局始终居于最高的地位。它不仅拥有优先权力和终决权力，还直接参与对全国水资源管理、监督和处罚。在美国，水资源实行流域单元化管理，即把流域范围内的水体看成是一个地理管理单元，这些单元按区域、州等从大到小进行分级编号，把包括流域水质、水量、水体的主要用途，需要控制的污染因子在主要河流与支流水体中的浓度以及污染负荷、水生生态、水土保持、土地利用等资料，在地理信息系统支持下，输入计算机进行统一管理。田纳西流域管理是美国水资源流域管理成功的一个典型范例。田纳西河位于美国东南部，是密西西比河的二级支流，长 1 600 千米，流域面积 10.5 万平方千米，地跨 7 个州。流域内雨量充沛，气候温和，年降水量在 1 100～1 800 毫米之间，多年平均降水量 1 320 毫米。田纳西流域管理始于 20 世纪 30 年代。田纳西流域被当作实施罗斯福"新政"的一

个试点，即试图通过一种独特的管理模式，对其流域内的自然资源进行综合开发，达到振兴和发展区域经济的目的。此时的田纳西流域由于长期缺乏治理，森林破坏，水土流失严重，经常暴雨成灾，洪水为患，是美国最贫穷落后的地区之一，人均收入约为全国平均值的 45%。为了对田纳西河流域内的自然资源进行全面的综合开发和管理，1933 年美国国会通过了《田纳西流域管理局法》，成立田纳西流域管理局（简称 TVA）。经过多年的实践，田纳西流域的开发和管理取得了辉煌的成就，从根本上改变了田纳西流域落后的面貌，TVA 的管理也因此成为流域管理的一个独特和成功的范例而为世界所瞩目。

目前，田纳西流域已经在航运、防洪、发电、水质、娱乐和土地利用六个方面实现了统一开发和管理。其运作机制是：①通过专项法令，依法成立专门管理机构。1933 年，美国国会通过《田纳西河流域管理委员会法》，并依法成立 TVA。《田纳西河流域管理委员会法》自颁布后，根据流域开发和管理的变化和需要，不断进行修改和补充，使凡涉及流域开发和管理的重大举措（如发行债券等）都能得到相应的法律支撑。②明晰责权，多方融资，协调发展。董事会由总统任命，并经参议院核准，但 TVA 是独立于联邦政府的国有公司，有权自定电价和在国内外市场发行债券筹集资金。TVA 负责组织管理田纳西河流域和密西西比河中下游的水利综合开发，但不以赢利为主要目的，而是着眼于这些地区多种资源的整体协调和长远发展，其管理模式体现了行为一体化，即联邦政府分权和 TVA 权威的良好结合。③从单一水资源管理到多目标利用，科学治理。20 世纪 70 年代以前，主要是利用森林的水文学作用改善流域水资源状况的单一水资源管理目标。近年来日益强调多目标利用，即以改善水资源（包括水资源不足、洪水、土壤侵蚀、饮用水质低劣、河川污染等）、粮食不足、能源短缺等有关问题为管理目标，制定针对性措施、科学治理，实现流域的可持续发展。④治理第一，发电第二，利益共享。TVA 在管理决策上对改善内河航运、防洪以及环境保护等问题的重视程度超过发电。TVA 的特定供电区包括田纳西州的绝大部分地区和亚拉巴马、密西西比、肯塔基、弗吉尼亚、北卡罗来纳以及佐治亚州的部分地区，这里的人们享受着美国最低电价。TVA 与这些州政府保持良好的协作关系，每年依法将年销售额的 5% 交给上述各州分配，1995 年为 2.7 亿美元。据 2001 年资料，TVA 已拥有 48 座各类电站，近 3 000 万千瓦保证容量，是美国最大的公共电力企业。电力赢利为流域自然资源管理提供了资金支持。

2. 意大利波河流域管理

波河位于意大利北部，是意大利最长的河流，全长 652 千米，其流域面积达 7.01 万平方千米，流经北部六个区域和一个省。波河流域涵盖意大利 24% 的土地，全流域人口为 1570 余万人，经济总产值占意大利 GNP 的 40%，可谓是意大利的精华区域。1956 年 7 月正式依法成立波河管理局，隶属于公共工程部，管辖整个波河流域。波河管理局主要负责水利工程、水利巡防以及防洪工作。该局每年预算大致为 200 亿里拉。流域内设有 10 个分支机构，主要执行各项水利工程、水利设施运作及防洪预报。管理局内设有电传水量测量控制系统，监视各干支流水量，当水量或水位到达某一程度，则防洪预报系统将开启，整个流域防洪预报系统将与地方性的防汛组织结合，进行持续性的监视、预测与管制工作。1989 年意大利国会通过的 183 号法律——《国土保育法》，对流域管理有划时代的重大变革，该法将整个流域视为一个环境生态系统。在环境生态系统内的各类活动，如土地使用与水资源利用，须由一个作业中心监督、协调与统合，以避免产生污染，并追求水资源的生生不息。依据该法，意大利国土被划分为许多流域，按这些流域的重要性，分为国家流域、区际流域和区域流域。划为国家流域的河流要设置流域委员会。波河流域是意大利国家流域中最大的流域。在 1956 年设立的波河管理局因整治工作已大致完成，已裁撤。1989 年以后，流域管理的主要职能已转为由波河流域委员会主管。根据 183 号法律，波河流域委员会是以协调功能为主的机构。波河流域委员会主要功能是从生态保育观点出发，整合与协调各级政府与各种行政机关的活动，以达成保护环境的目标。波河流域委员会在整个波河流域的管理上，扮演各参与者（包括中央与区域政府）间的协调角色。

委员会内部设置机构委员会、技术委员会、秘书长和技术运作秘书处。其组织机构委员会由中央政府的部长和各地方首长组成，包括四位内阁部长（公共工程部、环境部、农业森林部、文化与环境资产部），以及流域内的六位区域和一位省的首长，再加上秘书长，共 12 位。机构委员会是最高决策单位，决定政策，制定发展流域计划的审核标准、分配预算、选派秘书长、监督计划等。技术委员会由秘书长当主席，为机构委员会的咨询对象，并负责草拟计划。成员有 22 位，由 4 部、6 区域、1 省各派 2 位委员，全为兼任，每月开会一次。秘书长在流域委员会中扮演核心角色，负责监督与协调整个委员会活动，除担任技术委员会主席之外，并监督指导技术运作秘书处的工作。任期 5 年，由机构委员会选派，出身多半为大学教授。

技术运作秘书处下设三处，分别为数据处、秘书处及计划处。波河流域委员会与波河流域内各区域水利单位的关系为：各区域水利单位负责执行各辖内水利工作（支流由各区域管理，干流由中央政府管理），而波河流域委员会则为中央政府和各区域政府水利单位的协调与整合组织。中央政府与各区域政府依据波河委员会所核定的计划，分别拨款，然后再由波河流域委员会负责监督及执行。

波河流域委员会的成立，代表意大利政府对流域水资源管理观点的重大改变。由原先狭隘的防洪及偏重技术的角度，扩展至以生态保育为出发点的流域管理，整合与协调各级政府与各种活动，如防洪、水土保持、污水处理、水权分配、土地利用、都市计划、工厂设置、农林管理、游憩设施等，以达成保护环境的目标。波河流域管理案例主要强调在完成河流整治之后，如何作多功能整合，以维护水资源的流域环境，尤其委员会的组成包含中央部长及地方政府首长，其技术人员由各级政府各派 2 名组成，这样易于发挥横向协调整合功能。

3. 澳大利亚墨累—达令河流域管理

澳大利亚的水管理体制大致为联邦、州和地方三级。澳大利亚于 1963 年成立的国家水资源理事会是该国水资源方面的最高组织，由联邦、州和北部地区的地方部长组成。联邦国家开发部长任主席，理事会下设若干专业委员会，这些专业委员会从下属的各水管理局，以及有关地方政府机构中抽调人员组成。理事会负责制定全国水资源评价规划，研究全国性的关于水的重大课题计划，制定全国水资源管理办法、协议，制定全国饮用水标准，安排和组织有关水的各种会议和学术研究。流域管理是澳大利亚水资源管理的一个重要特色和经验。墨累—达令河流域是澳大利亚最大的流域，也是世界上最大的流域之一，由墨累—达令河及其支流组成，流域面积超过 100 万 km²，约占澳大利亚总面积的 17%。

该流域的水资源管理是一个历史发展过程，体现了经济社会发展以及水资源状况的变化对加强流域管理的客观要求。最初的流域管理从 1563 年墨尔本会议开始，那时水的问题还不突出，州与州的合作愿望还不是很强烈，对流域水问题进行统筹考虑的意识还不强。19 世纪末，人口主要聚居区发生了严重干旱和用水冲突，该流域连续 7 年发生了大旱，严重的水资源矛盾迫使三个州一起共商水资源治理开发问题。1927 年成立的墨累—达令流域委员会，是澳大利亚最重要的流域管理机构，它不是联邦的行政管理部门，但代表整个墨累—达令流域的最大利益，并有权裁决有关墨累—达令流域的水事务。在此后的 60 多年里，流域管理走上了稳定发展的轨道。在分水协议的指导下，流域水资源得到较好的开发和利用。水资源支撑了流域内经济社会持续 60 年的大发展，使这一地区成为澳大利亚经济最发达的地区之一，其农业产值占全国农业总产值的 41%。但是，到 20 世纪 60 年代，随着社会经济的发展，由于用水增长导致河道水量减少，墨累河滋生的大量蓝藻，造成震撼全国的水质危机，促使政府对水资源的承载能力进行重新评估，并启动了以控制水的需求为主的水改革。流域委员会对水资源承载能力进行了重新评估，强化了保护方面的责任，加强了各方面的协调与配合，达成了控制流域协议。1987 年签订墨累—达令分水协议，取代了原协议；联邦政府提出水改革计划，采取保护地下水，并促使各州进行改革；各州把水权从土地中剥离出来，明确水权，开放水市场，允许水权交易；各州改革供水业管理体制，组建政府控股的供水公司，赋予企业和经营者更大的自主权；最后则是建立完善的水价体系，将污水处理、水资源许可等费用计入水价，推行两部制水价，对用水量超过基本定额的用水户进行处罚，并且建立各种用水户的协会，鼓励社会公众参与水资源管理。

六、国外流域水资源管理的发展态势与经验借鉴

流域是以自然的水文地理进行划分的一个完整区域，同一流域的水资源有其密切相关、互相联系的规律。水资源在同一流域的社会经济生活中，也有密不可分的关系。世界上许多国家都在流域水资源管理方面进行了长期的探索和努力，制定了相应的法律、法规，建立了相应的管理机构。以流域为单元进行水资源的统一管理，已经被国际上发达国家在水行政管理的实践中证明是行之有效的方式，可以说是一种适应自然规律的科学管理方式。各国的水管理体制之间存在很大差异，但总的来说，水管理已从各自为政的行政区域管理向尊重水资源自然特性的流域管理发展，从多部门间的分割管理或者从单一部门的统一管理向以一个部门为主导与多部门合作管理相结合的模式发展。总结起来，有以下趋势：第一，流域的概念已由过去的河流自身转变为整个集水区域，将地上水与地下水作为统一资源给予整体上的考虑。水资源管理更加趋向于以流域水资源集成管理为基础，以国家职能部门和地方政府监督、协调相结合的管理体制，强调部门间及区域间的合作与协调，实现跨部门与跨区域的综合管理，建立一种能够对水资源进行整体性分析和全局性分配的管理模式。第二，将流域水资源管理由过去单纯的污染防治转向多角度、全方位的综合利用。注重以流域为单元的水资源综合规划，注重流域水环境容量与经济发展的相互关系，从经济、环境、社会问题的角度进行流域水资源综合管理，其中更加强调水的质量与污染控制的管理。第三，注重在加强流域宏观调控的基础上，逐步将水资源开发利用等资源性管理实现市场化，大幅度减少政府干预，在水资源配置中引入准市场机制。第四，注重民主协商机制的建设，鼓励公众参与管理。为了弥补集中管理体制下决策管理内部化以至于使公共参与减少、地方投资积极性下降、对用户需求及变动缺乏及时调整措施等弊端，各国普遍都设立了协调及咨询机构，以提高民主决策和公共参与的可能性。还应该指出的是："各国在将水环境管理权力系统专门化的同时，也注意到了发挥其他政府部门的作用，集权与分权相适应，而不是大一统的权力垄断。但在权力交叉的过程中，又明确确立环境保护部门在各部门权力系统中的统治地位，有着极大的影响力量。"

水循环的自然规律和水资源的多功能性，决定了水资源管理系统是一个复杂的多层次的动态管理系统。纵观发达国家近一个世纪以来在流域管理方面的发展演变，无论其是否建立流域机构，也无论其流域机构的组织类型如何，对水资源管理的根本指导思想都是以自然流域为单元的。这不仅是水资源的自然属性和多功能特性的客观要求，也是人类社会发展的历史必然。尽管国与国之间存在着因政治体制、经济结构、自然条件和水资源开发利用程度的差异，所建立的水资源管理体制不尽相同，但各国政府对水资源作为水系而独立存在的基本规律都有着共同的认识，并依照本国的实际情况，尽可能以流域为单元实行统一规划，统筹兼顾，积累了富有各国特色的管理经验。我国的流域管理起步较晚，且管理体制和运行机制是在计划经济体制下形成的，许多地方已不能适应社会发展和市场经济客观规律的要求，改革我国现行的流域管理体制，有必要有选择的借鉴国外流域管理经验。

（1）实行水资源国有制，增强政府拉创能力。水资源的管理体制与水的所有制形式有着密切的关系。目前，国际上普遍重视水的公共性，提倡所有的水都应为社会所公有，为社会公共所使用，并强化国家对水资源的控制和管理，淡化了《水法》的民法色彩，加强了水的公有性。水的公有制决定了水事法律以行政法律为主体，以维护公共利益为宗旨。

（2）完善水资源统一管理体制。水资源实行统一管理和调配，有利于保护和节约水资源，提高水资源利用的效益与效率。我国水资源实行多头管理，深层地下水，地表水（大江、大湖）和浅层地下水，城市居民用水和城市污水的净化，分别属于多个部门管理，使水资源的管理和使用难于协调规划，统计口径不一致，造成水资源数量不清，水平衡的计算与国际不接轨等问题。流域是水资源供给的完整载体，以流域为单元进行水资源管理符合水的自然属性。区域是水资源需求的完整载体，在区域内进行水资源的交易和使用是水的最终目的。流域水资源管理和区域涉水事务一体化管理是政府资源管理职能的统一，是一种从行政管理向权属管理的转变。应按《水法》要求，进行制度创新，逐步建立和完善城乡水资源统一管理的体制，以保障水资源的可持续利用支撑经济社会的可持续发展。

（3）实行用水许可制度和水权登记制度。世界上许多国家普遍实行用水许可制度和水权登记制度，以实现节约用水和计划用水。许多国家在本国的《水法》中规定，除法律有特殊规定外，一切用水活动都必须取得取水许可证，并在某些情况下加以限制或撤销。在国家对水资源拥有所有权的前提下，对水权改革进行探讨，可以逐步放开使用经营权，选择部分流域进行试点，允许进行水权交易。通过试点摸索出适合我国国情的水市场交易机制，逐步推广，以实现我国水利产业的良性运行和水资源的可持续利用。

（4）重视立法工作。正确制定水的立法是有效实施水资源管理的根本手段。以不断完善的系列法律法规来规范、保障和推动流域治理的顺利进行。目前，世界各国都非常重视水的立法工作，许多国家把有关水的开发、利用、管理、保护及防治水害等问题，或集中规定在一个法内，或针对各种问题分别制定若干单行法律。另外，国外水资源管理机构的设置和职权的授予，也多以立法为根据。如美国田纳西流域管理局是根据 1933 年美国国会关于开发田纳西流域的法案成立的；英国水务局是根据 1973 年英国水法成立的。目前，依法治水，依法管水，已成为各国水管理体制改革的重要方向。

（5）引导和改变大众用水观念。一方面我国水资源短缺的问题越来越突出，另一方面水资源的浪费还很严重。因此，解决好水的问题，必须高度重视节约用水。要通过行政、法律、经济、技术等手段，在农业、工业和城市生活等各个领域全面推行计划用水和节约用水，利用政策法规及市场机制的经济杠杆来改变民众的用水观念。政府要大力宣传水环境保护及节约用水方面的知识。例如，澳大利亚政府在宣传水体产生蓝绿藻的危害时，一方面宣传蓝绿藻产生的原因是居民过多地使用含磷的洗涤用品和农田使用含氮的化肥，呼吁人们使用低磷的洗涤用品和减少使用化肥；另一方面宣传蓝绿藻对人体肝脏、胃肠功能影响极大，甚至可能导致癌症，使民众掌握科学知识，自觉遵守国家有关规定。国家要将发展节水灌溉和节水农业作为节水工作的核心和重点，加大政策扶持力度，积极支持节水灌溉技术的开发和研究，对节水灌溉工程的建设，各级财政应给予适当的补助。此外，引进民间的监督力量，让社会大众参与水管理决策，促进水资源决策信息的社会化，这也是逐步改变民众用水观念的一个途径。

（6）强调水环境的保护。多数发达国家将水量的调配、水污染的控制及流域范围内生态系统的保持等统一归口流域管理机构，并使之产业化。由于水质污染日益形成社会公害，水资源的开发一方面改善了生态环境，另一方面也会产生不利影响。许多国家的水法都强化了水质保护和水污染防治，规定了污染者承担治理责任的内容。此外，废水处理与再次利用也值得我们借鉴的。我国应学习其他国家水环境管理的先进经验，避免走"先污染、后治理"的道路，使水环境与经济协调发展。

第三节　流域水资源的产权管理

自水利部汪恕诚部长提出"水权和水市场"的观点以来，人们期望通过对水权、水市场理论的研究和实践，加快推进我国水资源市场化改革的步伐，并借助经济手段建立一套政府宏观协调交易、各方民主协商的水权交易机制，使有限的水资源在保持良好生态环境的同时为经济发展创造最大效益。流域水资源产权制度和水资源配置相辅相成，二者密不可分。水权和水市场建设是进一步合理配置水资源的有效办法。随着用水需求的增加，水资源日趋紧张。水权转让是弥补由于信息不完全产生的"政府失灵"的一项措施。水市场的建立，可以促使水资源使用向效率高的地区、行业和用户转移，利用市场机制优化配置。水市场首先涉及水权，明晰的产权与可交易的产权制度，是建立水市场的基础。

一、水权与水权制度的影响

（一）水权的基本含义

（1）水权。水权又称水资源产权，广义的水权是指与水资源有关的一组权利的总和，是水权主体围绕或通过水而产生的责、权、利关系，其最终可以归结为水资源所有权、水资源使用权、水资源工程所有权和经营权。狭义的水权是指水资源的使用权和收益权，是一项建立在水资源国家所有的基础上的他物权，即一种"用益物权"。它的获得是依照法律的规定或者通过双方当事人的交易来实现。从法律上对水权的界定可归结为对水权的拥有和转移所产生的法律上权利义务的变化，而在经济学上对水权的界定的意义则在于由水权的拥有与转移而产生的效率与效益。本研究所指的水权是指狭义的水权。

（2）水权制度。水权制度是划分、界定、配置、实施、保护和调节水权，确认和处理各个水权主体的责、权、利关系的规则，是从法制、体制、机制等方面对水权进行规范和保障的一系列制度的总称。

（二）水权的特性

流域水资源产权与一般的资产产权不同，具有明显的特性。结合我国的实际情况，流域水权的特性主要表现在以下几个方面：①流域水权的公共物品属性。由于水资源具有川流不息循环不已的自然属性，流域水资源的所有权属于国家，具有公有资源的属性，是一种准公共物品。在我国，由于目前流域水资源的使用权被置于"公共领域"，这就必然激起流域范围内的各区域经济主体索取和利用尽可能多的水资源，侵占尽可能大的水环境，以便自己能获得更高的经济利益，流域的整体利用效率则放在其次。这样做的结果是流域水资源的严重短缺与过度浪费同时并存。②流域水权的竞争性。当许多用水户使用同一流域内的水资源时，这一流域内的水在使用上就具有了竞争特性。公有资源缺乏产权的界定容易造成先来先用现象。公有资源的公开获取性质，用户之间的竞争，造成水资源的过度使用，并且随着需求量的大幅增加，水资源的稀缺程度加重，边际收益越来越高，竞争利用的现象加剧。当水资源的使用未加限制时，则为一种共享性的资源，即某人在使用同一流域内水的同时，并不能排除他人同时使用；当某人的抽取量超过回流量（尤其是上游使用者）时，他人（下游使用者）对该流域的水的使用会受到影响，甚至容易导致互相竞争，以至于使用者缺乏保护激励，加速该资源的耗竭。因此，对于一定流域内水资源竞相无序的使用，造成的结果是使用成本增加过速，早期使用者消耗过多的水量。③流域水权的外部性。外部性是指那种与本措施并无直接关联者所招致的效益和损失。水权具有一定的外部性，它既有正的外部经济性，也有负的外部不经济性。例如，如果流域上游用水户过多地利用水资源或将污水直接排入河中，就会给下游用水户的水资源利用造成负面影响；同样，在某一流域内修建大型水库，由于改善了流域局部的小气候，可能给周边地区带来额外的效益，如增加旅游人数，增加就业机会等。④流域水权的分离性。根据我国的实际情况，水资源的所有权、经营权和使用权存在着严重的分离。这是由我国特有的水资源管理体制所决定的。我国《宪法》和《水法》都明确规定："水资源属国家所有"，但从实践上看，由于我国水管理体制的多层次性、区域性和交叉性等复杂情况，水权往往归部门或地方所有，导致水资源优化配置障碍重重，国家水资源拥有的产权流于形式。而地方或部门通过一定的方式将使用权转移给最终使用者。水资源的所有者、经营者和使用者相分离，导致水权的非完整性。

（三）水权制度对流域水资源利用的影响

1. 清晰的流域水资源产权可以促进流域水资源可持续利用

清晰的流域水资源产权是指产权主体清楚，并对流域水资源具有绝对的所有权、处置权、收益权和分配权。现代经济学认为，合理的产权制度就是明确界定资源的所有权和使用权，以及在资源使用中受益、受损的边界和补偿原则，并规定产权交易的原则，以及保护产权所有者利益等。在水资源的管理过程中，明晰水权是水资源管理的重要前提和依据。无论是在微观上制定用水定额，还是在宏观上制定控制指标体系，都离不开明确清晰的水权安排。产权明确、清晰，就是财产的各项权能、风险责任的主体是清楚的，不同的经济当事人对某人所拥有的财产的某项权利的边界是确定的，从而财产的处置、使用、收益分配及责任都明确地落实在经济当事人身上。产权制度对资源配置具有根本的影响，它是影响资源配置的决定性因素。因此，清晰地界定流域水资源产权可以促进流域水资源可持续利用。

2. 明确的流域水资源产权可以促进水权交易

流域水资源的产权如果不明确，一方面将造成流域内上、中、下游用水户利用水资源的低效率以及流域内农业部门、工业部门和公共部门生产的低效率，另一方面，也会阻碍交易行为的发生，导致交易规模过小，无法自由交易行为提

高经济效率。

3. 流域水资源产权对生态环境的影响

在流域水资源产权不清的情况下，水资源的开发利用会对生态环境产生极其重大影响，主要表现在少部分人的利益获得建立在多数人损失的基础上。生态环境资产产权具有典型的公有性，环境容量资源的终极所有权属于流域内的公众，国家是环境容量资源终极所有权的代理者，而地方政府拥有使用权。地方政府是生态环境保护的主体，从费用效益角度来研究，地方政府拥有环境容量资源初始使用权并从中获得使用收益的权利，只有如此，才会有足够的积极性监督排污企业，从而对生态环境产生积极的影响。所以，明确清晰的水权对于生态环境保护是极为重要的。此外，考虑到可能给第三者和环境造成的负面影响，可以把环境保护的相关强制性规定作为水权交易前提条件之一，比如规定所转让水权的水质标准，这样不仅可以减少导致环境恶化的诱导因素，而且同时能够提高用水者的环境意识。

4. 流域水资源产权对水资源开发利用与保护激励

由于清晰的产权给所有者带来可预期的收益，对个人或团体投入资金、劳动改善资源资产质量起到激励作用。在市场经济体制下，实行多渠道、多层次投资开发利用水资源，加强水权、产权管理，实行所有权与使用权分离，实行资源有偿使用和转让，有利于促进经营者和使用者对资源的合理开发利用，提高水资源利用的经济效益、社会效益和生态效益。由于我国水资源分布极不均衡，随着众多河流上下游、流域间取水调水工程的实施，地区间对水资源的争夺必将加剧。实践表明，明确水权对促进水资源开发利用产生积极影响，可以克服经营使用中的短期行为，鼓励长期投资和促进可持续发展。

二、国外水权制度演进与我国水权制度发展趋势

（一）国外水权制度的演进

不同国家和地区水资源禀赋、管理体制以及目标不同，其各自所采用的水权制度也不完全相同。长期来看水资源的数量是动态变化的，人类对水资源的需

求是不断增长的，这就决定了相应的水权制度也是动态变化的。研究了解不同的水权理论和水权制度的演进过程，有助于探析不同水权制度与水资源利用效率之间的关系。

1. 沿岸所有权原则

沿岸所有权原则，又称河岸或滨岸所有权原则，其制度的发展和演进经历了绝对所有权、合理权利、相关权利原则三个阶段。沿岸所有权原则是各国根据不同的水权纠纷案例判决逐步发展形成的，最初源于英国的普通法和1804年的拿破仑法典，之后在美国的东部地区得到发展，成为国际上现行水法的基础理论之一，目前仍是英国、法国、加拿大以及美国东部等水资源丰富的国家和地区水法规和水管理政策的基础。沿岸所有权规定流域水权属于沿岸的土地所有者，其精髓是水权私有，并且依附于地权，当地权发生转移时，水权随之转移。沿岸所有权原则内含两个重要理论，一是持续水流理论，即流域沿岸土地所有者自然拥有水权，并且他们的水权均是平等的，只要水权所有者对水资源的利用不会影响下游的持续水流，那么对水量的使用就没有限制，也不会因使用的时间先后而建立优先权。二是合理用水理论，即水权拥有者必须保证用水的合理性，任何人对水资源的利用不能损害其他水权所有者的用水权利，否则将丧失其拥有的水权。沿岸所有权是土地开发初期自然存在并发展起来的一种水权形式，在水资源丰富的地区有其自然的合理性，如在许多丰水的国家与地区沿岸权依然延续至今。但是，对于大多数地区或国家而言，水资源仍然是稀缺的，随着社会发展和人口的增长，非沿岸地区水需求的矛盾也日益迫切，而传统的沿岸所有权限制了非毗邻水源土地的用水需求，影响了水资源配置的效率和经济的发展，多数实行沿岸所有权的国家和地区都对其进行了修正。例如，19世纪澳大利亚原本采取沿岸权制，但在此制度下用水户之间冲突不断，显现出沿岸权制并不太适合相对缺水的澳洲，于是从1884年起各州政府逐渐通过立法，将水权与地权分离，明确水资源是公共资源，归州政府所有，由州政府调整和分配水权，并自20世纪80年代开始，规定水权可以交易。

2. 优先专用权原则

优先专用权原则最早起源于美国西部地区。西部开发早期，随着移民人口的增加，各州纷纷放弃沿岸原则，改采用优先专用权原则。优先权制将水权与地权相分离，用水权利不再与地权相关，水资源成为一项新的公共资源，政府以配给方式按先后次序分配给各用水户。优先权制认为，流域水资源处于公共领域，用户没有所有权，但承认对水的用益权。其主要法则为：一是"时先权先"原则，即先占用者具有优先使用权；二是有益用途，即水的使用必须用于能产生效益的活动；三是不用即废，即如果用水者长期废弃引水工程并且不用水（一般为 2～5 年），就会丧失继续引水或用水的权利。已申请获得的水权之间又有高低等级之分，在缺水期间，政府或管理机构优先足额保证较高级（长期）的水权专用者，然后再将剩余水量逐级分配给较低级（短期）的水权专用者。显然，优先权制弥补了沿岸权制的一些弊端，更适合于水资源较为短缺的地区。优先权制在各个国家与地区的实践中得到进一步的发展与完善。日本优先权制中除了有"时先权先"的主要水权分配原则以外，还补充了其他一些优先原则，如堤坝用益权原则等条件优先权。堤坝用益权原则是一种本质上类似于水权的财产权，日本的《多功能堤坝法》规定水资源用户可以分担水资源的开发建设成本，并依此申请相应的水权，而且此种权利不受优先使用原则的限制，具有比其他水权更高的优先权。美国西部地区也通过增加公共托管原则作为优先权制的补充，即政府在初始分配中将一些公共水权如航运、渔业、生态等水权直接保留下来由政府进行管理，以确保公共用水及公共利益的维护。澳大利亚新南威尔士州进一步将水权分为高度安定水权和一般安定水权，高度安定水权是对特定的工业、家庭与长年生植物的灌溉用水提供将近 100% 足额的稳定用水，而一般安定水权在缺水期间仅能获得部分供水。

3. 比例分享原则

比例分享原则又称平等使用原则，它是在优先权的基础上，既取消了地权与水权的联系，同时又取消了优先权原则中水权之间的高低等级之分，按照一定认可的比例和体现公平的原则，将水权界定为河川水流或渠道水流的一种比例关系，水的使用权表示为每单位时间的流量。比例分享原则是墨西哥和智利在确认初始水权中运用的主要方法。在这些国家的法律里面没有优先权，水权持有者之间遵循的是共同分摊水资源的短缺与不足的基本原则。在墨西哥，灌区和用水者协会负责建立相应的程序，在他们的管辖范围内分配多余的或短缺的水资源。多余和短缺的水资源将简单地按比例分配给所有的用水者，如如果流量比正常低 20%，那么所有水权拥有者得到的水资源也将低于 20%。该程序有效地将计量水权转变成了按比例的流量权利。在智利，水权是可变的流量或水量的比例。这样的好处是水权拥有者在一定的地方保证拥有一定数量的水权份额。如果水资源充足，这些权利以单位时间内的流量表示；如果水资源不充足，就按比例计量。

4. 可交易水权原则

沿岸权制虽然规定了合理用水，但水权依附于地权使沿岸与非沿岸地区之间缺乏社会公平，影响了水资源的合理配置。优先权制虽然改善了沿岸原则的缺失，但又发生优先取得水权者及高等级水权用户用水效率不高的情况，而未取得水权者及低等级水权用户仍无水可用的困境。比例分享权制虽然取消了优先权制中水权之间的差别以体现公平，但关系国计民生的重要取用水却难以得到重点保障。当水权的初始分配制度难以尽善尽美地实现期望的社会目标时，人们开始关注现有水权的再分配问题，试图通过再分配的途径以提高资源配置效率。水权再分配主要有政府与市场再配置两种方式，目前利用市场机制再分配的可交易水权原则已成为世界各国和各地区实践与研究的热点。可交易水权制度最早出现在美国西部的部分地区，如加州和新墨西哥等州，这些地区在优先权制的基础上，逐步放松和解除对水权转移的限制，允许优先专用水权者在市场上出售富余水量，使水资源得以更充分利用。从 1978 年开始，澳大利亚维多利亚、南澳、新南威尔士等各州也相继开始实施可交易水权制度。发展中国家智利和墨西哥也分别从 1981 年和 1992 年开始尝试在政府的管制下开放水权的转移与交易。越来越多的国家也开始重视和准备实施可交易水权制度。可交易水权制度的产生和发展是有其深刻背景的。第二次世界大战以后全球人口的迅速增长，使人均占有水量逐步下降，工业化进程的加快，对水资源的需求呈几何倍数递增，全球水资源供需矛盾日益突出。以往水资源充沛的地区，随着人类经济活动的扩大，也逐渐出现了短缺现象，而在干旱和半干旱地区，水资源短缺更已经成为国民经济可持续发展的瓶颈。水资源稀缺性的转变迫使人类对以往认为水资源是一种可循环再生、取之不竭的自然资源的观念进行重新深刻审视。1992 年在都柏林召开的"21 世纪水资源和环境发展"的国际会议上，与会代表一致取得共识，即水不仅是自然资源，而且更重要的是一种经济物品。1995 年世界银行正式报告中也再次重申了这一重要观点。这也正是许多国家制定可交易水权制度，采取经济手段实现水资源高效配置的深层次原因。可交易水权制度在各国的实践也逐渐形成了水权流转和水权交易的概念。水权流转是广义的概念，即水权的所有者、用途、用水量、期限以及使用地点等水权构成基本要素，其中任一要素发生变更均可视为水权的流转。水权交易是指水权人或用水户之间通过价格的协商，进行水的自愿性转移或交易。两者均可分为短期性转移和永久性转移两种类型。目前，在各国水权交易当中都强调了政府监管的重要性，以尽可能减少负外部效应的发生，通常永久性水权交易都要经历一个较为复杂的审核过程，加之水权交易市场体系并不完善，处于一种"准市场"状态，因此交易成本相对较高。为降低市场的交易成本，近年来在各国和地区不断累积和创新出多种新水权交易制度与形式。如美国加州地区的世界第一个电子水市场的诞生，以及科罗拉多州的水区股份交易、加州的干旱水银行和干旱年选择权等多种衍生的水权交易工具的创新。多种水权交易工具与形式的涌现，不仅弥补了原有政府初始分配水权制度的不足，提高了水资源的利用率，更展现了市场机制配置资源的高效性。

通过对以上几种基本的水权理论和水权制度的比较分析，我们可以得出以下几点结论和启示。首先，从沿岸权制发展至可交易水权制度的过程，也正是水权制度随经济发展变化而不断动态演进的过程。水资源供求矛盾的加剧是导致和诱使水权制度发生变迁的根源，而水权制度的创新又为人类开发利用水资源提供了新的发展空间。其次，水权制度变迁的主线是不断提升水资源配置的效率与公平。再次，可交易水权制度代表了水权管理的发展方向。可交易水权制度实际上是一种政府和市场相结合的水资源管理制度，即政府首先为水权交易提供一个清晰、明确的法律制度框架，然后把提高水资源的使用效率和配置效率交由市场去解决，同时政府也履行对交易监管的职责，以避免负外部效应的发生。这种结合不仅有效避免了水资源利用中的"市场失灵"和"政府失灵"问题，而且发挥了市场和政府各自的优势。从目前各国实施的效果来看，确实起到了节约用水和优化水资源配置的作用。

（二）我国流域水权制度演进与发展趋势

我国当前的水权制度沿袭了社会主义公有制和计划管理体制，即所有权上水资源属于国家所有，管理上为政府行政计划统一调控。从理论上讲，我国水权制度属于一种公共水权制度。我国的公共水权制度主要包含三个基本原则：一是所有权和使用权分离，即水资源属于国家所有，但个人和单位可以拥有水资源的使用权；二是水资源的配置和水量分配一般通过行政手段完成；三是水资源的开发和利用是在国家统一规划和部署下完成的。我国的公共水权制度是整个经济体制的一部分，它随经济体制的制度变迁而变革。建国以来，我国公共水权制度变迁可以大致划分为三个阶段：第一阶段，20 世纪 50 ～ 80 年代中后期，该阶段的主要制度特征是高度集权的计划经济，水资源的所有权和使用权高度统一，水资源由国家无偿调拨，对水的使用实行福利分配。第二阶段，20 世纪 80 年代到 20 世纪末，该阶段的主要制度特征是实行取水许可制度和有偿使用制度。1988 年《水法》和 1993 年《取水许可制度实施办法》的颁布与实施标志着第二阶段的开始。取水权的出现标志着所有权与使用权开始发生分离，依赖于行政权的许可权产权界定模糊，且不能转让。在取水许可制度下，水资源配置的行政计划管理体制被强化，取水权须经过层层行政审批制度。水资源作为经济物品的意识逐步上升，国家开始收取水资源费，水资源福利分配向有偿使用转变。第三阶段，2000 年到至今，水权交易市场开始萌芽。2000 年 11 月 24 日，浙江东阳—义乌的水权交易标志着水权市场的诞生，这一事件对传统的法律法规提出了挑战，对现有的不允许水权转让的取水许可制度形成了冲击，同时对水权的清晰界定和水权理论都提出了更高的要求。这一阶段仅仅处在开端，并没有完全改变现有水权制度的现状，但它预示着我国的水权制度将发生一系列重大变革与创新。

我国目前的公共水权制度概括有如下内容。

(1) 实行水资源公有制度。我国《宪法》第9条明确规定：水流等自然资源属于国家所有，即全民所有。新《水法》第3条规定：水资源属于国家所有。水资源的所有权由国务院代表国家行使。农村集体经济组织的水塘和由农村集体经济组织修建管理的水库中的水，归各农村集体经济组织使用。

(2) 实行取水许可制度。对于水资源的使用权，目前我国法律并未明确提出，只规定了取水权（即取水许可制度）。取水权是指自然人、法人或其他组织依照法定程序取得的取水利用的权利，实际上不是物权，而是一种准物权。新《水法》第7条以及1993年国务院颁布的《取水许可制度实施办法》，均对这一制度进行了明确和具体的规定。

(3) 实行水资源的有偿使用制度。新《水法》第48条规定，直接从江河、湖泊或者地下取用水资源的单位和个人，应申领取水许可证，并缴纳水资源费，取得取水权。

(4) 水资源使用具有优先顺序。新《水法》第21条和《取水许可制度实施办法》第5条均规定：水资源利用应当首先满足城乡居民生活用水，并兼顾农业、工业、生态环境用水以及航运等需要。在干旱和半干旱地区，应当充分考虑生态环境用水需要。

(5) 禁止水权流转和交易。《取水许可制度实施办法》第26条规定了取水证不得转让，取水证期满后自行失效，需延期者应重新申请。

(6) 实行水资源流域管理和行政区域管理相结合的管理体制。新《水法》第12条规定：在国家确定的重要江河、湖泊设立流域管理机构，实行流域统一管理。

(7) 国家对用水实行总量控制和定额管理相结合的制度。国务院发展计划主管部门和水行政主管部门负责全国水资源的宏观调配。

（三）我国流域水权制度发展趋势

现代产权经济学认为合理的产权制度是社会正常运转的保证，是资源合理配置的基础。高效率的产权制度结构首先要求必须是明晰的、排他的和可转让的。目前我国水权制度中水资源所有权与经营权不分，中央与地方以及各种利益主体的经济关系缺乏明确的界定，水权界定模糊且又不允许转让，种种问题导致了我国水资源的低效利用和配置。因此，明晰和合理配置水权以及加快建立水权流转制度已成为我国当前水权制度建设的重点和未来发展趋势。

明晰水权，合理配置水权。我国现行的水权结构发育不完全，水权在法律上仅明确了所有权和取水权，没有使用权的概念。而取水权只是种准物权，它是由政府行政审批授权的，由于管理者权限不清，行政监控权过大且缺乏相应的行政监督，取水权的权益比较模糊，不确定性很大。从法规与实际操作过程来看，取水权还缺乏足够的排他性。这种模糊、弱化的产权制度结构难以对用水者产生激励和约束作用，因此导致在许多流域内水事纠纷频频发生，流域上下滥用水资源现象也异常严重，20 世纪 90 年代以后黄河断流更趋频繁的现象就是一个明显例证。因此水权的明晰将成为我国开展水权制度建设的首要任务。

建立水权流转制度。1993 年国务院颁布的《取水许可制度实施办法》中明确规定，禁止取水权的转让。尽管当时这样的制度安排是为了保障政府宏观配置的延续性，但是单一而又长期的计划手段配置资源，造成了我国水资源配置效率低下、资源价格不合理、管理粗放、使用浪费等问题，阻碍了水资源的可持续利用和社会的可持续发展。高效率产权制度的必要条件之一就是要求产权是可以转让的。水权交易的限制，意味着完全屏蔽了市场配置的作用，水资源在微观层次上的优化配置就无从实现。这一缺陷已逐渐为大众所认识，1998 年全国人大环资委与亚洲开发银行主持完成的《环境与资源保护立法》研究报告中就曾指出，我国水资源流转制度的空白和缺陷是造成我国水资源配置效益低下的关键原因，应确立水资源的基本交易形式。从其他国家的经验来看，水权流转制度的建立和完善是人口增长、经济发展带来水资源紧缺问题后的必然结果。面对有限的水资源条件及日益增长的用水需求，有效的解决办法之一就是通过实行水权流转以实现水资源的高效和合理配置。国外经验表明，通过建立水权流转制度，带来的益处包括：优化了水资源配置，提高了水资源使用效益（即水资源由效益较低的产业向效益较高的产业流转）；控制了总用水量，更好地保护了环境用水需求；水权分配更加清晰，用水者的用水安全性得到加强，用水者的用水风险完全由自己承担，减轻了政府的压力；促进了政府和管水机构提高管理效率，建立更有效的管理机制，提高了水资源管理中公众参与的积极性；节省了政府开源（如新建水库）的投资，等等。结合我国的情况来看，建立水权流转制度的内在因素（水资源短缺程度加剧）和外部条件（政治体制改革稳步推进，市场经济体制已初步建立，并将不断完善）已经初步具备。

三、流域水权配置原理

（一）流域水权配置的原则

所谓流域水权配置是界定水资源的使用权，根据不同水平年的水资源量确定各水权人的水权量的过程。水权配置的基础是《宪法》和《水法》等法律法规确定的水资源管理的基本制度，并遵循水资源管理的原则。

（1）坚持国家的所有权。水资源国家所有是我国公有制的基本体现，同时公共自然资源公有化也是一种全球化趋势，越来越多的国家都将水资源的所有权立法为国家或地方所有，并意识到水资源只有通过公有的制度安排才能更好地实现优化配置和可持续利用。水资源国家所有权指国家对水资源具有占有、管理、使用、收益或处置的权利，其中包括国家对水资源统一规划、统一调度和支配等权利。所有权是终极权利，权利拥有者可以按照一定的程序依法改变其他行为主体所拥有的相关权益。

（2）所有权和使用权相对分离，权利进一步明晰。由于水资源功能的多样性、利用方式的多样性和影响的广泛性，为了满足各方面用水需求，提高开发利用的效率，使用权与所有权可以相对分离，即任何团体和个人在保障社会公众利益的前提下，都有依法用水的权益，并拥有相应的收益权。《水法》规定，"国家鼓励单位和个人依法开发、利用水资源，并保护其合法权益。"这一规定为水资源的所有权与使用权相对分离提供了法律基础。使用权指的是企业、团体与个人按照法律规定以各种方式使用水资源的权利。在一个完整的使用权的定义中，应明确界定这些要素：用水的数量、质量、时间、地域、用途、优先程度，还包括废水排放的数量、水质及地点等。这几种要素中的任何一个要素发生变化，都将影响其他使用者的权益。使用权权利及其责任主体明确后，应根据一定程序，使之合法化。比如，允许某用户从河道中取水后，经水行政主管部门核准，发放用水许可凭证。

（3）尊重历史，遵循优先权原则。尊重历史主要有两层含义，首先是要尊重水权许可制度的成果，流域水权配置中初始水权的界定要坚持以现有水权许可为主要依据，避免给现有用水者造成不必要的混乱、恐慌和新的纠纷。其次，初始水权的界定还要尊重历史上用水许可涵盖的习惯用水，如我国新《水法》规定的"家庭生活和零星散养、圈养畜禽饮用等少量取水"，又如沿河未纳入灌区管理的河滩地等小块农田的灌溉用水等，这实际上也是对用水和固有权利的保障。遵循优先权原则，即水源地优先、用水现状优先、用水效率优先等。优先权的确定要实事求是、因地制宜，即随着社会、经济发展和水情变化而有所变化，同时在不同地区也要根据当地特殊需要，确定分配次序。

（4）合理性原则。我国水资源相对短缺，局部稀缺。因此，水权的管理必须坚持用水的合理性原则，加强水资源的节约与保护，提高水资源的经济合理利用率，实现资源的高效、合理配置。其次，用水合理性原则的实施，也有利于避免水权的滥用。例如，在未实行水权交易的流域或地区，通过施行类似美国西部的科罗拉多州"不用即废"的合理性原则，当水权人不利用水资源（达到一定期间）便不再享有水权，有利于闲置的水权的再利用，在制度上也为新的水权申请者提供公平的机会。

（5）可持续利用、留有余权原则。流域水权的配置最主要是水量的分配。一个流域的开发利用，必须预留出一定的水量以维持生态和环境的基本平衡以及应付干旱缺水之需。另外，不同流域地区经济发展程度各异，产业之间及用户之间需水高峰发生时期不同，人口的增长和异地迁移也会产生新的基本用水需求。因此，水权配置要适当留有余地，预留部分资源的水权，为生态和未来留有空间。国外一些发达国家，流域水资源的合理开发利用一般控制在 50% ～ 60%。

（二）流域水权配置的模式

在竞争性水权制度下，流域水资源的禀赋不同，水权分配的模式也不完全相同。不同的分配模式将产生不同的效益与成本，对流域经济影响的程度亦将有所差异。为了达到水资源的合理分配与有效使用，水权所有者有可能采取严格的行政管制分配，也有可能开放市场机制的运作，或者建立其他分配机制，以配合各流域特有的自然条件与背景，并在公平与效率之间取得平衡。从水权初始分配、使用到再调整的过程来看，按政府介入的程度来划分，我国流域水权配置可选择的基本模式包括政府的行政管制分配、用水户参与分配以及市场交易分配。

（1）行政管制分配。行政管制分配模式，即由政府负责和管理水资源的开发建设，提供水利建设经费，统筹向用水户分配水权，并可收回水权再重新分配，同时禁止水权的移转与交易，以维护政府行政调控的延续性。这种模式的理论依据是流域水资源为公共资源，它需要政府行政系统的介入进行管理、分配和保护，以避免"公地悲剧"的产生和引导外部效应内部化。更重要的理由是我国及其他许多国家水资源的所有权均为国家所有，由政府行政机构进行管理分配正是所有权的必然体现。政府可依据各流域水资源禀赋差异，结合各流域不同的实际情况，分别采取沿岸、优先专用、合理使用等微观原则分配水权，还可按照行业优先、区域优先、保障粮食安全、公平分配、环境保护等宏观原则分配水权。这种分配模式的优点在于：①有利于国家宏观目标和整体发展规划的实现。例如，我国的"南水北调"工程，它能够从供给上直接缓解北方水资源极度稀缺的现状，如此巨大的水权调配，只有在行政管制模式下才能以较低交易成本实现。还比如国家对主要产粮地区灌溉用水的保障，直接维护了国家的粮食安全，这在其他分配模式下都难以实现。②有利于维护公平。低收入者用水需求、环境生态用水需求及公共用水需求在其他分配模式下都属于弱势对象，难以被考虑或公平对待，只有在行政管制模式下，才能较好地协调公共与个体、低收入者与高收入者用水需求之间的矛盾。③在制度安排上易于执行。我国自然资源以往长期实行计划配置，采用行政管制分配水权在制度以及行政机构上无需太多转型，并且行政管制分配过程中还可对历史和既有的用水分配予以考虑和承认，因此这种制度变迁的成本最小，易于执行。但其缺点为：①缺乏流转机制，难以满足新增用水户的水权需求。流域水资源稀缺地区，行政管制分配将流域内可能的水资源分配完毕后，各行各业不断增加的新增需水户在谋求不到行政分配后，又无法通过市场交易获取所需水权，对后来者而言相对缺乏公平，同时也有碍社会经济的发展。这是行政分配机制的一个重大缺陷。②水资源商品价值难以体现，节水和改善用水效率的动力不足。行政管制分配通常是无偿或低成本分配水权，不足以反映水资源的稀缺程度，用水户更缺乏足够的节水和提升用水效率的诱因，因此往往造成稀缺与浪费并存，使水资源处于一种低效率的配置状态。即便采取"不用即废"原则重新释放水权，也往往因为政府与用水户之间的信息不对称，监督成本太高，而无法实现预期效果。③缺乏用水户的参与，违背行政管制维护社会公益的目标，容易造成资源配置的扭曲。

（2）用水户参与分配。用水户参与分配是流域范围内由具有共同利益的用水户自行组成并参与决策的组织，如水利灌溉组织、流域用水组织以及用水者协会组织等，通过内部民主协商的形式管理和分配水权。这些协会与组织具有法人资格，实行自我管理，独立核算，经济自立，是一个非营利性经济组织。它们可由用水户按行业、部门等组成，其主要职责是代表各用水户的意愿分配水权，制订用水计划和灌溉制度，并承担监督职责。用水户参与分配模式的首要前提是水资源所有权为集体、地方或区域所有，或者为国家所有但需国家将分配权力下放给地方或流域用水户组织。该模式的理论依据为流域水资源是一种由布坎南提出的所谓"俱乐部资源"，这种资源具有俱乐部成员之间使用的非对抗性和对非成员使用的排他性特征。将流域水权交由流域用水户组织这个俱乐部组织进行配置，可更好地解决公地悲剧、搭便车或外部性问题。这种分配模式的优点在于：①有利于提高水权分配的弹性，兼顾公平与效率。利益相关的用水户总是比行政主管机构掌握更多的用水信息，因此用水户直接参与制定的水权分配往往比行政管制分配更能体现公平兼顾效率。另外，这种模式下可以协商制定出若干不同的、更适应于各流域现状的水权分配方案，从而比单一的行政制度框架更具弹性，效率也更高。②降低了监督成本，提高了管理效率，增强了制度的可接受度。用水户自身参与制定的用水制度更容易被用户所执行，相应的监督成本也比行政管制低，在管理上效率也有所提高。

但其缺点在于：①此模式虽可以在微观上建立许多不同的、适用于各流域的分配与管理制度，但正是如此，在宏观上就难以形成一个透明化的制度，不利于监控；②该组织与协会是一个"用脚投票"的俱乐部，一些少数或弱势团体的利益容易被忽略；③该分配模式下协会之间、部门之间以及各行业之间的水权分配矛盾较难统一协调；④农业用水在我国占最大比例，而由于我国农民群体小而分散，相应的协会与组织基础非常薄弱，大范围采取这种分配模式的制度推行成本较高。

（3）市场交易分配。市场交易分配模式可划分为两个层次，第一层次通过市场公开拍卖方式完成初始水权配置，第二层次通过水权交易方式实现水权再分配和调整。在第一层次初始水权配置中，公开拍卖的优点在于：①充分发掘流域水资源的经济价值，提高水资源的利用和配置效率；②拍卖所得可大幅提升和实现所有权收益，以保障水利工程开发的投入以及维护支出。但其缺点在于：①竞争优胜者往往是水资源边际效益较高的行业或用户（如工业中的高新产业以及高效农业等），而一些边际效益较低的传统农业、生活用水、公共用水等重要用水却得不到满足，效率虽有提升却有失公平，严重的话甚至影响经济发展和社会安全；②流域水资源市场是一种"准市场"，单一采取拍卖的方式配置初始水权，容易导致部分参与者垄断现象，使水权分配走向无效率。

不论水权初始分配采取何种模式，在第二层次水权再配置中，水权交易方式都可利用市场机制促使水权人以自愿性的交易方式，实现水资源重新优化配置。从社会经济角度分析，水权交易的优点在于：①赋予了水权人重新分配水权的决定权，一方面使新增或潜在的用水户有机会获取所需水资源，不至于阻碍经济的发展，同时还可使有超额需求的现有用水户更容易获取所需水资源；另一方面，还可增加原水权人投资改善用水设施的动力；②使水资源由低效益向高效益用途转移，提高水资源的配置效率；③通过市场交易机制，可促使水权人考虑水资源使用的机会成本、产生自主节水的诱因，降低节水管制的监督成本，这点对减少我国当前较为严重的农业用水浪费现象尤为突出；④使水权成为一项有市场价值的资产，从而活络水资源的资产流动性。但其缺点在于：①对水权的同质性要求较高，非同质性水权交易技术难度比较大；②对取水点监测、取水计量、输配水设施等配套设施的建设要求较高；③单一市场交易模式，较难控制对第三者的外部性以及对环境的影响。

（4）三种模式的比较分析。三种水权分配模式从性质与定位上来看，行政管制分配较偏向由政府主导的方式，用水者参与分配则着重于用水户对用水信息的掌握，市场交易分配将水资源视为具有市场经济价值的商品，通过市场机制分配用水。如果政府采取严格的管制方式进行分配和管理，水资源的分配容易趋向于产生"政府失灵"问题；但如果采取完全自由放任的市场交易方式，则又容易走向"市场失灵"的另一个极端。

三种水权分配模式各有优缺点和适用条件，在选择何种模式时，必须对它进行进一步评估，评估的准则包括：①经济效率。考察水价是否反映了市场供水的边际成本，是否存在完善的机制促使用水效率提高；②公平性。对公益用水、低收入用户、特殊行业等相对弱势群体的用水需求是否有所顾及和考虑，社会整体福利有无改善或提高；③节水效果。是否存在较强的节水诱因，低成本的实现抑制水资源浪费状况；④可操作性。水权申请、分配、调整的行政流程复杂度，用水信息是否充分，取水点、取水量监控管理是否困难；⑤实施难度。考察与现有制度的相容程度、制度变迁成本高低、现有基础如何，以及实施后是否可能产生反弹。

以上模式在实证经验中，许多国家采取的水权配置模式多属于两种以上混合系统，以在公平与效率之间寻求平衡，避免市场失灵与政府失灵现象出现。例如，美国西部各州、澳大利亚、智利、墨西哥等国在部分流域中采取较具市场机制的水权交易制度；以色列与约旦采取较为集权管理的用水配额系统；欧洲国家则多由政府分配用水配额，再采取具有经济诱因的水权收费，而法国的流域用水组织则有用水户的高度参与；日本较偏向以政府行政管制方式分配水权；印度各流域区的用水户协会在水权分配上具有相当重要的地位。

（5）我国水权分配模式的选择。在流域水资源配置过程中的一个核心问题就是如何协调好政府宏观调控和市场机制的作用。我们应看到完全市场化配置方案在我国实施有一定的难度。新《水法》规定，应当依据水资源规划，以流域为单元制定水权分配方案。水权配置应以流域为主，现行行政区域要服从流域统一管理。我国流域水资源实行的是公有制度，长期沿袭的是行政管制分配模式，成熟的水权市场尚未形成，用水户组织基础又十分薄弱。在此背景下，结合前文的分析，对我国水权配置分为初始分配和水权再分配阶段：在主要的大、中型流域，依然沿袭现有的行政管制分配模式，以兼顾公平与效率，实现宏观调控目标；在一些条件成熟的小流域，即在用水户相对比较集中、有一定的组织协会基础、水资源存在稀缺性的小型流域里面，逐步培育和建立用水户协会组织，由行政主管机构授权，民主协商分配初始水权，同时政府实施监管，以协调矛盾冲突避免外部性影响产生。水权再分配阶段：首先解除对水权交易的禁止。然后在主要的大、中型流域，可以实施以水权交易为主、行政调控为辅的形式；而对于一些条件比较成熟的小型流域则可实施水权交易为主、用水户协会调控为辅的形式。同时，政府在水权市场交易各环节必须肩负监督的职责，以避免市场失灵的产生。流域水资源产权配置是一项十分复杂、十分困难的工作，涉及各区域的切实利益，涉及水资源存量、经济社会发展、历史、人文、法律等多方面的问题，还涉及水资源本身的功能特点，如水质、防洪、水电等方面的管理，以及特定的监测手段等。当前可以选取某些流域进行试点，取得经验后，再逐步推广。同时应加强水权理论的研究，完善法律法规，尽快制定大流域操作性强的水量分配方案以及外流域调入水量的水权分配等。

（三）流域水权初始分配的优先管理

（1）水权初始分配的优先权制与比例分享制。在流域水权初始配置当中，水权的优先原则是水权制度的重要组成，是实现水权有序管理的基础。优先权的存在是客观而又必然的。谈及客观，在前文总结国外水权制度演进中可以了解到，沿岸制起源于流域的上游优先原则，沿岸制本身就存在沿岸优于非沿岸，优先专用制则更是将优先权强化了，且兼顾了多种优先原则，如时先权先、堤坝用益权优先等。这些优先权的设定，实则是对客观现实的认可与继承。即使是在我国公共水权制度下，也同样有优先权的存在，如流域内的上游优先和沿岸优先；说及必然，一些关及人类生存基本需求用水和国家安全用水的权利必然要摆到优先位置，如新《水法》中就明确规定了：水资源利用应当首先满足城乡居民生活用水，并兼顾农业、工业、生态环境用水以及航运等需要。在干旱和半干旱地区，应当充分考虑生态环境用水需要。制度是客观实际的体现，也是现状相互博弈的均衡。因此，在我国水权初始分配中必须遵循一定的优先原则对水权进行设定。

任何制度都不是完美的，优先权的设定虽然继认了客观现状和保证了重要的用水需求，但同时也带来了效率问题。比如，我国流域用水顺序当中农业要优于工业用水，农业需水量大，且因灌溉制度原因浪费现象也十分严重。在缺水季节，由于优先权的存在，农业用水不受任何影响依然被先行满足，而后剩余水量才分配给工业用水。优先权的设置使得农户缺乏足够的节水诱因，带来水资源配置的低效率。另外，用水优先顺序的设定还造成水权的异质化，形成水资源调度的障碍。因此，近年各国水权制度改革的趋势，多倾向于在水权初始分配中取消用水优先顺序的规定，提出采用比例分享制度，以使所有用水人分担缺水风险，增加节水诱因，同时也有利于水权交易。例如，美国科罗拉多与犹他州、澳大利亚南澳州以及智利等地区纷纷修改法律，移除水权的优先顺序，实施水权的比例分享制。

（2）我国流域水权初始分配中的优先制度。正如前面分析，总的来说我国流域水权的初始分配必须设置优先原则，排定优先顺序。但是，我国诸多流域之间水资源禀赋、供需矛盾、上下游经济发展状况、产业结构等条件都不尽相同，如果都单一采用优先权制度甚至同一优先权制度，显然与客观不符，且有失效率。所以，应该在适宜的流域和地区，如水资源相对稀缺、各行业需水矛盾突出、农业并非重点产业的流域，实行比例分享制，以提高水资源配置效率。即在我国流域水权初始分配中的优先制度，应采取以优先权为主、比例分享制为辅的模式。但是，即使在实施比例分享制的流域，也存在维持生活用水和公共用水优先权的必要性，主要原因如下：①生活和公共用水缺水成本及其可能引发的外部成本（如环境卫生）或代价甚高；②若取消优先权而必须在水权市场参与竞争时，生活和公共用水因其支付能力低、缺乏竞争力，因而可能导致供给不足，而生活用水即使是参加竞争取得所需，最终可能导致用水价格高涨，对低收入用户产生严重影响。这两种状况都将造成社会整体福利的下降；③保障生活用水是世界各国最基本的水资源政策，即便实施水权交易的地区亦然。例如，美国加州允许水权交易，但同时仍规定生活用水不论取得水权时间先后，一定享有优先权。因此，近年来各国在强调节水诱因，取消用水优先顺序的趋势下，生活和公共用水依旧还保留着优先权。综合上述分析，在制定我国流域初始水权优先制度时，应遵循下列原则：①在优先考虑生活、公共以及生态用水需求的基础上，对其他经济用水优先顺序可采取多样化设置，并在适宜地区实施比例分享制；②保障社会稳定和粮食安全原则。作为一个发展中国家，任何时候，保护粮食安全和社会稳定都是水资源配置中需要优先考虑的目标，不能只考虑经济效率，不考虑社会效益；③对于实施优先权的流域可因地制宜制订时间优先、地域优先、现状优先的原则。

四、流域水权交易管理

（一）流域水权交易的外部性

流域水权交易会对未参与交易的其他用水人（第三者）以及流域环境生态产生正或负外部效应，本文着重对负外部效应进行探讨。

①对流域水量的影响。同一流域以及跨流域水权交易会造成流域水量及回归水变化，从而对原流域下游用水户产生影响。当流域上游地区跨流域转移水量时，将直接减少原下游地区应获取的总水量，若转移水量达到一定的影响程度，其后果如同缺水季节的影响，将改变下游水资源配置状态，抬高下游取用水成本。当同流域内下游将水量出售给上游用户时，处在下位的用水户将因水质水量的变化而受影响。例如，农业灌溉用水被转移后，原本在灌渠下游依赖灌溉回归水的用水户权益将遭受到间接影响。而目前大多数国家或地区，对于回归水的水权并没有特别的规定，并且回归水的计算相当复杂，通常难以计算其外部性。②对流域水质的影响。同流域内农业用水转移至工业用水或城市用水后，农业用水减少，工业与城市因交易而增加了用水量，同时所排放的废水也相应增加。另外，农业用水释出后，原流域或灌溉渠道中用以稀释污染的水量也同时减少，更加剧对下游水质的破坏，从而大大增加了下游用水的成本负担。③对地下水量的影响。在南方，农业水田灌溉因其可长期保持田面渗水状态，是涵养地下水源的主要来源之一。而农业用水转移后，会减少地下水的补注量，一方面对环境生态产生影响，

另一方面还可能提高抽取地下水的成本。④跨流域水权交易对流域环境生态的影响。首先，跨流域的大规模水权交易，将会改变原流域水资源状况，诱发整体生态环境的变化，产生难以预估的负面影响。典型案例如俄罗斯的北水南调工程，它是以亚洲地区 8 条流入北冰洋河流的总水量 19 500 亿立方米时作设计依据，即调出水量为 1%～3%，看来水量似乎不多，但工程造成了原流入喀拉海的淡水量和热水量减少，影响了喀拉海水温、积水、含盐量、海面蒸发以及能量平衡，导致极地冰盖扩展增厚，春季解冻时间推迟，地球北部原本短暂的生长季节，也将再度缩短半个多月，西伯利亚大片森林遭破坏，风速加大、春雨减少、秋雨骤增，严重影响了农业生态环境。同时还使北冰洋海域通航条件变差，大马哈鱼等鱼产减少，而且还将潜在地影响当地乃至全球的气候。其次，可能对流域河道及沿岸环境造成影响。跨流域水权交易（调水）势必将改变原有河道的流量和流速，由于河床推移物的流失，泥沙冲刷，将引起原河床不稳定。如巴基斯坦西水东调工程因需要在天然河道中设置了拦河坝，致使大量泥沙沉淀，河床淤高，使河滩地高出两岸地面 1～2m，既影响了河道的自然排水能力，又阻断了地面排水的出路。由于水具有流动性和渗透性，流域输水渠系渗漏补给的地下水会打破渠系两岸区域水量的平衡，严重的可能导致沿岸土地渍涝、土壤盐碱化等，使土地肥力遭到破坏，粮食减产。另外，流域水权交易还可能带来生物、水文、水温、卫生等其他方面的影响。

（二）流域水权交易的监管

由上述分析可知，流域水权交易对第三者以及生态环境的外部性冲击难以完全通过市场机制调节达到最优，因此必须由政府适度介入进行必要监管。目前我国尚未形成成熟的水权交易市场，真正意义上的交易并不多，政府对水权交易监管的经验与制度十分缺乏，因此下文分析国外相关经验，以资借鉴。

（1）对第三者外部性的监管。水权交易对第三者所造成的影响，最典型的问题是农业灌溉用水转移至工业用水后，造成地下水以及下游地表可用水量大幅减少的问题。因此，美国加州的水资源管理委员会（SWRCB）严格限定移转的水权或水量必须是优先专用水权的实际耗水量部分，即交易后的水权使用应保持相同的回归水量。SWRCB 同时也限定水权交易的部分须为"改善用水方式所产生的节余水量",而非"多余未用的水量"。因此用水户必须提出详细的估算资料,以证明其可供移转交易的水量。然而若要明显划分取水量与用水量,则会增加水权交易的成本,包括测量设备与监测设施,更困难的部分在于回归水掺杂降雨与渗透水的问题,导致水量衡量的困难。因此,美国科罗拉多州的 NCWCD 水区与智利、墨西哥等地方,并未针对回归水的水权加以定义,所交易的水权即为完整取水权,因此下游用户可取用回归水,但并无用水的保障。这种未定义回归水权的模式,可降低水权移转的交易成本,适用于采取比例分享制且有其他水源调节(如水库)的流域区,但交易过程中行政主管部门仍须针对交易可能造成的第三者损害详加评估。美国新墨西哥州所采用的模式则是介于上述两种处理模式之间,州工程师利用一套标准的计算公式,参考次级资料与历史用水量来决定其实际耗水量,以作为核准水权交易的依据。而怀俄明州的水权主管机关则直接采取统一化的标准假设,亦即设定取水权的 50% 为实际耗水量,另一部分则为回归水,也因此可交易的水权上限即为取水量的 50%。

(2)对环境生态保护的监管。水权交易对环境生态最直接的影响在于水量转移后,流域内生态用水减少,因而可能对航运、游憩、景观等用水造成重大的负面影响。生态环境用水因为具有公共资源的特性,难以通过市场配置机制得到保护,因此近年来,生态环境用水的问题逐渐引起重视,各国政府及相关法规也逐渐加入生态环境水权的规划与制定。

参考文献

[1] 闫素杰. 循环经济型水资源节约利用机制及构建研究 [J]. 珠江水运, 2017(24): 75-76.

[2] 张爱民. 水利工程运行管理与水资源的可持续利用探析 [J]. 农村经济与科技, 2017, 28(S1): 67.

[3] 佟婧芬. 水文水资源建设项目管理存在的问题及对策研究 [J]. 工程技术研究, 2017(12): 165+175.

[4] 许海坤. 水利工程运行管理与水资源的可持续利用分析 [J]. 科技创新与应用, 2017(36): 96+98.

[5] 黄红. 水资源开发利用与水环境保护问题分析 [J]. 低碳世界 2017(36): 51-52.

[6] 许正全, 刘阳升, 马超. 水资源管理中存在的问题与几点建议 [J]. 四川水泥, 2017(12): 193.

[7] 蔡尚途. 珠江流域落实最严格水资源管理制度的探索与实践 [J]. 中国水利, 2017(23): 29-31+35.

[8] 国晓飞. 创新水利工程建管理念促进水资源有序利用 [J]. 吉林农业, 2017(24): 61.

[9] 曹智超. 水资源保护及水资源可持续利用刍议 [J]. 科技风, 2017(24): 110.

[10] 王荃. 浅谈水资源管理中的几个问题 [J]. 科技风, 2017(24): 202.

[11] 康文奎. 关于水资源利用存在问题及管理对策 [J]. 中国高新区, 2017(23): 204.